軍事組織と社会

S・アンジェイエフスキー
坂井達朗 訳

新曜社

緒　言

「社会学」という名称は、今日では社会に関する多様な種類の著作に冠せられているが、この語がオーギュスト・コントによって創られた時に意図されたものは、人間社会に関する実証的で帰納的な科学であった。この種の科学は、十八世紀の中葉、モンテスキューの著作によって最初の大きな進歩をとげた。本書の著者は、モンテスキューに始まり、ハーバート・スペンサー、エミール・デュルケム、マックス・ヴェーバー等に続く、社会学の伝統の系譜に繋がっている。モンテスキューの定式化した理念は、さまざまな社会を性格づけている社会生活の諸特徴の間には、重要な相互依存の関係が存在するということであった。彼はこの理論を一つの社会における、法とそれ以外の社会生活の特徴、つまり政治形態、宗教、経済制度、地理的諸条件の利用の仕方等に適用し、その間に存在する関係を発見しようとしたのであった。そのような相互依存の関係、コントの用語を用いれば「合意」は、さまざまな類型の社会の比較研究によってのみ発見される。ハーバート・スペンサーが自分の研究主題を「比較社会学」と呼んだのはこのためである。科学における比較的方法の適用は、アンジェイエフスキー博士の画期的労作である本書において、驚嘆すべきまでに発揮されている。博士はこの方法を壮大な社会学の体系を構築するためにではなく、一連の限定された、しかし非常に複雑で興味深い問題を取り扱うために用いている。

ガリレオ以後の科学の特徴は、実験的方法を用いることにある。この言葉はしばしば、実験者が現象を目に見える形にする操作という意味での実演を指すものと理解されている。しかしラテン語の“experiri”という言葉は、単に「試す」という意味である。言葉の広い意味での実験的方法とは、実際には、注意深く観察された事実との対比によって一般的理論を組織的に検証することによって行う、調査と論証との方法を言うのである。クロード・ベルナール（一）は、『実験医学序説』（“*Introduction à l'étude de la médicine experimentale*”）で次のように言う。「実験的方法とは論証以外の何物でもない。それを用いて我々は、事実による仮説の検証を行うのである。論証は有機物を対象とする科学の場合も、無機物を対象にする科学の場合も、常に同一であるが、科学によって現象は異なり、それぞれの独自の複雑性を示すのである」。社会科学における論述に実験的方法を適用しうる唯一の途は、さまざまな形態の社会生活とその変化とを比較することである。

観察は仮説、言い換えれば仮にたてた一般論、によって導かれる場合にのみ科学的たりうる。しかし仮説が実り多いのは、事実の調査に立脚した場合のみであると言うのもまた真実である。チャールズ・ダーウィンは言う。「何かの役に立つものであるかぎり、あらゆる観察は、何らかの見解を立証しようとしているか、それに反対しようとしているか、どちらかである。このことに誰も気がついていないのは大変おかしなことである」。またクロード・ベルナールは次のようにも言っている。「実験的方法は、斬新で実り豊かな着想を持たない人に、それを与えることはできない。持っている人の着想を育て、可能な限り最良の結果に導くことができるだけである。播かない種が芽を出さないように、着想が提示されない限り、実験的方法によっては何かが発達することはありえない。方法そのものは何物をも生み出さない」。科学において最も重要であるのは、問題を創ることである。何を問うべきかを知ることは、それに答えることよりも遥かに難しいのである。本書の価値はこの点から計られる必要がある。本書が非常に深遠かつ独創的な、数多くの重要な着想を含んでいることは疑いを容れない。

帰納的な学問を創造し発展させるためには、二つのことが要求される。その一は、科学の対象として、信ずるに足る現象を体系的に分類し用意することである。他の一つは、統一された一連の専門用語を造り出すことである。この二つの作業は相互に関連している。分類と用語の造出とは、有効な一般理論を発見するための基本作業である。ヒューエル[二]はいみじくも言う。「科学的用語にとって根本原理であり最高の条件であるのは、用語が真に一般的な命題を単純明快に表明するにふさわしく構成され、使用されることである」と。アンジェイエフスキー博士が本書で用いている用語に対して異論を唱えたいと思う人は、この言葉を忘れてはならない。社会科学が将来発展するためには、索出的に有効な分類と用語とが用意されていることが一つの条件である。しかしこの作業は非常に困難であり、それに成功したのはもちろん、真剣に試みられることでさえ極めて希である。

書物を書くにしろ、またそれを読むにしろ、比較社会学は研究が難しい分野である。その理由は、どのような社会にも適用しうる結論を得ようと試みる場合には、つねに厖大な数の、様々な形態の社会生活を研究対象として取り上げ、歴史学的および社会誌的（sociographic）な文献から抽出された、非常に多くの事実を資料として使わなければならないからである。十分な分量の情報を収集するためには、多大の労力を費やす必要があることが、この種の研究に従事する社会科学者が、ごく少数にとどまる主な理由の一つであることは明らかである。したがってこの分野の仕事はすべて賞賛に値すると言えよう。

人間の社会生活全般を対象とする、帰納的科学としての比較社会学の発達が緩慢であるのは、研究そのものが難しいからばかりではない。

社会科学者の間には、理論よりも事実を貴ぶ風潮がある。実際の生活においては、事実に関する知識だけが大きな価値をもつと信じているからである。彼らは、究極において最も重要な実用的発見に通じたのは、純粋に理論的な研究であったという、物理学者なら誰でも知っている事実を無視しているのである。例えばクラーク・マックスウェルが行ったオームとファラデーの法則を示す方程式を、より洗練されたものにしようとする努力が、未知の電磁波の存在を予言する仮説を生みだし、その結果ラジオやレーダーなどが発明されたのである。過去の三世紀半における科学と技術との偉大な進歩は、科学者たちの純粋に理論的な研究への没頭なくしては生まれなかった。したがって、人間社会についての真に科学的な理解を約束するものは、本書のような研究、つまり比較社会学の方法を発展させ、より広く適用することであるのは疑問の余地がない。

A・R・ラドクリッフ＝ブラウン

自序

本書は当初意図したよりも大部なものになってしまった。その結果、叙述方法が本書の各部で異なることになった。前半では経験的事実が後半よりも詳しく論じられている。しかしこの構成は、それなりの利点を持っている。なぜなら、読者は分析の対象となっている現象が持つ目の眩むような複雑性に、しだいしだいに導かれていくからである。最初は理論的論議は比較的簡単にすませ、だんだんに抽象的でこみ入ったものになっていく。もう一つ言い訳をすれば、本書の後半で展開された叙述を、前半と同様に、理論的なものに絞らないとすると、分量はこの一〇倍にもなってしまうということである。理論的な比較研究は、すべて同じジレンマを持っている。結論が立脚している事実に関するデータを詳細に記述して、フレーザー（一）の『金枝篇』のように、ものすごく大部な書物にした揚げ句に、理論的枠組みを解りにくくしてしまうか、あるいは、単に事例のみを挙げるにとどめた結果、やや薄っぺらな感じをあたえてしまうか、の何れかである。展開された発想が複雑である場合には、全体を一つに纏めることがやや難しくなる。筆者はこの欠点を免れていると主張するつもりはないが、対象とした問題を、寝床に横になって読むにふさわしいように論ずることは不可能であると言うことは許されると考える。簡潔に述べすぎているという点では、たしかに誤りを犯したかもしれないが、筆者の理論的発想を求める読者を、空虚な贅言や不適切な詳論の中を引き回さなかったことは救いである。論議が浅きに過ぎるという非難はあるかもしれないが、それに対しては、厳密な意味で適切な事例のみを挙げたのであると、先手を打って答えなければならない。個々の事例について、知っていることはすべて述べることが著者の義務であるとは考えない。叙述が詳細であることは、歴史を書く場合には長所の一つであろう。しかし筆者は理論を展開しているのであって、歴史を記述しているのではないことを記憶されたい。

　社会現象の正しい研究方法の実例を示した、マックス・ヴェーバーやデュルケムの業績は輝かしいものであったが、それは今日に継承されていない。記述的研究は厖大に積み重ねられてきたが、理論という点では欠けるところが大きい。筆者の意見によれば、近年発表された理論の多く（幸いなことに全部ではない）は、すでにアリストテレスの時代以来知られている単純な真理を、饒舌に焼き直したものにすぎない。過去三〇年間に社会学の分野で発表された多数の文献のなかで、新しい理論を提起しているものは驚くほどすくない。この「社会学の貧困」(一)の原因は、曖昧で立証できない理論を編み出すことはごく簡単であり、また具体的な状況を直截的に描写することもさほど難しくはない。しかし同義反復に陥ることなしに、既知の事実のすべてに当てはまる一般理論を形成することは、非常にむつかしいところにある。本書が展開しようとする理論は、相当数の事実を説明するものであり、その点で読者は、著者自身が痛感している本書の多くの欠陥を、諒とされんことを望むものである。事実筆者は本書を執筆するためには、自ら強制してより完全なものにするための努力を放棄する必要があった。筆者が到達した結論は、どれだけ努力しても表現を完全にすることはできないということであった。この点に関しては、先駆的な個別事例の研究書は、先人がよく踏みならした途をたどる入門書には到底太刀打ちできないのである。筆者は例え不完全な形であっても、新しい理論を提起することは、消化しつくされた陳腐な事実が、すでに漏れなく集められ模範的に堂々と列べられている中にさらに一項目を追加することよりも、その意義は大きいと考えたのである。

潔癖家の怒りを招く危険を冒しつつ、筆者は造語を行なった。科学の発展のためには、独自の専門用語が不可欠である。社会学および「政治学」にそのような専門用語が欠けていることは、科学としての存立を危うくするものである。なぜならば、この問題を考えたことがある者は誰でも知っているように、社会構造を描写するためには日常用語はきわめて不適当であるからである。さらに新しい用語を用いた簡潔な文章は、既知の用語のみを用いた長い章句よりも理解しやすい。本書の中でいくつかの新造語が用いられたのはそのためである。一面からいえば、このことが本書を読みにくくしている。しかし筆者は社会学の書物の読者に、例えば論理学や生理学に関する、ごく基本的な書物を理解するために要求されるのと同様な、少量の精神的努力を期待するのは、珍しいことであるとしても、非合理的であるとは考えない。もちろん造語には、よい場合も悪い場合も、つまり理解に資する場合も誤解を招く場合もある。しかしその判断は、同一方向で研究を発展させる学者のみに委ねられるべきである。

本書には文献に関する脚注はほとんどつけられていないが、いくつかの参照文献は本文中に挙げられている。読者はなぜ本文中に読むことができるものを、脚注もしくは巻末に、意地の悪い本の場合にはその両方に、探させられるのか、筆者には理解できない。筆者が本文中に示した参照文献は、多くの場合理論的論議に関係している。事実に関する論議を補強する文献は示されていない。もしそれを的確に行なったならば、本書は読むに耐えないものになったであろう。なぜなら、ほとんどセンテンスごとに脚注をつけることが必要になり、それを補強するためには何冊もの文献を引用しなければならず、さらにいくつかの書名は無数に繰り返されることになるからである。筆者は情報源を示す文献目録を、付録としてつける構成の方が良いと判断した。

本書は実質的には一九五〇年には完成していた。したがって最終章の文章は、場合によっては時代遅れに見えるかもしれない。にもかかわらず、それをそのままに残したのは、そこにおける予言の内のいくつかは、すでに実現されており、それが本書の理論が実証されたことを示すものであるからである。最終章で示されたいくつかの命題は、その間にバートランド・ラッセルの三冊の近著によって巷間に流布するようになった。そのことは本書の新奇性を減ずるものではあるが、筆者はこの偉大な哲学者が、これらの単純であるがほとんど常に忘れられている真理について、人々を啓蒙しようとしたことを喜ぶものである。

本書は筆者が南アフリカのローズ大学に教員として勤務していた間に執筆された。しかしその準備が開始されたのは学生時代にさかのぼる。当時筆者は戦術と軍事史に強い関心をもっていたが、その後関心は社会学に移った。筆者は第二次世界大戦の最中、多くの軍隊を、時には滅多に得られない有利な視点から観察し、軍事組織の問題について考える機会に恵まれたのであった。

一九五二年八月　ロンドンにて

スタニスラフ・アンジェイエフスキー

軍事組織と社会／目次

装幀／虎尾隆・写真／林恵子

はじめに

軍事組織が社会にどのような影響をあたえるかという問題は、今日まで一般に社会科学者の興味を引かないできている。戦争がもたらす悲惨な結果と影響について、また戦争の原因と廃絶の可能性に関しては、確かに多くの提言がなされてきた。しかし軍事的要因が社会形成のための重要な一要素であることを十分に評価したのは、マックス・ヴェーバーとガエターノ・モスカ以外にはいない。筆者の理解によれば、ひとがこれまでこの問題を等閑に付してきたのは、社会学者の心に潜在している理想主義の結果である。軍事組織は、主として裸の権力、言い換えれば暴力執行の権限の配分を通じて、社会構造に影響をあたえる。今日学者の多くは平和主義者であり、むき出しの暴力は永遠に追放されたと考えがちである。他方、熱心な愛国主義者や力の崇拝者は、彼らの英雄の栄光を汚すという理由から、暴力の行使を批判的に見ることには反対である。さらに、疑いもなく最近まで人々を支配してきた進歩の観念には、人間性は次第に平和的になりつつあるという確信が含まれていた。したがって、幸いにして消滅しつつある野蛮な過去の遺物である組織的暴力などは、もはや問題にするに足らないと考えられてきたのであった。

裸の権力の影響を科学的な分析の対象にするのは、疑いもなく陰鬱なことである。また未来が希望に満ちていると予測できるわけでもない。しかし筆者は、消化不良のために不機嫌になったあまり、世界は破壊と滅亡とに向かっていることを証明しようとしているわけではない。筆者自身はむしろ楽観的な人間であり、真理を発見するという究極の目的のために、能力の限りを尽くして、たとえ不快なものであったとしても事実に直面するという、科学者の信条を堅持しようとしたのである。このような利害関係にとらわれない真理の追究こそが、社会科学者が人類全体の福利に貢献する最良の道であると確信しているからである。科学は倫理的には中立的であり、人間の営為の究極の目的を教えることはできない。ひとは隣人を愛すべきか否かを決めることは、社会学にはできない。それは光学が絵画の美を判定できず、また生理学が鶏肉と牛肉と、どちらが美味かを判断できないのと同じである。化学は病を癒す方法をしめすことができるが、同時に毒を盛る方法を教えることも可能である。心理学は非行少年に社会復帰の道を教えると同時に、巧妙な宣伝によって少年を非行に導くこともできる。結局科学は倫理にとって替わることはできない。科学は方法を教えることはできるが、究極の目的を教えることはできないのである。にもかかわらず、社会科学が人類のために貢献すべき途はなお残されている。過去の社会改良家は、医者というよりもむしろ魔術師に近かった。彼らは病気の原因も効果的な治療方法も知らないままに、呪術を用いて治そうと試みていたのであり、その点では現在でもあまり変わってはいない。よく行われることは、悪魔の存在自体を否定することによって、それを追い出そうとする方法である。近代医学は、その当時においては全く迂遠で実用性がないと考えられた時代に行われた発見によって、成立している。同様に社会科学は社会改良家に対して、彼らが目的に達するための手段についての知識を教えることができる。社会科学は人間の悪意を排除することはできないが、少なくとも真摯で善意の人物がしばしば引き起こす災害を避ける手助けをすることはできる。そのために社会科学者は、可能な限り厳密に客観的な観察をおこなわなければならない。ひとに向かって説き聞かせ、お説教を垂れたくなる誘惑に負けてはならない。そうなると分析は不完全になり、事実はねじ曲げられ、知識の集積に何かを付け加えようとするという目的は損なわれてしまう。筆者が切に希望するのは、戦争という社会生活のおそらくは最も悲劇的な一側面を、客観的に、不愉快な事実であってもそれから目をそらすことなく、また何ら為にすることなく研究することによって、この怪物を押さえ込む手助けをすることである。

筆者は戦争という現象に関連するすべての社会学的問題を対象にしたわけではない。その内のあるもの、例えば進化論が選択と呼んでいる問題については、非常に重要であり、筆者も関心を持っているのであるが、ほとんど言及しなかった。目的とされたのは軍事組織と社会構造との間の関係を検証することである。筆者は問題をこの分野に限った上に、具体的出来事をさらに限定的に、つまりそれ自身のためにではなく、それが一般理論のために光を投げかける限りにおいてのみ、問題として取り上げた。本書がこの分量に収まったのはそのためである。それぞれに独自の特徴を持つ個々の軍事構造が、様々な社会の種々雑多な性格にどのように関連したかを明らかにするためには、何冊もの書物が必要になるであろう。そうした研究も興味深くまた有益であると思われるが、社会学の特殊的一分野として、普遍的妥当性をもつ一般理論を最終目的とした政治学の領域を越えている。

特に問題になるのは、社会現象を正確に記述するために必要な、真の意味で科学的な用語がないことである。社会科学の中でそうした用語を持っている唯一つの分野は、親族組織の研究であるが、残念なから本研究からはかけ離れている。それ以外の分野では、曖昧で人間の感情が込められた日常用語を使用する以外に途はない。その事情は社会科学の中では恐らく最も厳密であると考えられる経済学の場合にも変りはない。しかし経済理論の厳密性も、実際にはかなり怪しいものである。その理論的枠組みは、砂地に建てられた鋼鉄の建造物にもたとえられよう。それは理論の領域に禁欲している限りにおいては精密であるが、ひとたび現実の経済構造とその変容とを論ずる段になると、むしろ新聞用語の方が役に立つのである。問題が政治組織に関するとなると、立場はもっと悪くなる。政治学の名において行われていることは、ほとんどの場合、単なる宣伝であって科学ではない。せいぜいが自分が行った選択の歴史的哲学的背景に関する弁解にすぎない。そこで用いられる用語は人間の感情が込められたものであり、とらえどころがない。例えば「民主的」という場合、それは単純に古くから使われている「良い」という言葉に置き換えることができる。やがて我々は「民主的」と「共産主義的」、「ファシスト的」とを置き換えて用いるようになるかもしれない。個別分析のなかには確かに使用に耐える優れた研究もある。しかし科学という語に惹かれて、そこに経験的に実証された一般的体系を求めても無駄である。このことは社会学者と自称する学者の研究分野のすべてに当てはまると言うわけではなく、政治学の場合に比較すれば、状況ははるかに良いと言えることは確かであろう。そこでは愛憎に科学的装いを施して表明するという例は少ない。また科学者の任務が記述と分析と解説とであり、賞賛や非難ではないという論議は一般に受け入れられている。他方、社会学者たちが弄んでいる多くの疑似科学的用語は、十分役に立つ日常用語の、より曖昧で漠然とした大げさな言い換えにすぎず、人の好い素人の目を偽物の知識で誤魔化そうとするものである。にもかかわらず、社会学の分野には、その数は人が望むほどではないが、なお幾つかの経験的に立証された一般理論が存在している。しかしそのような一般理論の集積は、社会学者が世界で最も多い国で、学者たちがつまらない教科書の執筆か、あるいは無意識に過ごされていた事柄にまで及ぶ純粋に記述的な研究に没頭している間は、急速には進展しない。

社会科学者の関心を、抽象的理論の構成と経験的な比較研究とを結びつけるという研究分野に引きつけることに成功すれば、本書の目的は達成されたと考えてよいであろう。真の意味で科学的な一般理論の構築は、この方法によってのみ可能であるからである。それは特定の変数の間の関係を一般化するものであって、森羅万象を余すところなく説明し尽くすと主張するような、包括的な理論体系ではない。それは社会学者と呼ばれるに最もふさわしい巨匠マックス・ヴェーバーによって示された方法である。

本書で用いられた方法は比較である。このことは単一路線をたどる進化の観念や、あるいは何か先験的な説明原理を仮説として前提にしていることを意味していない。軍事組織と社会構造との関係の規則性を探るにあたって、筆者が単に様々な社会の比較をおこなったということを意味するにすぎない。確実な社会学的一般理論を構築する方法は、これ以外にはありえない。自然科学者のように関連要因を制御することができないのであるから、我々に許された途は、人為的操作を加えずに起こった変化を観察する以外にはない。二つないしはそれ以上の現象の間の関係は、他のすべての条件が異なる場合にも成立する時にのみ、偶然ではないことが立証される。この理由から、観察対象の社会が遠く離れ、相互に関連がなく、異なっていればいるほど、その分析が教えるものは大きいといえる。

統計的な手法はこの研究にとって原理的には使用可能ではあったが、私は用いなかった。なぜなら、そこから得られる確実性は、むしろ見せかけのものに過ぎないからである。社会科学の分野では、統計的単位の決定が恣意的になされるために、相関係数は必ずしも因果的あるいは構造的な結びつきの存在を示す決定的な証拠たりえないからである。我々は二つの現象が、他のすべての側面において全く異なった二つの社会で同時に起こり、しかもその間に接触がなかった場合には、近隣関係がある多数の社会で二つの現象の共存が確認された場合よりも、両者の間の因果的および構造的結びつきの存在の、より決定的な証明であると考える。

社会現象は、すべて同時に作用する複数の要因によって決定されることに、研究の難しさの主要な原因がある。社会学的一般理論が、多くの場合単に傾向を示すものに過ぎないのはこのためである。そこでなされる主張は、一定の条件が存在する場合には、ある結果が生まれる傾向があると言うことにすぎない。つまりそれに対向して作用するより強力な要因がなければということである。我々は力関係の分析にあたって、社会的諸力の相互作用とその結果とを考慮しなければならない。仮説を立証しようとする場合には、最も強力な阻止要因が欠けている事例を選択する必要がある。あらゆる科学において、その初期の段階において、普遍性のある理論を構築することが難しい主な理由は、対象に関する知識が不足していて、諸要因を分離することが困難であるためであろう。すべての研究にとって最も大切な第一歩は、関連する可能性のある要因を選び出し、その影響の方向性を確認することである。一つの解決策は、関連分野における説明能力の高い理論を援用することである。こうした中間的な一般理論のすべてが有効であるというわけではないが、それが多くの場合に成功しているのは、単なる偶然の結果ではあるまい。

筆者の希望は、本書が刺激になってさらに多くの研究が生まれることである。私の結論の多くの部分は、今後の研究によって誤りとされるであろうが、その内の幾つかは、後の発見のための基礎になるであろう。本書に展開された一般理論のすべてが、既に立証済みであるというわけではないが、そのどれもが、いずれは立証されうるものであると確信している。それらは単に知識としての叙述ではなく、客観的な変数の間を結びつける、確固とした理論である。

筆者の発想の多くは過去の哲学者からの借用である。その理論には、今日一般に認められている以上の真理が含まれていると確信する。近代の社会科学者の、過去の巨匠に対する接近方法は、「政治学者」に代表されるような祖先崇拝であるか、あるいは社会学者に代表されるような、完全な無視かのいずれかである。社会学者は、もし古典を読むとしても、その中に何か有名な誤りでも発見するや、それを完全に対象外に置いてしまう。こうした態度は、いずれもよろしくない。真になすべきことは、規範的に評価するのではなく、具体的な事実を説明する理論に注目して、真理の中から誤謬を析出排除すること、再解釈すること、検証し修正することである。それを行う者は誰でも、社会科学も自然科学と同様に、積み重ねによって進歩するものであり、我々はアリストテレス、孫子からカール・マルクスおよびハーバート・スペンサーに至る先哲に感謝すべきであることを悟るであろう。なぜならば誤謬を修正することとは凡庸な者にもできるのであるが、創造的思索は天才にのみ可能であるからである。

マックス・ヴェーバーの読者は、私が彼に多くのものを負っていることに気づかれるに相違ない。影響は本書のほとんど各ページに現れている。とは言え、本書がヴェーバーの理論の解説であるというわけではない。むしろその逆であって、私は彼が手をつけなかった問題から出発している。私にとって大きな意味があることは、ヴェーバーの書物の中に、完全な誤謬と判断される部分を全く見出せなかったことである。たかだか修正を要する点があったのみで、分析を発展させるべき格好の出発点となった。思想家の偉大さは、彼が開くその後の研究発展の道筋の数によって決まるのである。

第1章　闘争の普遍性

本書の理論的枠組みの基礎にある最も一般的な前提は、富、権力、威信（それらを希求対象、つまり人間の所有欲の対象となるものと呼ぶ）を求めるのは、人間生活の不変の姿であるという認識である。筆者が「この惨めな現実の全体的な仕組み」を良しとしているのではないことは、死がひとにとって避けられないことと認めたとしても、それを良しとしている訳ではないのと同様である。好むと好まざるとに関わらず、どのような社会でも集団でも、いかに小規模のものであっても、闘争のないものはこれまで発見されていない。禁欲生活を送る求道者の集団であっても、この病から完全に自由であるとは言い切れない。人間の社会生活に普遍的なこの傾向は、人間の否定しがたい本性の故であることは疑いを容れない。これに類似の現象は昆虫の社会には見られないが、猿の社会には、数多く見いだされる。筆者は愛の存在を否定するものではないが、愛は多くの場合、家族や限られた人数の親しい友人など、小規模の集まりに限定される。このような集団の内部にも闘争は起こりうるが、その問題はいまの論議の対象外である。強烈な集団の連帯感が生まれ、それが個人の生命をも犠牲にする場合があることはもちろんである。しかし集団の内部に葛藤があっても、そのような連帯が成立しうることを無視したとしても、この論議は我々の前提を無効にするものではない。むしろ逆に、それはこの前提をより精密なものにする。社会的動物である人間は、戦を始める前には必ず党派を結成する。そうして、結束の感覚の強さは、よそ者に対する敵意の感情の強さと逆方向に変化する。この事実は容易にまた明瞭に理解しうるから、ここではこれ以上説明しない。この事実は統計的心理学の研究の結果によっても立証される。

我々が考えようとしていることは、この傾向は、もし先天的な闘争への志向性というものが在るとしたら、それと関連しているかどうかという問題である。それが確かに存在するという見解を例証するのは、男の子は世界中どこでも、それが推奨されない場合にも、殴り合いをしたがるという事実である。しかしこの事実について、他の説明の仕方も同様に説得力がある。つまり取っ組み合いというのは子供の心性にとっては、権力と栄光への欲求を満たす唯一の道であるという説明である。さらに、人間の幸福にとって必要不可欠な、集団への帰属意識は、他の集団に対する一定度の敵対心を必要とするという説明も可能であろう。しかし人間は生得的に闘争性を持つという仮定は、戦争の普遍性を説明できない。なぜなら戦争は殺人を意味し、人間には同類を殺すという生得的な欲求があることは立証できないからである。その逆に、比較的少数のサディストを除けば、多くの人間は殺人を好まないのである。殺人が行われるのは、通常殺人以外の目的のためである。

恒常的な闘争は社会生活の避けがたい一要素であるという思想は、最近のものではない。ギリシアの哲学者もそれを知っていたし、イブン・ハルドゥーン(一)その他の思想家も知っていた。それを体系的に拡張して説明したのは、七〇年前のルードヴィヒ・グンプロヴィッツ(二)であった。闘争の恒常性を容認することは、それ以外の社会的文化的過程の存在を否定するものではない。教条主義的な一元論者のみが、連帯、同情、神秘的合一、芸術的創造等々の存在を否定するであろう。さらに闘争は必ずしも暴力的ではなく、また利害の妥協と調整とを排除するものでもない。それを行ってもなお残るもの、他に還元できないものが、できるだけ多くの富、権力、威信を獲得したいと常に希望する、個人および集団の傾向なのである。そうして、これらの希求対象には限りがあるから、結果として闘争が起こらざるをえない。しかし闘争の形態は規制されうる。勝敗についてある種の規則が求められることもあろう。また結果は、裸の暴力の最終的な比率によらずに決定されるかもしれない。これはどの社会においても行われていることである。あらゆる局面において、暴力を用いない多くの闘争がなされている。企業間の競争や宣教師による異教徒改宗競争などがそれである。しかし暴力の行使もしくは暴力の威嚇は、非常にしばしば用いられる武器である。

多くの心理学者、ことに精神分析学の流れを汲む人々は、独創的で、しばしばこじつけ的な理論を編み出し、ひとはなぜ闘うかを説明しようとする。筆者の意見によれば、問題を転倒させて、ひとが実際には争うよりも、争わない場合の方が多いのは何故か、ということを解明する必要がある。結局、それは希求対象を、必要とあれば暴力を用いてでも獲得しようとする、動物としての人間の本性に照応しているからである。子供を育てたことのあるひとは誰でも、子供は食物、玩具その他の物をめぐって、喧嘩しないように教えられる必要があることを知っている。この側面では、人間は他の動物と大差なく、集団のなかで争う習慣に至っては、下等動物に類似している。筆者はしばしば犬の喧嘩を観察した経験があり、数頭の犬がその場に居合わせた場合には、犬はひとが酒場やダンスホールで喧嘩する場合と同じように、仲間と結んで相手に対抗することに気づいた。闘争性の原因を考える時、ひとは闘争のために闘争することはめったになく、多くの場合、何か別の目的、それは食料であり、女性であり、優越であり、あるいはそれ以外の何か、のために闘うということを忘れてはならない。闘争性という言葉で表現されているのは、単一の傾向というよりは、むしろ複数の傾向が複合されたものである。筆者の考えによれば、純粋の闘争性と呼ぶべきものも存在はするが、それはむしろ、ある種の心的過程を通じて発生する例外である。そこではふつうは手段として用いられる行動様式が、習慣の力により、それ自身のために追求される目的となる。性格を変えた攻撃性―「それを誰かに向ける」こと―は、ここでの問題ではない。なぜならその目的は通常自己主張、あるいは他人への凌辱であるからである。闘争への欲求である闘争性は、しばしばサディズム、苦痛を与える欲求と混同されるが、それは正しくない。さまざまな国々の兵士、警察官、看守を観察した経験をもとにして、筆者は戦闘意欲とサディズムとは、精神分析学者が我々を信じさせるほどには親近性がなく、多くの場合正反対であるという結論に達している。

人間が持っている動物としての性格は、闘争の存在を説明する。しかしそれは闘争がなぜ種々雑多な形態を取るかを説明していない。人間に自然に備わった志向性と言っても、人間がおこなう組織的殺人を説明することにはならない。他の哺乳類の行動の仕方と一致しないからである。この相違の原因の一つは、明らかに条件の違いであるが、そのことはこの問題に関してほとんど取り上げられてこなかった。つまりひとは武器を使用するということである。素手で殴り合う場合には、普通は相手が倒れるか、負けた方が逃げるかして終わりになり、副産物として殺人が行なわれることはない。しかし後から殺人が続くことはあり、その場合には、殺人はそれ自身の目的で行なわれる。さらに殴り合いでは、勝者は敗者の復讐を恐れる必要はないが、武器が使用される場合には、事情が異なる。その場合は最初に突くか撃つかした方が勝つ。最も安全なことは相手を殺すことである。いずれにしても武器を使用する場合には、どちらかが殺されることになる。したがって殺人が常に行なわれるのは、ひとが文化を持つようになった結果であると言うことができる。だから「働く人」という言葉は、「互いに働きかけ合う人」と言い換えてもよいのである。武器の発明はこれ以外に、さらに影響の大きな結果を生み出している。次にそれについて述べることにする。

筆者はすでに、社会内部および社会間で絶え間なく行なわれる闘争は、権力、富、威信を求めて争われると述べた。この三者は互いに関連し合っている。ひとが権力を強く求めるのは、必ずしもそれに対する生得的な欲求があるからではない。同様のことが富についても言える。権力はそれが富に結びつくために求められる。富が求められるのはそれが威信を与えるからである。権力も富もいずれも威信を生むから求められる。威信はまた他の二者に達する手段として評価される。究極的には富は権力の一形態、物を処理する力である。権力と富とは、まず第一にその所有者の身体的必要を満足させるが故に求められる。しかし権力（その一形態である富をも含めて）は、それ自身のためにも求められる。筆者はこの欲求を、人間の生得的な性向に根ざしたものと考える。しかしそれを社会的規範によって、方向づけ、脇にそらし、禁止し、あるいは抑圧することは可能である。権力への志向性の強弱は、個人により、またおそらくは性によっても違いがある。この欲求の多くは、疑いもなく、権力が威信を生み出す性質を持つことに起因している。したがってそれが人間の生得的な性向に根ざしているとしても、権力の価値を低く評価する社会的規範によって弱められることがある。このことはプエブロ・インディアン[三]の社会で起こった。しかし威信に対する欲求、他者から良い評価を得たいという願望は、疑いもなく生得的である。それは他に還元できない心理学的要素であり、人間の生得の社会性と同様に、あらゆる社会と文化との前提である。したがって、これまでの分析では人間の闘争の目的は、身体的必要を満たす手段と、威信に対する希求を満たす手段とに分解すると考えたが、権力それ自体は、第三のものになるであろう。結論として、威信と権力は相対的なものであり、それゆえ万人が満足することはありえないから、人間の社会にはある種の闘争は永遠に続くと予言してよいであろう。しかし威信のみを求めた闘争は社会的規範によって規制しうる。それは過去において無数の社会で行われ、現在もまた行われている。その規制が全世界に拡大されるのを本質的に不可能にするものは何一つ存在しない。この種の闘争は殺人を含まずに行われうる。互いに殺し合うことがひとの営みとして行われ続けてきた理由は、ひとはその基本的な身体的必要を満たすため手段―主として食料―を求めて、争い続けなければならなかったからである。

人間が抱く最大の幻影の一つは、戦争は常に幻影を追って戦われるという観念である。たしかに一つの攻撃あるいは防御を動機づけた希望が、実質を伴わないものであったことが判明している例は存在する。しかしそのことが、その問題が幻影であったことを意味しないのは、失敗に終わったビジネスマンの計画の目的が、現実のものではなかったことを立証するものでないのと同じである。この幻影は特に英米の社会科学者の間に広まっている。心理学者と民族誌家は今回の大戦の原因を求めて、日本の姑の嫁に対する対応の仕方と、ドイツの男が持つエディプス・コンプレックスとを熱心に研究している。このような研究者は、日本人やドイツ人が、より現実的な目的のために戦っていたのかもしれないという疑問は全く持たない。彼らはまた、もし日本やドイツが勝利していたら、彼らの経済生活はこれまでにないほど豊かになっていたであろうということも考えない。満州で広い土地を持ちたいと希望した日本の農民は、非常に現実的な利害に魅せられて、戦争を起こすことに賛成したのである。同様に、ヒトラーが政権の座に着くまでは恐らく失業していたドイツの労働者は、ロシアの工場で監督になることに魅力を感じていたのである。このことはしかし、先の大戦が「持つ者」に対する「持たざる者」の戦いであったことを意味しない。日本が中国を、ドイツがポーランドを、イタリアがギリシアを攻撃したことは、そのような解釈を成り立たせない。これらは、持たないと感じた者が、より多く得ようとして、さらに持たない者から盗み取った事件であった。

筆者はもちろん戦争はすべて、国民全体が抱く実質的な目的から起こされると主張するものではない。戦争は、一部の人間の利害から起こされる場合もある。市場を求める商人、新しい地位を求める官僚、所領をもとめる貴族の子弟、投資先を求める資本家によって誘発されることもある。支配者が抱く権力と栄光にたいする欲望も、同様に重大な結果をもたらす。しかし説明を要するのは、一部の人間の利害が、そのために喜んで戦う多くの人を発見できるという事実である。このことは、ほとんどあらゆる国に、悲惨な状況から抜け出すためには、またこれまでの生活水準からの転落を防ぐためには、どのような危険でも冒すつもりになっている命知らずが、大勢いるということを前提にしなければ、説明できない。「もしも下層階級の困窮が彼等を駆って王侯の旗下に赴かしめなかったとすれば、王侯の野望も破壊の用具を欠いたであらう」(四)とマルサスは言っている。

確かに民族によりその好戦性には差違がある。しかしこの差違は、(五)心理学者が主張した育児方法の過酷性によるものではない。なぜなら最も好戦的な社会、例えばヌエル族やプレイン・インディアン(六)の社会においては、子供は非常に放縦に育てられている。ユーラシア大陸の遊牧民の家族は、中国人の家族に比べて家父長制的ではない。しかし常に侵略を繰り返したのは遊牧民の方であった。ヒンズー社会の農民は非常に辛抱強いが、その家族は家父長制的であり、そこでは女と子供は単に家父長の動産に過ぎない。ドイツ人の家族の家父長制的で厳格な傾向は、ドイツ国家の侵略性の原因とされているが、一八五〇年に先立つ三〇〇年間、ドイツは外国からの侵略の餌食であり続けたが、その頃決して平等主義的であったわけではない。ペリー提督が、ただ孤立をのみ望んでいた日本に開国を迫った時、日本の家族は真珠湾攻撃が行なわれた時点に比較して、より家父長的で厳格であった。敵が狂気に陥っていると心理学者に立証させることは、宣伝効果が大きい。しかし真理に関する限り、闘争に参加しようとする者が、すべて疑似神経症的気質であると考えるのは明らかに誤りである。安楽な生活を送っている心理学者の個人的感情は、この問題に関しては指標にならない。精力的な人間にとっては、単調で疲れる仕事や、苦しい貧困に替わるものとして、戦争には魅力があるであろう。『イリアッド』、『ニーベルンゲンの歌』から『マハーバーラタ』に至る「英雄的」叙事詩は、栄光に満ちた戦士たちの生涯を描いている。賭博、酒、女、歌を楽しみ、栄光に浸っている彼らの姿は、苦しい労働者の惨めな運命とは、正に対照的である。確かに機械化し、訓練が厳しくなった結果、戦争は魅力のとぼしいものとなった。にもかかわらず多くの男にとっては、依然として魅力をもっている。それは平和時の生活がどのようなものであるかにかかっている。それが全く惨めなものである場合には、ひとは戦争を選ぶ。戦争でなくても何か変化を約束するものであればそれでよいのである。(1)

もう一つの馬鹿げた考え方は、人種的、民族的な反感は、すべて病理学的現象であるとするものである。すなわちある種の神経症とする考え方である。反ユダヤ主義的、反黒人主義的パーソナリティーに関する入念な研究がなされ、それがある種の心理的にアブノーマルな現象であると立証されたとするのである。筆者もそうした場合があることを否定はしない。しかし大衆運動の説明としては、これらの研究は明らかに不十分である。(2) 神学者によって実行できない理想論以外の何ものでもないと考えられてきた、「汝自身の如く汝の隣人を愛せ」という命題が、あたかも憎しみは愛と同様に正常な現象であることを否定するかの如く、心理的にアブノーマルな現象の基準としてあげられている。憎しみがフラストレーションの結果であるという見方を受け容れたとしても、フラストレーションのない人生はありえないという事実は残る。社会生活の神髄はお互いに満足させ合うばかりでなく、お互いにフラストレーションをあたえ合うところにある。鬱積した攻撃性のはけ口が、しばしば全く責任のない犠牲者に向けられることは確かである。犠牲者としては、通常自分たちの中にいる外国人が選ばれる。しかし、慣習と信仰とを異にする者に対して、生得的にではなく、おそらくはあらゆる文化の要請として、違和感を抱くのは人間の自然である。道徳的規範をもたない文化はない。そうして規範が確立するためには、逸脱が処罰されなければならない。したがって、規範を守らない外国人は必然的に軽蔑されることになる。自分が完全に寛容であると考えている自由主義的知識人は、誤謬をおかしている。彼らは宗教的不寛容、人種差別主義、婦人に対する後見制度、愛国主義などに対しては、不寛容なのであり、自由主義と人道主義の宗教の信奉者で、国家の領域を越えた文化の共有者の一員であるという理由から、言語や人種の違いに対して無関心なのである。また一つのイデオロギーに強く固執し、信者が結束すれば民族中心主義を乗り越えられると考えている。しかし完全な意味での寛容は、道徳原理の完全な欠如を意味する。

したがって外国人に対する一定度の軽蔑は、人種的な区別の明瞭性と関連している。このような考え方は、紛争において敵味方に分ける線が、なぜそこを通っているかの理由を説明するのみで、なぜ闘争が起こるかを説明してはいない。なぜなら、その敵対意識は、両者がある程度孤立していれば完全に消滅するからである。

ひとは誰でも、他人に対して優越感を持ちたいと思うものである。したがってこの希望を満足させるために、民族的人種的区別を確立することは全く自然である。人種的優越性が最も強調されるのは、支配的な人種に属しながら、そのほかに優越するものを持たない人々の間においてであることが重要である。あらゆる種類の人種的、民族的、宗教的区別は、経済的利益を除けば、そこから大きな満足を得ている大衆によって確立されるのはきわめて自然なことである。これを行う際、彼らは必ずしも非合理的で(3)あるわけではない。

しかし最も激しい摩擦の原因は経済的なものである。分け前が十分行き渡らない時は、どの集団も競争を排除するために、自他を区別する指標をたてようとする。少数者集団を迫害することは、何か心理的な感情(4)から行われると言うよりも、多くの場合経済的紛争の結果として、またある時は単なるどん欲の故に起こる、全く合理的な行為である。このような紛争の強度は、筆者が後に説明するように、多くの場合集団間における緊張の変化を説明する。

この点を明らかにするために、南アフリカの例を挙げることができる。よく知られているように、反バンツー族的態度を表明することと「社会的背景」との間には、一定の逆の関係がある。アフリカ人を抑圧することを熱烈に支持するのは資本家よりは、むしろ白人の手工業者や労働者である。その理由は、資本家が生まれながらに人道主義的であるからではない。彼らの収入と地位とはバンツー族との直接の競争によって脅かされることがないからである。

人種的民族的優越や劣等の確信を呼び起こすものは、富や栄誉やその他の希求対象を独占し、それを確実に子孫に伝えたいという欲望である。さまざまな人種的集団が持つ潜在的な能力は平等であることを示す証拠をあげることは、この種の闘争の激しさを緩和するためには限られた効果しか持たないのは、この理由による。この闘争は知性に欠けたところがあるから起こるものではなく、知性の欠陥がもしあったとすれば、それは相争う利害関係の結果である。この事実は、社会科学者がいまなお、世界の必然的な調和という古典派経済学の観念に取り憑かれているために、非常に多くの場合見過ごされている。この考え方によれば、真の意味での利害の対立は存在せず、闘争はすべて利害関係の認識の誤りから生まれる。これが全く空想上の観念であることは、強調するまでもあるまい。

前述の考察に従えば、人間世界には何ほどかの闘争が常につきまとい、それが生命のための必需品を巡る闘争であるかぎり、殺人を含まざるを得ないことになる。しかしひとはなぜ生命のための必需品を巡って争うのであろうか、という疑問が当然生ずる。それを分け合って平穏に暮らすことがなぜできないのか。その回答はマルサスによって与えられている。

マルサスの理論は、物理学の法則にも匹敵する確実性を持つという意味で、社会学の理論としては数少ない価値を持っている。その信憑性は地球が丸いと言うのに匹敵する。その骨子はきわめて単純である。人口は生物的に一世代、つまり二十五年間に二倍に増えることが可能である。このようなことは一定の地域が、あるいは地球全体が、産出しうる食料に限界があるために、実際には起こらないとマルサスは言う。出生率もしくは死亡率に何かが起こっているに違いない。生物的には可能であった出生が妨げられているのか、あるいはひとが生物的に可能であるよりも短命であるのか、この二つのいずれかである。マルサスが予防的制限と呼んだ、出生率を下げることを可能にする要因は、悪徳と道徳的抑制の二種類である。前者に関してはマルサスは誤っている。なぜならば売春と性病とは不妊を生み出す可能性があるが、乱婚それ自体はそうでないからである。また彼は自発的抑制の採用についてあまりにも楽観的であり、また近代の人工的出産制限の習慣には思い至らなかった。しかしながら、出生が妨げられているか、死が生物学的に避けられない以上に頻繁であるかのいずれかであるとする、彼の論理の中心は論破できない。彼が積極的制限と呼んだ後者の結果を導く要因は、戦争、疫病及び飢餓の三種類である。これらの原因は、究極的には貧困、つまり食料の不足である。これらを撲滅する唯一の道は出生の抑止である。言い換えれば、人口は無限には増加することはできないのであるから、長期間にわたる高出生率は必ず高死亡率を生み出すと言うことである。

この論破のしようのない提言に対して、いやしくも一片の理性を持ちながら、なお反論を試みるもののあることは驚きである。一組の夫婦から出発したとしても、生物的再生産能力は数千年の内に地球の表面を人間で覆い尽くすことが十分可能である。ある人の計算によると、生物的に可能な最大値よりは確実に低い現在の増加率をもってしても、二千年の内には地球は立錐の余地もなくなると言う。地球の表面全体に高層建築を建てて住んだとしても、大洋に浮かんで生きたとしても、太陽エネルギーから直接製造される丸薬を飲んで生きたとしても、結末は目に見えている。地球の質量が増大するために太

陽と衝突し、その中に吸い込まれてしまうのである。(5)

近代における受胎調節の慣行の導入以前においては、予防的制限は重要性の低いものであった。そのすべて（堕胎、交接の抑止、晩婚、性交の中断）は不快なものであり、直接の必要がある場合以外には行われなかった。それは人口の相当部分が生存最低限度の水準にあり、積極的な制限が行われた場合である。いずれにしても一定の限定された範囲でそれは支配的に行われたのであるが、その効果は他の範囲における多産によって凌駕されていた。もし男子の人口が過剰でなかったならば、男子の主要な職業の一として相互殺戮が存続することはなかったであろう。人口は生活手段の分量を超えて増加するという自然的傾向が在るために、流血の闘争は恒常的なものになるのである。(6)

この事実を認識した上で、われわれは戦争の起源に関する仮説に論議を進めることができる。同種類の出来事が哺乳類には見られないことから、戦争が文化の産物であることは明らかである。恐らくこれが出現したのは、物質文化の発達の結果、人類がそれまで餌食となってきた野獣から身を守ることが可能となり、その結果長い期間にわたって、あらゆる種の数を安定させてきた、自然の均衡を破ることが可能になった時であったに違いない。野獣が克服された後は、ひとが食料の採集の主要な邪魔となり、互いに殺し合うことが生まれた。筆者は紀元前五世紀と推定される、中国の哲学者韓非子の著作のドイフェンダクによる翻訳の序文中に引用された『商子』の中に、同様の記述を発見して、一驚したことがある。(七)これによれば「古の男は土地を耕やさなかったが、食料には草木の実りで十分であった。同様に女は紡がなかったが、衣料には鳥獣の毛皮で十分であった。稼がずとも生きて行くには十分であった。ひとの数は少なく、自然の恵みは豊かであった。したがって人々が争うこともなかった。大なる褒賞も、重い刑罰も必要でなく、ひとは自らを律していた。しかし今では一家に五人の子は多い方ではない。この五人が五人ずつの子をもてば、爺が一人死ぬまえに孫が二十五人残ることになる。その結果、ひとは多く、恵みは少なくなる。そこでひとは僅かな収穫のためにあくせく働くことになる。争いは起こり、刑罰は重くなっても世の乱れは止まない」。

食料に対する欲求の次に強いのは、性に関するそれである。それを満足させるものは、しばしば闘争の対象となる。女奴隷は最も魅力ある戦利品であった。富と権力は、それが性的快楽にふけることを許すが故に、さらに強く求められた。この点に関する富と権力との役割は、その社会における制度的枠組みにより異なる。階層構成が急峻で女性が動産である社会では、権力と富を持つ者が多くの女性を独占し、貧しい者は同性愛をするか、動物に欲望のはけ口を見出す以外にはない。アラブ社会では羊がその対象とされた。そのような社会では、女性が独占されているために、富と権力にたいする希求は一層激しくなる。

単婚社会においても、同じ理由から富が求められることがあるのは確かである。西洋社会にも「大物」になって、美貌で金のかかる妾を持ちたいと希望する男がいることは確かである。またある程度の収入がなければ、結婚することは出来ないのも事実である。しかし単婚社会では女性を「独占する」ことはありえない。確かに貧者には付加的な快楽は不可能であるとしても、配偶者を持つことを許されないということはない。単婚社会においては、最低限度の収入が結婚の条件であるが、それは大多数の人間にとって獲得可能な水準である。しかし複婚社会においては、これは相対的な富の問題なのである。仮に全員が豊かに暮らしていたとしても、その中で他人よりも豊かな男が女性を「独占」するのである。そのような社会では、富と権力をめぐる争いは激しくならざるをえない。豊かな男ほど多くの子孫を持つ環境にあっては、外征が行われない限りは、その内のある部分は、特権的な仲間から外されることが起こらざるをえない。そのような場合には、恒常的な闘争が自然に発生する。場合によると高地位に昇りうるものの処刑が制度化される。オスマン帝国(八)では、スルタンはその地位に就くにあたって、すべての兄弟を殺してしまうことを法的に強制されていた。中央アフリカのアンコール(九)とキタラ王国(一〇)では、王の息子たちは王位を継承するためには、唯一人が勝ち残るまで戦い続けなければならなかった。この選別の過程は、しかしながら、平和的に規制されている場合もある。シャム(一一)では王の子孫（後継者としての資格があるもの）は、世代を追って地位が下がり、五世代を経過すると平民になる。

　厳しい複婚制度は、これ以外にも内的および外的な闘争を激しくする。まず第一に、この制度の下では、出生率は対象となる女性の数に依存するから、殺された者のあとを補うことが激しく行われるようになる。その結果、殺人つまり戦争と革命が、より頻繁に繰り返される。第二に、社会の上層の人数が下層に比較して増大する。なぜなら複婚は下層よりは上層でより強く行われ、女性の階層的上昇的運動を加速させるからである。この場合地位は父系的に継承されると仮定している。なぜならば複婚と父系制は密接に関連しており、複婚社会は通常父系的であるからである。上層の増大が下層のそれよりも大きい場合には、上層は自己の伝統的な生活水準を守るためには、下層の創り出すもののうち、自分の分け前を増やして行かなければならない。その結果、階層間の敵対感情は激しくなり、それを避けるためには、外部の人口を導入してそれを補わなければならない。同様のことは、上層では生活条件が良好で死亡率が低いために、単婚社会においても起こりうる。

キリスト教は、本質的に悪と考えられた性的快楽（もちろん男性のそれである。女性は問題とされていない）を制限する最良の方法として、単婚を強制した。その政治的影響については、何も考えていなかった。しかし単婚は、ヨーロッパの政治構造をアジアと比較して、きわめて安定的なものにした主な要因の一つであり、ヨーロッパ各国の国内政治を非暴力的なものにした。これは疑いもなく西欧文明の独自性の主要原因の一つである。

注

（1） 経済的に豊かな者の方が、兵士としても良く戦うという最近の考え方は、明らかに事実とは違っている。すべての歴史は安楽な生活をしている者よりも、惨めな生活をしている者の方が良い戦士であることを教えている。なぜなら生命に価値を置く度合が少ないからである。この考え方はスターリン体制が人民の生活水準を上げた時に論議として使われた。もしこの意見を受けいれるならば、我々は東条の下での日本の方が、アメリカやフランスよりも好い生活をしていたと言わなければならなくなる。当時の日本人は世界で最も豊かな国民であったと仮定しても、過去を考えれば、チンギスハンに率いられたモンゴル人はさらに豊かであったことになってしまう。古代の人々、例えばポリビオス（一二）とか商鞅（一三）は、質素な田舎暮らしが最良の兵士を育て、洗練されて安楽を好む都市生活者は兵士としては最低であることを良く知っていた。事実イブン・ハルドゥーンのすべての社会学の体系の基礎にあるのはこの思想である。

（2） 個人的特質のみを考えるとしても、特定の集団に対する強いにくしみが、神経症的な原因から発生するか否かは必ずしも簡単にわかることではない。そのにくしみが一般に受容された倫理感の一部になっている場合には、それに反抗する者こそが正に神経症にかかっていると言えよう。一例をあげれば、筆者が教えた数百人の南アフリカの学生の中で、戦闘的な「自由主義者」であった何人かは、まさに神経症的であった。（南アフリカでは自由主義者とは「現住民を彼らの土地に閉じ込めておく」政策を信奉しないひとを言う）その内の何人かは、本当に精神医学的な治療が必要であった。彼らが神経症になったのは仲間から糾弾されたためであるという論議は可能である。しかし現在の精神医学の見解からすれば、それは説得力がない。彼らは現住民に対する福利活動にもあまり意欲的ではなかった。それに積極的に参加したのは「穏当な自由主義者」であった。しかしもし我々がシャム人は皆嫌いだと広言するスウェーデン人を見たら、またその人がシャム人に会ったことがないと信ずるに足る理由があったなら、彼を神経症の患者と考える十分な根拠がある。もちろんその中間に多くの移行形態が存在する。しかし神経症は多く社会的環境への反感に関係があり、患者はその社会の支配的な倫理感を受容する人よりは、それに反発するものの間に発生しやすいことを記憶する必要がある。

（3）　非合理的という語は従来誤った意味に用いられることが多かった。ある場合には単に感嘆の表明として、あるいは「非道徳的」もしくは「倫理的に悪い」という意味の代用表現として用いられてきた。したがって集団間の敵対意識はすべて「非合理的」と呼ばれた。しかしこの用語法は正確ではない。もしひとが他人を、自分ではないと言う理由だけから自分より劣っており、殺されるべきであり、その所有物は自分の物になるべきであると判断する場合は、そのひとの感情は、キリスト教的、仏教的あるいは人道主義的倫理から、非常に不当であると言えよう。同様の判断は、鼻の低い者は鼻の高い者に仕えるべきであるという感情についても適用されるであろう。「合理的」、「非合理的」という語は、感情に対して適用されるべきではなく、単に行動および信念に対して適用されるべきである。用いられた方法が目的に対して適合的である場合に、行動は合理的であり、そうでない場合には非合理的である。信念が非合理的であるのはそれが根拠を持たない場合であり、それが発生する理由がある場合には合理的である。また「信念」は「承認」と非常にしばしば混同されるが、こうした混同がなければ、多くの馬鹿げた誤解は回避されるであろう。「あなたは社会主義を信じますか」と言う表現は非常に誤解を招きやすい。

「偏見」という語も同様に歪められて用いられてきた。正確にいえば、この語は証拠に基づかない判断を言う場合に限って用いられるべきである。ひとがチリー人はみな悪者だという場合、それは偏見である。しかし彼がチリー人が実際に持っている特徴（例えば彼らがローマ・カトリック教徒であると言うような）の故に彼らを嫌うのであれば、敵対意識であって偏見ではない。実際には偏見と敵対意識とは同時に発生し、相互に強化しあうことが多い。しかし社会学的分析においては両者は混同されてはならない。

（4）　このことは、ひとが他の集団を好んだり嫌悪したりするのは、十分な計算を経た上でのことであると言うことを必ずしも意味しないのは言うまでもない。

（5）　マルサスの理論は過去においてもまた現在でも、知性も教育もある人々によってさえ、様々に誤解されている。たとえば、全体としては名著と言える『社会学的方法』（*Manuel de Sociologie*, Paris 1950）の著者であるアルマン・キュビリエ[一四]は、西ヨーロッパの人口が幾何級数的に増大しなかったことは、マルサスの理論が誤りであることを示すと考えている。またマルサスの著作の全体が、無人の大地以外では起こりえないことを立証しようとしていると考えている所から判断して、キュビリエはマルサスの書物を通読していないように思われる。マルサスの理論が非常にしばしば、また非常に馬鹿げた誤解に基づいて紹介されているのは、この理論が性の禁忌に抵触し、扇動政治家の目的にとっては無用の、後口の悪い真実を明らかにし、その上、誇大妄想狂の集団にとっては非常に魅力的であり、権力を求める指導者にとっては大変貴重な、人口膨張主義がたどる不可避的な結果を示しているからである。

（6）　単純な飢餓がひとを戦闘に駆り立てることは、豊穣な地域に育った人間が想像するよりもはるかに頻繁に起こることであるが、人口の増大は、実際に飢餓が発生するはるか以前に、戦争もしくはその他の形態の闘争を引き起こす可能性がある。例えばそれまでの生活水準から脱落するかもしれないという単純な恐れが、ひとを好戦的な衝動に駆り立てることもある。また、激しい戦争状態は、生活水準をぎりぎりの生存を可能にする水準よりも高める可能性もある。マルサスはキルギス人の相対的な富裕性に触れて、「富平、死平、何れかを心に決し、如何なる手段をも辞せざる者は、久しく貧困裡に生きる筈はない」（自序訳者注（四）寺尾訳一〇八頁）と述べている。多くの未開部族が恒常的な飢餓を経験するようになるのは、植民地政府による和平が実現してからである。

この問題についてはこれ以上論ずることはやめて、紛争の原因としての人口学的要因に関する詳細な論議は、すべてガストン・ブトールの著作の分析にゆずることにする。それに就いては文献目録参照。

第2章　階層構成

A　理論的考察

1　社会的不平等をどのように計測するか

軍事組織が社会の階層構成にあたえる影響を考察するに先立って、社会学の用語法が確定していない現状から考えて、ここで使用する用語の意味について、若干述べておく必要がある。社会階層とは、ある社会において多少とも同一の地位を持つ個人の集まりと定義することができる。地位とは、個人的特性のゆえではなく、その人が占めている立場のゆえに享受される特権、すなわち遂行される社会的役割を意味する。ここで「集まり」という言葉を用い、より明確な「集団」の語を用いなかった理由は、後者の場合には、それを構成している個人間の関係がより緊密であるからである。例えば中世の貴族層あるいはポリネシアの人口希薄な地域における首長層などの場合、個人間の関係は必ずしも緊密ではありえない。成員間に存在する唯一不可欠な関係は、同一の社会的階層に属するという相互認知である。これには、他の階層に対する連帯、あるいは敵対の意識が伴う場合もあり、またそれを伴わない場合もある。その定義が単純であり、誰しもがそれが何であるかを知っているにもかかわらず、地位を測定する信頼に足る尺度は存在しない。態度物腰とか、その他の外見的な差違が、恐らく唯一の指標であろう。しかしそれが本当のものか単なる見せかけにすぎないかを、われわれはどのようにして見分けるのか。完全な独裁者は、それなりに半ば神がかった光彩を伴っていることもあるが、その亜流となると、ふるえる膝をおさえて自分を「同志」と呼ぶこともある。またイギリスのレストランなどでは、ウエイターから「サア」という尊称をつけて呼ばれる慇懃無礼を我慢しなければならないこともある。さらに公式文書の末尾にある **"Your obedient servant"**（「貴下の忠実なる僕《しもべ》である」）という脇付文言は、たんなる外交辞令と受け取るべきである。男がしばしばお辞儀をするなどして敬意を現したことから判断して、五〇年以前の女性は、今日よりも地位が高かったと言えるだろうか。

さらに、十八世紀のロシアのように、確固とした社会的等級の体系が存在する社会もあるが、今日のヨーロッパのように、階層間の明確な差違が存在しない社会もある。明確な区別の存在の有無は、階層間の移動に依存するわけではない。階層間の移動は、オスマン帝国のような、等級が厳格に区別されている社会や集団において、厳格かつ一般的に行われる。社会学の用語に慣れない読者のためにさらに付け加えるならば、「階層間の移動」とは社会的階層のはしご段にそって、上昇もしくは下降する個人の運動を意味する。一般的に言って、階層間の差違が大きければ大きいほど、階層にふさわしい行動様式が制度化される度合も大きくなり、それに対応する集団間の区別も明確になる。このことは急激な変化をしていない社会において、特に起こりやすい。

ここまでの考察は、様々な集団が享受する威信の差違について進められてきた。次に問題となるのは、それが富の配分とどのように関連しているかである。集団や個人を、所有する富によって分類すると、それは地位による分類と一致しないことに気づく。この問題は筆者が南アフリカで教えた学生の一人が論文で考えた、「金持ちの屠場業者の地位は、尾羽打ち枯らした教授よりも高いか低いか」という問題に例証されている。あるいは貧乏貴族が新興の金持ちを軽蔑して、自分の高貴な血統を誇りにするという、世間によくある現象を思ってもよい。しかしそれは例外であって、貧窮化した集団は結局は威信をも失い、富裕な集団はそれを増していくと言うことができる。我々は極度に抽象的な現象を問題としていることを忘れてはならない。威信とは、どのような人々の間での威信なのかということも問題になる。いまだに万人を説得できる結論に達していない問題も存在する。集団はつねに、その実質的利益を涵養しようと務めるし、それに成功しなかった場合には、その集団は影響力のない、力を持たないものであることを意味する。富を持たないことは、したがって、無力であることを意味する。威信は基本的には権力によって決定される。したがって威信と富との間の乖離は、地位の高さが禁欲に関する宗教的能力を基礎とする集団の場合を除いて、過渡的な現象である。

本書は軍事組織が社会構造に与える影響について研究しようとしているのであるから、政治的階層を、個人が享有する政治権力の大きさに従っておこなった分類であると定義するのは、同義反復であると言えよう。より正確に表現するためには、政治的という語によって筆者は、社会集団が暴力の使用を制御するという側面を意味していることを付言する必要がある。「政治的階層」とは、個人が持つ政治的権利を指標として行った分類である。政治的権力は、様々な方法で行使される（例えば政府に対して影響をあたえる）可能性がある。それには、消極的な抵抗、戦闘拒否、罷業、贈賄、道徳的非難等々が含まれる。政治的権利というのは、このような政治的影響力の行使の方法とは異なっている。それは法律や習慣によって認められている政府の行為に対して、影響力を及ぼそうとする要求である。一般的に言って、現実の権力の分布は、恐らく過去の遺産である政治的理念によって形成された、名目的な権力の分布の中に反映されている。

本書において、筆者は「社会的な階層構成」という語を、地位、富の分配、および政治的権利に関する総合的評価の結果の意味に用いる。言い換えれば、それは富、地位および政治的権力に関する不平等を総称したものであり、社会的不平等と呼んでもよい。

一般の人の先入観とは逆に、階層間の移動が非常に大きい社会において、社会的不平等は極度に激しくなりうる。例えば発展の頂点に達したオスマン帝国にあっては、最高の官位に就いた人は、すべてその人生を奴隷として開始している。インドのデリーのスルタン（一）には奴隷王朝（二）すら存在した。中世のエジプトを軍事的に支配していた集団であるマムルーク（三）は、原則として外国人奴隷から選ばれた。それに対してマオリ族（四）の場合は、成員の地位は出自によって決定されたが、社会的不平等はそれほど大きなものではなかった。

2　階層構成の根本原因と権力の基本形態

マルクスの影響が強い今日、ひとは社会階層の原因は、主として経済的なものであると考えがちである。政治的階層構成を欠いている社会においても、何か私有の対象となりうるものが存在する限り、貧富の差が生ずることは確かである。例えば政治的構造が非常に原初的であるコサック人[五]の社会にあっても、群の中での区別の第一の根拠は富である。自分の家畜を失った者は召使いになる。さらに衝撃的であるのは、コロンビアのカリブ海に面した海岸に住むゴアヒロ・インディアン[六]の事例である。この部族はヨーロッパ人から家畜を与えられて、狩猟経済から牧畜経済に移行した。その結果、所有する家畜数の差に基づく不平等が起こった。周辺の牧畜に移行しなかった部族では、階層構成が生まれる気配はない。したがって我々はここに社会的不平等を生みだす経済変化の最も明白な事例を見ることができるのである。しかしながら、このような不平等は、相対的に軽少なものであると言える。富の所有に大きな差がある場合、呪術的宗教的信仰によってそれが保護されている場合を除いて、富裕な少数者にその富を防御することを可能ならしめる、政治的強制装置が必ず伴っている。

大規模な集団には必ず調整器官が必要である。非常に多くの場合、調整は合意を通じてではなく、従属によって行われざるをえない。成員数の大きい社会の場合、特に戦時にあっては、何らかの階統的な組織が不可欠である。そうした組織を自ら創り出すか、あるいは外から導入することができない民族は、消滅せざるをえない。そのような組織ができた場合には、指揮者の地位につく者には、一定の特権が付与されなければならない。有能な野心家を十分な人数だけ確保するためには、そのような地位には、少なくとも名誉を伴う特権が付随している必要がある。名誉による差別は、ある意味で従属と指揮との態度の心理学的な関数であり、それはあらゆる種類の階統組織と切り離し難く結びついている。また富は常に威圧の観念を呼び起こす。下級者よりも上級者の方が報酬が少ない階統組織は、機能しない。貧困な者が富裕な者の恩顧を期待するのは一般的傾向であり、これが紀律の根底を危うくする。さらに集団が苦しい任務を遂行する場合には、その監督者には特権が与えられていることが必要である。そうでなければ、監督者は、自分が任務を強要していると考える者と、なれ合いになってしまうからである。次の事例はこの点を明らかにしている。一九四〇年、ポーランドとフランスが占領された後、様々な方法によってイギリスにたどり着いた人々によって、その地で再興されたポーランド陸軍には、必要以上の数の将校がいた。ポーランドの軍事法令によれば、刑罰による以外には階級を下げることはできなかったので、余剰の将校は、将校だけからなる部隊に編成され、そこでは通常は兵卒が行う勤務を将校が果たした。彼らがそうした部隊から、その階級に相当する勤務を行う部隊に転属したとき、またはその逆の場合に、彼らの行動がどのように変化するかを見るのは興味深かった。彼らが責任と栄光の地位についた場合には、自分自身をより厳しく律し、任務の遂行にあたってはより熱心になった。「義務としての高貴さ」（"La noblesse obligée"）が発揮されたのである。

規模が大きな社会ではどこでも、階層構成が存在し、他の条件が等しければ、社会が大きければ大きいほど、階層差は大きくなる。しかし社会の大きさは、階層差を決定する要因の一つにすぎないことを忘れてはならない。アメリカ社会は数ダースの成員からなるセマン族の群よりも、より高度に階層化されている。[七] しかしダホメ王国における社会的不平等は、アメリカよりも激しいと言われている。[八] 地位と富との差別によって特徴づけられているブイネイの社会は、平等主義的なイロコワ同盟の部族よりも大きいわけではない。[九] 社会の規模は、単に階層差の激しさの上限と下限とを決めるにすぎない。

ほとんどあらゆる社会において、不平等は、統治のために必要である以上に、激しいものになっている。従属の習慣がひとたび確立すると、指揮する立場にある者が、その権威を使って特権を拡大することは容易である。それを何処まで拡大するかは、支配する者とされる者との力の均衡にかかっている。それは二組の集団の間の綱引き競争を連想させる。しかし支配する者とされる者との間には明確な分け目はないのであるから、この図式を現実のものにするには注意を要する。我々が想像する綱引き競争は、人間の無数の行為と態度、富の分け前を増やし他人との差違を強調しようとする試み、それに対する他者からの抵抗、同盟に対抗する反対同盟、などの結果を象徴している。それらのすべては、ひとが他人に与えることができる無数の形態の圧力と反対圧力とを通じて発揮され、その範囲は、物理的暴力から遠慮がちな不賛成にまで及んでいる。このような相互行為の結果は、それがおこなわれる状況、それに参加する集団の数、それが持っている相対的な力と結合の強さ、それらの相互的な位置関係、それらを統制する技術およびそれから逃れる可能性の大きさ、安全性確保の難易などによって左右される。また思想が与える影響も忘れてはならない。集団がもつべき正当な特権を決定するものは、ある程度までは実際の活動である。一般的に言って、我々は通常起こる、あるいは起こるであろうと期待する、事柄を正当であると考えがちである。このことをイエーリング(一〇)は「現実の規範的傾向」と呼んでいる。しかし筆者がアメリカン・ソシオロジカル・レヴュー誌の一九四九年一二月号所収の論文(一一)で示したように、思想は相当程度の独立性を持った力であると理解する必要がある。

富の所有は権力を与える。しかし「所有」という語の意味を検討すれば、経済的権力は派生的な物であることが明白になる。所有、私有物、所有権という概念は、制御、対象の使用もしくは処分、所有者以外には許されていないものへの接近を意味している。この制限を支えている法的もしくは慣習的規範が、経済的権力の基礎を構成する。

誠実性の基本原則はすべての民族に共通であり、あらゆる形態の社会生活にとって不可欠な、隣人として守るべき倫理の一部を形成している。しかし、しばしば異なる倫理規範を持つ様々な集団から形成された高度に階層化された社会にあっては、貧者は富者の財産権を侵すことを、単に許容されると考えるばかりではなく、賞賛されるべきであるとさえ考える。このような考え方は、世界中に流布している、金持ちから奪って貧乏人に施す義賊の話の中に見出される。一般的に言って、貧富の差が激しい社会では、金持ちの財産が保護されているのは、懲罰が怖いからである。次世代をはやくから条件づけることによって、自動的に遵守される「正直の習慣」を教え込むことは可能であるが、革命の経験が示しているように、金持ちの隣人のものを自由にしても罰されないという観念が広まると、このような習慣はすぐに姿を消してしまう。

そこで我々は、経済的権力が自己完結的なものではなく、派生的なものであることを理解できる。他方、暴力の行使や脅迫によって他人を強制する能力は、他の何ものにも還元できず、他の何物によっても支えられることなしに存在しうる権力の一形態である。政治的権力を持たない富裕者は常に略奪の対象となってきた。ギリシア諸都市における金満家、ルネサンス期のイタリアおよびドイツの銀行家、歴史上あらゆる時代における中国および日本の商人がその適例である。イスラム諸国家における状況は、中世における偉大な社会哲学者であるイブン・ハルドゥーンの著作『歴史序説』からの引用によく示されている。（二）「都会の人で、莫大な富を持ち、多くの不動産や私領地を所有し、都市一番の金持ちになり、また人々からそうした目で見られ、豪華な生活を送るようになると、支配者や王がそのような富豪を目の仇にし、嫉妬するようになる。……こうしたわけで、ある社会できわだった金持ちや富豪は、みずからを守ってくれる勢力や頼りになる身分の高い人々、すなわち王族や支配者の親友、支配者が一目置いている連帯集団を必要とする」。「金を払う者が命令する」という諺は、命令される者の方が強力で、金を払う人間を略奪することが可能である場合には適用されないことは、ヒトラーが多くの経済界の大物をあつかった結果によって明らかである。政府を統御することはないとしても、時として実業家が、その不可欠な立場に基づいて、相当の影響力を発揮することがあるのは事実である。この方法で中世の領主は、自分は何もせずに、市民が創造した富の分け前にあずかり、その代償として様々な自由を彼らに与えていたのである。

以上の考察によって、軍事的権力を行使する権利を持つ者が、ほとんどあらゆる場合に、社会の最上層を構成するのは驚くにあたらないことが理解されるであろう。純粋の金権政治、つまり軍事力を統制しない富裕な人間による支配は、一時的な現象としてありうるにすぎない。純粋に経済的な要因が、階層構成の激しさを変化させることがあるのは疑いを容れないが、以下の事実が示すように、長期的な傾向を決定するものは、軍事力の所在場所の変化である。

社会的葛藤において、暴力は常に最終的手段である。それが全く行使されない場合であっても、暴力は「競技の規則」を補強するものとして、その背後に存在している。ストライキやロックアウト、あるいは企業間の競争や選挙においては、暴力は使用されないかもしれない。しかしそれは警察力が、競争者による暴力に対して威嚇をもって臨んでいる結果に外ならない。その強制力にはもちろん限界はあるが、有効な監視が行われる場合には、嫌々ながらも服従させ、また与えられた任務の遂行を強要することは可能である。しかし自発的努力を最大限に発揮させることはできないし、悦んで自分を犠牲にさせることも不可能であり、率先躬行の態度を押し殺すものである。強制に基づいたこのような社会的秩序の結果は、生産の質と量とに好ましくない影響を及ぼし、その結果、全般的な貧窮化をもたらす。このことは、支配集団が富の配分を特に自分にとって有利になるように変更することが可能であれば、必ずしも支配集団には影響を及ぼさない。しかし大衆の受動的抵抗は、特に国家がその生存を賭けて外国と戦っている場合には、支配集団にとって極めて危険である。そのような場合、大衆の自発的協同が軍事上基本的に必要であれば、大衆を味方につける努力がなされなければならず、指導者は大衆を説得して、戦いは自分自身のためであると説明する。この努力に向けて大衆を説得しなければならなかった指導者は、自分の使命は人民に奉仕し、人民を守ることであると、自分で自分を納得させることで終わるであろう。この理由から、戦争遂行のために大衆の自発的協同を、多少とも必要条件にしている技術的かつ軍事的環境が、社会的不平等の度合を決定する諸要因の中で、最も強力なものであることが理解される。

経済的権力は派生的なものであるが、それが呪術的宗教的信仰に立脚した場合には、同様の性格を持つとは言えない。この種の権力は、実際には社会的不平等の最も原初的な基盤であると考えられる。シベリアの諸部族のような極度に単純な社会においては、首長に類似する者は見られないが、高い地位、並はずれた富などの特権を保有するシャーマンが見られる。トロブリアンド島人の間では首長の権力は(一二)

呪術に基礎を置いている。たしかに首長は母系的複婚制度の結果手に入れた、相当の富を所有しており、この富は彼が影響力を保持していくために不可欠な、気前の良さを発揮することを可能にしている。しかし彼の特権を、それに対する不服従と蚕食とから守っている究極の武器は呪術であり、一般の人はそれが決定的な力を持っていると信じている。中世ヨーロッパにおける教会の権力は、神と人との仲介者であるという確固たる信念に立脚していた。しかしこの権力の結果として教会が集積した富は、教会の権限を強化する要因とはなり得ず、その脆弱性を生み出した。富の集積は聖職者を奢侈に導き、それは人民の献身の基礎を掘り崩し、教会の富は貴族や王族にとって簡単に入手できる戦利品となった。呪術的信仰が、権力の基盤としてどれほど効果的であるかを示す最も衝撃的な実例は、インドで二千年にわたってブラーマンが保持してきた卓越した地位であろう。彼らの大きな特徴は、エジプトやカトリックの僧侶階級と異なり、決して組織を創らなかったことである。

経済的権力とは違って、呪術的宗教的権力は他の形態に還元できないことを示すためには、二、三の事例を挙げれば十分である。この理由から、我々は、軍事組織が社会構造にあたえる影響を検討するにあたり、この要素を考慮に入れなければならない。インドやポリネシアの場合のように、呪術的宗教の影響が圧倒的である場合には、特にそうである。

バリ島におけるカースト制度は、宗教が富や権威の差と部分的に並行しつつも、それとは独立して、階層の差を強化しうることをしめす最も衝撃的な事例であろう。

3　戦争と社会的不平等

ハーバート・スペンサーは、軍事志向性、つまり社会が持つ戦争への傾斜は、一般に社会的不平等を結果すると主張した。この主張を補強するために、彼は軍事的傾向があると考えられる社会、例えばロシアやドイツにおける明確な階層的区分の事例を示し、それらがイギリスのような産業型社会には存在しないことを指摘した。「産業的であること」と平和的であることとは、全く別の問題であることを詳論する必要はないが、階層間の不平等が拡大するにしたがって、階層の境界が明確になるということは、スペンサーが想定するほどには、自明ではないことをつけ加える必要がある。ブイネイ人の社会では、貴族と平民の区別は非常に明瞭であるが、流動的な西洋社会における百万長者と貧乏人との間のような不平等は全く存在しない。ローマの歴史は、平民と貴族との間の法的障壁が撤廃されると、それに続いて不平等が拡大したことを教えている。極端な金持ちと、衣食にも事欠く貧乏人という、それまでは存在しなかった二つの階級が生まれたのである。ローマの貴族に従属する平民（Client）は、本来は法律に規定された地位と権利と義務とを持っていた。共和制時代の後半に、貴族と平民との法的区別がすべて消滅したために、平民の地位は上昇したが、その立場はかえって悪くなった。彼らは貴族に追従する寄食者の集団と化してしまった。

したがってスペンサーの提起した問題は、次の二つに分けて、別々に答えられる必要がある。その第一は、軍事志向性はそれ自身として社会的不平等を拡大するかという問題であり、次には、それが社会的不平等を固定化するかという問題である。

経験的事実は、戦争が永引いた場合、社会的不平等が拡大することを教えているが、しばしばその逆も起こりうる。例えばローマの共和制時代後期の戦争は前者の例であり、共和制初期の戦争は後者の例であった。二十世紀のヨーロッパに見られた戦争状態の異常な強化は、社会的ピラミッドの決定的な平準化を生んだ。恒常的に苛烈な戦争状態にある社会は、アメリカインディアンの諸部族のように、恒久的な階層構造を持たないのである。

戦争に勝つためには、他の人間活動にもまして、個人の共同行為が必要となる。そうして集団が大きければ大きいほど、その共同は大切になり、それを統合する階統構成が重要になる。したがって、軍事志向性が階層を明確にする作用は、集団が大きくなればなるほど強くなる。小規模な集団の間の戦争は、どのように激しいものであっても、一方が他方を征服してしまうのでなければ、階層構成を生みださない。しかし征服は二重の意味で階層を生み出す効果がある。それはまず第一に征服者と被征服者との区別を作り出す。次にそれは階統構成を通じてのみ組織化される、大規模な政治的単位を生み出すことにより、これまでは存在しなかった不平等の原因となる。

忘れてはならないことは、社会的不平等を生み出す基盤は、戦争以外にも存在することである。したがって戦争状態の熾烈化は階層構成を高度化するとは限らない。ただ市民生活における階統構成よりも、軍事的な階統構成の重要性を増大させることがある。それは、例えば二つの世界大戦の結果として、アメリカで起こった事柄である。

さらに、戦争状態の熾烈化は大衆にさまざまな特権を与え、その支持を取りつけることが必要になるようにする。その場合にはかなりの程度の平準化が起こりうる。そのような路線の必然性は、戦術と装備との発達の度合から言って、専門的戦士による軍隊よりも、大衆による軍隊の方が能率がいいかどうかにかかっている。

外部からの侵略に対して安全である場合には、軍事技術の状況が大衆軍隊の使用を許したとしても、軍事的貴族がなおその地位を保持し続けることが可能である場合がある。例えば日本では、多数の徴募兵を使用する中国式の軍事技術には精通していた。しかし守るべき長大な前線を持たなかったため、それを採用しなかった。大化改新後の一時期を除いて、日本では武装するのは貴族の特権であった。その結果、軍事的貴族の超越的立場は、決して脅かされることはなかった。

階統的組織は、特権の付与に段階をつけることを意味している。このようにして与えられる特権が一定の限度を超えると、軍隊は戦闘意欲を損なうことになる。戦士は通常、勝利によって何か得る物があると考えている。少なくとも敗北すれば何かを失うと考えるのである。飢餓に瀕し、劣悪な給養を受けている隷属民を兵士にするのが有効であると考えられたことはなかった。さらに偉大な征服者たちは、軍隊の志気を高めるものは、実質的に平等な戦利品の分配と悦楽の享受とであると教えている。

部隊の志気が重要になるのは、戦闘が苛烈になり危険性が高まった時である。ヨーロッパの軍隊の歴史において、将校と兵卒との間の溝が最も深かったのは十八世紀であった。それはまさに、戦争が重要性の低い利害関係のために、緩やかに限定的に遂行された時代に相当する。戦争が苛烈になるにつれて、軍隊はますます平等的になる。そのことを最もよく現しているのは、一九一四年に「栄光ある孤立」の態度を放棄した後のイギリスである。それ以前はジェントルマン階層出身の将校と、主として庶民階層から徴募された兵卒との間には、のり越えがたい障壁が存在していた。第二次世界大戦を戦った軍隊は、それとは全く異質のものである。給与と地位の差は極端ではなく、下士卒から昇進して将校団に入ることは珍しくなかった。

ここで、従軍した経験のある者は誰でも知っている、ある事実に言及する必要がある。それは、兵営にいる時よりは戦場にいる時の方が、階級間の平等性ははるかに大きいと言うことである。それはある職業軍人の回想として発言された、「戦争は終わった。今からこの烏合の衆を軍隊に仕立てなければならない」という言葉に表現されている。もちろん戦場では人々の間に、人が羨やむような優しさが生まれるというわけではない。しかしそこには、困難で危険な仕事に共に従事する仲間の間に必然的に生まれる、一種の強い一体感が発生する。この感覚は単に軍人にのみ限られるものではなく、国民全般にも当てはまることである。強い一体感は、それに付随した敵への憎悪の感覚をともなって、富と特権とを持つ者を動かし、その財産を悦んで持たない者に分与するように仕向けることになる。同様の理由から、ナショナリズムは、戦争と直接結びつかない局面においても、すべての国民の間に一体感を創出することによって、同様の結果をもたらす。したがって、軍事志向性の強化は、スペンサーの考えとは逆に、社会の階層性を強化するのではなく、平準化をもたらす効果がある。

階級間の明確な区別は、単に軍隊においてのみならず、すべての大規模な組織において、必要と考えられる。それはその集団の階統構成に関連している。西ヨーロッパ社会やローマの後期共和制や初期帝政時代に一般的にみられる、社会的地位の不確定性を生み出しているのは、多数の自立的集団が併存したこと、また様々な意味で独立した個人が存在したことである。そのような社会は複階統的と命名することができよう。例えば古代の日本のように、単一の階統が全社会を包摂している単階統的社会にあっては、階層は厳格に規制される傾向があった。戦時体制が強化し、それまでかなりの自由を享受していた個人が軍隊に編入され、その外のすべての階統組織が国家官僚制に吸収され、それを更に軍隊が吸収した時、他の条件が等しければ、軍事志向性は階層区別の境界をより明確にしたと言うことができる。(1)

4 征服と特権的戦士集団の起源

武装権を独占する集団としての特権的戦士集団には、二つの起源がありうる。ある集団が次第に他の集団から分離して行く場合と、征服を通じてそれが他に君臨するようになる場合とである。さらに前者については、二様のケースがありうる。その一は兵役を制限することが最強の軍隊を保持することに通ずる場合であり、その二は、ある集団が特権的地位を獲得するために、武器携行の独占を試みる場合である。このことは、すでに社会が十分に複雑化しており、武器が高価で多くの人民にとって自弁不可能となり、一般大衆を軍役に徴用する効果がなくなっている場合、もしくは内的および外的な安全が非常に高まった結果、国民を武装解除することが可能になった場合においてのみ起こる。狩猟用と戦闘用の武器が実質的には同一で、狩猟が経済的に重要である場合には、そのような武装解除は起こりえない。このことが、特権的戦士集団は、疑いもなく征服を通じて最初に出現したことを示している。

人類史の曙以来、繰り返し記録されてきたこの過程を細かく例示するのは、退屈であり、また不必要でもあろう。その多くは本書の目的から考えて、むしろ複雑すぎると言える。例えばローマ人によるガリア人の征服(一四)は、すでに階層化された社会が、より高度に階層化された社会によって征服された事例である。特権的戦士集団が、階層化の進んでいない民族同士の衝突の中から発生する最も確実な事例は、アフリカ、特に東アフリカおよびスーダン[二五]で見出される。それらの地域では、黒人系の農業民がハム族の遊牧民に征服されることによって、広大な王国が建設された。これらの中には、(ガンダのように)[二六]早い時期から混血が進み、今日では人種的に等質化している国も存在するが、他方には人種間の混交が広範には起こらなかった、あるいは少なくとも社会的融合を伴わなかった、事例も存在する。例えばアンコール[二七]王国では、植民地統制が進むまでは、二つの集団の間には、極端な障壁が存在していた。バンツー[二八]族の農民は彼らの主人に年貢を払うことを強制されており、政治的権利は全く認められていなかった。その結果、彼らは戦争に参加することを許されず、従軍するのは遊牧民の貴族のみが持つ特権であり、同時に義務でもあった。武器が非常に単純なものであったために、農奴を完全に武装解除することは不可能であったが、訓練が不十分であったから、農奴は有効な武力を発揮することはできなかった。

　これらは、分析の純粋性のために、特異な事例を取り上げたのであるが、我々はこのほかに、それらしい原因が存在しない場合にでも、征服がどのようにして階層化を生み出すかを示す事例を発見することができる。征服はどのような場合にも、階層構成を生み出す効果を持っている。被征服者は常に武装解除され、征服者は常に武装権を留保する。この前提は常に自明であり、それを証拠立てる事例は、古代アッシリアから今日の南アフリカまで、広く存在している。注意すべきことは、これらの前提は征服が完全に行われた場合に当てはまるのであって、従属的身分、被保護身分などのように、被征服者が何ほどかの独立性を与えられている場合には、適用されないことである。さらに征服者は、人民中の信頼のおける分子から兵士を徴集することがある。その国が異質的部分から成立しており、統一が単に名目的に過ぎず、何らかの集団意識に根ざしているのでない場合には、特にそうである。例えばインドでは、シークおよびグルカ部隊は英国の支配の柱石であった。（一九）しかしながら、征服によって成立した国家においては、民族的混合が起こらなかった場合には、全国民中の戦士の割合は、技術的観点から見て最適なところで決定されるというよりは、むしろ征服者と被征服者との人数の割合によって決定されるのである。

5 軍事参与率

我々は軍事志向性が、社会の階層構成のピラミッドを、時に急峻化し、時に平準化することを見た。その影響がどちらの方向に作用するかを決定するものは、戦争に勝利するためには大衆の協力が基本的に必要であるか否かである。言い換えれば、戦争に動員されるものが人口全体の中で占める割合に依存している。この割合を筆者は、軍事参与率と呼ぶことにする。問題はそれを決定するものは何かである。これに答える前に、軍事参与率の実際値と最大値との相違を説明しなければならない。軍事参与率の実際値とは、与えられた社会においてそれが現実にとる値である。それは勢力の均衡を左右することにより、階層構成に直接に影響をあたえる。その最大値とは、志気、統率力などその他の条件が等しいと仮定して、与えられた技術的条件の下で、ある国家が軍事的に最も強力である場合の値である。軍事参与率の実際値と最大値とが一致しないことは明らかである。戦中と戦後とでは社会の階層構成に違いがあるのは、戦争の危機が国家を強制して、既存の実際値が最大値から隔たっている場合には、前者を棄てて、後者をとらせるからである。

しかし最大値を決定するものは何か。最初に考えられるべき要素は、最も効果的な軍備を備えるために必要な費用と、その国の生産力との関係である。問題になるのは絶対的な費用ではなく相対的なそれである。今日の兵士の装備に比較すれば、中世の騎士の武器は大変安価なものである。しかし中世においては、一国の住民の相当部分を武装させ、実質的な戦士に仕立てることは不可能であった。通常の農民は、馬を所有することすらできなかった。歩兵はどれだけ数が集まっても、重装備の騎兵に蹴散らされてしまうのであるから、負けまいとすれば、少数の職業的戦士階層を制度化して、それを残りの全人口で支える以外にはなかった。しかし忘れてならないことは、どの時代にも、武器には比較的安く作れるものと高価なものとがあり、秀れた武器を備えた少数の軍隊よりも、装備の悪い大軍の方が強い場合があることである。また様々な部隊を、その装備の良否・軽重に応じて、混ぜ合わせて一軍を編成することも可能である。我々の当面の目的のためには、この複雑な問題に深入りする必要はない。ただ軍備の経済的負担と軍隊を様々に編成しうる有効性とが、軍事参与率の最大値を一定の範囲に決めることを理解すれば十分である。

戦士にとって必要な技能を習得しその能力を維持するために、長期間、常に習練を続ける必要がある場合には、軍務は職業的なものになる傾向がある。通常の経済活動と継続的な軍事訓練とが両立しうるのは、原始的な狩猟経済の場合のみである。人口増加の結果としての農業生産の比重が高まると、労働への精励が必要となる。さらに、当時の交通手段の発達の程度から、戦争が遠隔地で行われる場合には、軍事の職業化は一層助長されたのである。

6　装備と報酬

軍事参与率の変化が社会の階層構成に与える影響は、戦士が装備を自弁・自給するか、政府が給与・補給するかによって変化する。当然のこととして、前者の場合に戦士はより独立的であり、自己の要求をより強く主張できる。さらに政府の給与を受けている場合には、彼らは原則として、出身の地域的親族的集団の中に残るのではなく、政府が組織した軍団に配属され、その部族の首長や自分たちが選んだ指揮者にではなく、政府が任命した士官に指揮されることになる。このようにして彼らは訓練されるが、彼らの希望はしばしば考慮してもらえない。古代ギリシア・ローマの都市国家、スイスの州、さらにはほとんどすべての未開部族の軍隊は、第一の類型に属する。古代オリエントの専制国家や近代ヨーロッパ諸国のような官僚制的国家の軍隊は、第二の類型に属する。軍隊が第一類型に属する場合には、高い軍事参与率は、より強い平準化的影響力を及ぼす。この点に関しては後に詳しく説明することになる。

7　抑圧の容易性

軍事参与率が社会的不平等の大きさに与える影響は、これ以外の要因によっても決定される。それについて以下に検討する。

武装勢力がそれ以外の人民に対して保持する優越性の程度は、まず第一に武器の質によって決定される。刀剣よりも機関銃はそれを所持する者に、丸腰の民衆に対して、大きな優越性を与える。同様に武器の製造が、大規模な施設においてのみ可能である場合には、密かに蜂起を企てることは不可能になる。

刀剣や場合によっては小銃でも、密造が可能であるが、戦車や爆撃機は不可能である。このことから、民衆に対する軍隊の優越性は、武器が精巧になるに従って大きくなると言うことができる。この優越性は、時として全く組織がもつ有利性の結果でもありうる。組織の重要性は場合によって様々でありうる。中世のヨーロッパでは、戦争はそのつど寄せ集められた烏合の衆によって行われたため、組織の重要性は、ギリシア・ローマ時代や現代に比較して低かった。中世の騎士の卓越した地位は、その組織性ではなく、ひとえに高価な武具を所有したことに基づいていた。組織の重要性と、それを随時に創出することの困難性とは、参加する者の数が増加するに従って増大する。他の条件が等しければ、国家が大きくなるに従って、反乱は困難になると言える。モンテスキューが、小規模な国家は共和国となり、大規模な国家は通常専制国家になると考えたのは、恐らくこのためであろう。一般に組織の重要性が増大するにつれて、民衆は軍隊に対して無力になる。

　支配的集団の特権は、他の要因にも増して、それによって彼らが民衆を支配している警察技術によって制約されている。多くの人々は誤解しているが、この技術そのものは、決して新しいものではない。その規模と能率性において、ナチの国家秘密警察（Gestapo）やＭＶＤ（ソヴィエトの警察の最近の名称）に匹敵するものは、過去には存在しなかったことは確かであるが、彼らが使用する手法は基本的には非常に古いものである。それがヨーロッパ人にとって新しく見えるのは、それが数世代にわたってヨーロッパでは用いられなかったためである。ヴェネチアやスパルタの独裁者たちは、複雑に組織された無数の密偵を使用していた。インドにおける最初の帝国の創始者であるチャンドラグプタ[一〇]は、密告者の軍隊と、「挑発の専門機関」（"agents provocateurs"）を組織していた。ハムラビ王[一一]の時代には、すでに非常に発達した拷問の方法が知られており、この分野ではその後大きな進歩はないと言えよう。恐怖政治をおこなったイワン雷帝(二二)や海陵王(二三)が使った方法は、今日これに熟達しているものの技法と比較しても遜色ない。アリストテレスは暴政を維持するために使われる方法を列挙しているが、そこに登場するのは、分割して支配するという原則、広範なスパイ活動、家族の相互非難を引き出すための放逸の助長、恐怖と欺瞞とである。今日の警察組織の優越性は、古くからある方法を適用するための新しい技術的手段にある。例えば、ラジオ、電話、カード式検索、指紋照合などを用いるのがそれである。これらの新しい技法は、密偵と恐怖政治の網の目を広範な領域に広げ、その中に多数の人々を取り込むことを可能にする。恐怖政治に関するかぎり、イワン雷帝時代のモスクワは、人間にとって可能な限界であると言えるが、警察組織の拡大は、その組織を一層強化する。かつて成功した反逆は、多く暴君の有効な監視の目が届かない辺境から起こった。現代の全体主義国家においては、そのような秘密の地点は残されていない。反乱の可能性は、それに対応して希薄になった。

　ここに述べられた状況に左右される民衆抑圧の容易さは、社会構造を決定する重要な要素である。それについては、以下においてしばしば言及する必要があるため、それを「抑圧の容易性」と呼ぶことにする。抑圧の容易性は社会的不平等を尖鋭化する。それは低い軍事参与率の結果を強調し、高い軍事参与率の効果にたいして対抗的に作用する。

8　摩擦的要因

軍事参与率の最大値を決定する要因が、社会構造に対して大きな影響を与えることは疑いを容れない。

しかしその要因が作用するのは、軍事参与率の実際値を動かすことを通じてであり、実際値が自己調節して自動的に最大値に達するのではない。なぜなら、それは様々な外在的条件の網の目に絡まれているからである。経済学者の用語法にならえば、それを摩擦的要因と呼ぶことができよう。

ヒクソス人（二四）が侵入する以前のエジプト、あるいはペリー来航以前の日本のような、比較的孤立した社会においては、国家ができる限り強力になることは、緊急の必要事ではなかった。したがって軍事組織は、可能な最大限度から、かなり隔たったものであった。その時の階層構成も、軍事力を最大限度に発揮するために必要な変化を行うことには、抵抗を示したであろう。下層階級は非常に抑圧され、政府に対する憎悪に燃えていたため、状況の如何を問わず、政府は彼らに武器を与えることには尻込みしたかも知れない。さらに長年にわたる抑圧の結果から生じた無関心の結果、そのような手段は効果がない可能性もあった。ローマ帝国末期の農民は、しばしば皇帝の徴税人よりもチュートン人の侵略者の方を選択した。特権的な戦士集団が支配する国家においては、特に征服を根拠にして成立した場合には、軍役の拡大に対する抵抗は強硬である。なぜならそれは、支配者の特権の拡大、その結果としての被支配者の利益の侵害を意味するかも知れないからである。この種の反応の事例は、徴兵制度に立脚した洋式兵制の創立にたいする日本の武士階級の抵抗に示されている。これとは反対に、誰しもが武器を所有している平等な社会においては、より効率的な方法の導入によって一般的な軍役が無用になるような変革は反対される可能性がある。旧約聖書には、近隣の民族に対抗するため、重装備の戦車軍の必要を考えたダビデ王、ソロモン王などの軍事改革に対してイスラエル人が行った抵抗の記録がある。

時として、ある国家の社会構造が、新しい軍事組織に特に適合的であるという事態が発生する。その場合、その軍事組織は他国にさきがけて発達し、結果としてその国家は人口や経済力に不似合いな、突出した地位を獲得することになる。これは十七世紀のスウェーデンに起こった事態である。この国は発達した封建制度を経験しなかったため、ヨーロッパで最初の国民軍を持つ国家になった。

軍事技術的に言えば、十八世紀のヨーロッパ諸国は、国民的な大衆軍隊を持つ必然性があった。しかしこの形態の軍隊は、ヨーロッパの国家の貴族的構造と両立しないために、採用されなかった。軍隊は傭兵と少人数の長期にわたる徴兵とによって組織された。戦争遂行のためには、この種の軍隊は効率的ではなかったが、戦争の目的は限定されており、社会構造と異質的な軍隊組織の形態を導入する必要はなかった。大衆を徴募して軍隊を組織する可能性を最初に十分に利用したのは、フランスの革命政府であった。それはこの形態の軍隊が新しい社会に調和したからである。他の国々は滅亡の危機に立たされて初めて、この新しい組織形態の軍隊を採用した。

通常敗者は武装解除されるから、征服は常に軍事参与率の実際値を低下させる傾向がある。さらに国家は一般に、可能な限り広い領域を支配しようとするから、軍事参与率の実際値は、最大値よりもはるかに低下する傾向がある。付言すれば、このことが古来多くの帝国が、男は全員が戦士である小部族社会に征服されてきた理由である。さらに、どのような社会にも付き物である権力を求める様々な闘争に勝利した集団は、その特権を武器を独占することによって確保しようとする。その結果、軍事参与率の実際値は、最大値よりも低くおさえられる。しかし廃絶の危機に直面した場合には、国家は、たとえそれが社会構造と異質のものであっても、通常最も有効な軍事組織を採用する。怠った国家は、敢えて行ったものに呑み込まれてしまう。このような経路をたどって、技術的、戦術的革新は軍事参与率の最大値を変更し、社会構造を変化させるのである。

9　生活水準の影響

平準化的傾向の究極の結果は、基本的な経済的要因に依存している。つまり国民一人あたりの富である。それは人口規模とその国の生産力との関係によって決定される。全員に行き渡るべき食料がない場合には、個人や集団の間に文字通り生命を賭けた闘争が起こる。その頂点に立った者も、養うべき者を多く抱えてる場合には、飢餓の恐れがあるため、気前よく振る舞うことはできない。さらに人口にたいして生活手段が極端に不足している場合には、食料供給の拡大は単に生存を可能にするに止まり、一人一人の分け前を増やすことには繋がらない。飢えている人間に窃盗や強盗をさせないのは、死や拷問の恐怖だけであるから、犯罪に対する処罰は過酷なものにならざるをえない。そのような環境にあっては、妥協を基礎にする政治制度は存続の余地がないことは、東ヨーロッパ、ラテンアメリカ、アジアの貧困な国々に議会制政治を導入しようとした試みがたどった運命によって明らかである。過剰人口とその結果としての貧困が生み出す緊張は、外征と移民とによってのみ解決される。それが行われた場合であっても、社会構造は戦争に適合するように調整されて行く。単に権力を求めるのみでなく、生きること、より豊かに生きることを求める闘争に成功しても、社会における支配者と被支配者との間の溝は狭まらない。そのような社会では、軍役の拡大の結果として生まれる権力の分散は、政治的権利と富とを平等にする恒久的な手段にはなりえず、平準化を求める間歇的な蜂起を引き起こすのみに終わってしまう。これは後に見るように中国で起こったことであるが、十九世紀のヨーロッパでは、増大する富が権力の均衡の移動を可能にし、民主主義的国家の、より安定的な形態として結実した。

B　歴史的検証

1　未開民族

いわゆる未開民族は、小規模の群から百万人の国民を持つ王国に至るまで、驚くべき多様な種類の構造を示している。国家、すなわち政府の分化した諸器官、を持たない部族社会においては、男はすべて戦士である。場合によると、東アフリカのマサイ族(一)のように、青年男子だけが常に武器を携帯して前衛に立ち、既婚の男子は予備に就くことがあるのは事実である。戦士に与えられる特権は、一般的に言って、その軍事的能力にかかっている。北アメリカの大平原のインディアン(二)にあっては、特権を決定するものは、ほぼ完全に戦闘における技能に限られており、通常は年齢とともにそれを喪失する。オーストラリアに見られる典型的な老人支配の部族は、原則として好戦的ではない。その社会では、軍事的装置には大きな差違はあるが、分化した戦士階層をもつものは存在しない。それが出現するのは、社会の規模がより拡大して、国家が出現して以後である。国家は例外なく征服の結果生まれる。その例として、ナイジェリアのヌープ族(三)、コンゴのルアンダ人(四)および東アフリカのアンコール族(五)を挙げることができる。しかし征服があっても、必ずしも戦士階層が形成されるとは限らない。例えば南アフリカのズールー族(六)は、敗れた部族をすべて従属民として、自分の部族に包摂するために、その規模が非常に拡大している。同様のことは、ユーラシア大陸に盛衰した様々な遊牧民の政治的単位についても言うことができる。

未開民族が持っている武器は、通常非常に単純なものであり、軍事参与率を低下させることはない。この法則には例外があり、例えば青銅の剣が先史時代のヨーロッパに浸透した時点においては、それが高価であったことが独占的に入手した首長の地位を強化した。ヨーロッパ製の小銃と自動車が、北アフリカとアラビアで同様の作用をしている。しかし未開社会において軍役が制限されているのは、原則として、征服が行われたからであり、武器が高価であるからではない。

征服の影響で社会階層が生み出されることについては、詳しく述べる必要はない。事実は簡単である。征服者が何らの特権をも獲得しなかった例は記録されていない。一つの集団が他に君臨する、これが征服の特徴である。しかし、文字を持つ以前の民族の過去について知りうる機会は非常にまれであるという理由から、ある民族が他の民族を征服した際に起こった変化を追跡することはほとんど不可能である。合理的に考えて征服が起こったに違いない場合についても、征服以前の状態について、通常我々が入手できるほとんど唯一の情報は、神話である。したがって文字を持つ以前の社会に関する限り、我々は変化を同時代的に知ろうとする試みをすべて放棄し、社会の静態的な比較に依拠せざるをえない。

原理的に言って、急峻な階層構成と低い軍事参与率との間には、相関関係があることを確認する試みが可能である。筆者はその確認を試みる価値があることを疑わないが、それが他の助けなしに行えるとも考えていない。表にまとめ上げる作業量は厖大であり、それによって得られる結果に見合わないのではないかと恐れるのである。なぜなら、いかに注意深く事例を数えても、対象となる単位の境界をどのように決めるかは、多くの場合恣意的である。その結果、見せかけの正確性が生まれる。のみならず、何を数えるかは情報の入手可能性にかかっている。我々が情報を得ている民族が、無作為に抽出された代表的事例であるという根拠はどこにもない。我々が得ている情報の分布の地理的不均等から考えて、むしろその逆であると考えるべき根拠さえ存在するのである。したがって我々は質を問題にする場合には、すべて大雑把な概略をもって事を処理するべく運命づけられているのである。

誤解を避けるために繰り返すと、筆者は軍事参与率が社会構成の唯一の決定要因であると主張するのではない。そのような意見は馬鹿げており、それに対しては、すぐに反証をあげることができる。ポリネシア、インドネシアあるいはマレーシアには、男はすべて戦士であり、しかも宗教に深く根ざした階層構成が非常に急峻かつ固定的である社会が多数存在する。武器を携帯する自由に対する規制は、社会的不平等が発生しうる根拠の一つであるにすぎない。他方未開民族が示す事例は、武器携帯に対する規制（つまり低い軍事参与率）は社会的不平等を助長するという命題を証明していることは疑いを容れない。ある意味では、この事実は複雑な社会の事例よりも、一層説得的であるとすら言える。なぜなら、前者においては後者とちがって、事態を複雑にする要因が欠如しているからである。事実、筆者は民族誌の文献を丹念に調査したのであるが、無文字社会で、武器の携行についての排他的な権利をもつ戦士集団が存在する場合に、様々な特権を持つ支配的な戦士と、非戦士的被支配的な労働集団との厳格な区別が存在しない事例は、一つも発見できなかった。それを否定する事例が一つも存在しないのであるから、それが存在する事例を列挙するのは時間の無駄であろう。チャコのムバイ族、(七)コンゴのルアンダ人、(八)あるいはスーダンのフルベ人(九)の国家など、何処においても武器を所持する者が特権階層を形成している事例を見ることができる。(2)

2　近東

メソポタミアにおける最初の神権的な都市国家においては、戦士は階層として析出してはいなかった。(一〇)その軍隊は市民軍としてのすべての特徴を備えており、単純な武器をもって、古代ギリシア軍の方陣の原始的な形態を作って戦った。その社会には、原初的な部族的民主主義のある種の伝統が、非常に長期にわたって残存していたが、平等的なものではなく、宗教的信念に基づいた階層が、軍人の集団にではなく、僧侶に大きな特権を与えていた。戦士が特権的階層になるのは、都市国家同士の征服が起こって以後、さらに後になって、シュメール人(一一)全体が外部からの侵略者によって征服されて以後のことである。その頃不可欠のものとなった青銅製の武器が高価であったことが、戦士の数を制限し、その地位を高めることに与かって力があったと考えられる。しかし以後に起こった軍事技術と武器の製造方法の変化は、メソポタミアに興亡した多数の政治組織における軍事参与率の実際値を変化させなかった。それらの国々が、すべて征服に基礎をおいており、征服国家としての性格を維持したからである。そのことがギリシアやローマでは、鉄器時代の到来により武器の価格が低下し、平準化の効果が生まれたこととの違いの原因である。この地方に鉄製兵器を導入したアッシリア人は、他の民族に対して戦士としての主人として君臨し、彼らを武装解除した。以後第一次世界大戦まで、この地方の住民の圧倒的多数は、外国人の征服者に蹂躙されて生きてきたのである。

エジプトが辿った運命はこれとは異なっていた。連合王国は征服によって創られたが、人種的特殊性は歴史時代に持ち越されなかった。紀元前二〇世紀の半ばにエジプトに侵入したヒクソス人(一二)が、最初の外国人の征服者であった。彼らは永くは君臨しなかったが、その支配は大きな影響を残した。ファラオの王国は軍事国家になったのである。それ以前には、エジプトは外国から攻められることはないと考えており、その軍事組織は未発達であった。ヌビア人の奴隷と傭兵とで構成された王の親衛隊は存在した。地方長官である王族も同様の組織をもっていた。辺境地帯には軍事的植民地も存在した。原則は住民のすべてが軍務に服することになっていたが、徴兵は一般的ではなく部分的にしか行われず、アジアの水準から見れば、有効な軍隊は組織されていなかった。ヒクソス人が侵入するまでは、臨時に編成する部隊で対応できないような危機は訪れたことがなかったのである。兵器もごく簡単なもの、投げ槍、棍棒、刀剣、小型の盾、小型で力の弱い弓であり、戦術も実際には存在しなかった。ヒクソス人はエジプト人に打ち破りがたいアジアの戦術を見せつけた。その主要な特徴は戦車の使用であった。農民を戦車兵にすることはできないことは言うまでもない。国家が揃えることができる戦車兵の数はごく限られている。その上兵士は今やすべて鎧に身を固めており、長期間の訓練が必要になる。このような状況にあっては、広く一般からの徴集兵による軍隊は役に立たず、職業的兵士に置き換えられる。エジプトの歴史に初めて特権的な戦士階層が出現する。戦士とそれ以外の民衆との間の亀裂は次第に深まっていき、それは大規模な外国人兵士の登用によって顕在化した。なぜならエジプト人は、永く続いた平和のために、戦士としての能力を低下させていたからである。農民の地位はさらに低いものとなった。彼らは宮廷のためばかりでなく、今や世襲的になった兵士のためにも働かなければならなくなったからである。エジプトはごく最近に至るまで、戦士階層の支配下に置かれてきた。しかし後になると、主人は自国の戦士階層ではなく、外国人の征服者に変化した。エジプト史の全体を通じて、農民反乱が成功した唯一の例は、紀元前三〇世紀の半ばに行われた大反乱で、その結果、古王朝が倒れ、貴族制度が崩壊した。それが起こったのは、実際には未だ農民の手が軍務に届いていた段階のことであり、以後農民の手は、十八世紀の初頭におこなわれたメヘメット・アリ(一三)の諸改革が行なわれるまでは、再び軍務に届くことはなかった。この諸改革はマムルークと呼ばれた支配的な戦士集団の特権を剥奪し、階層構成の実質的な平準化を行ったのである。

3　古代ギリシア

ギリシアの都市の起源は征服者の城郭であった。半島を次々と南下した戦闘集団は、通常丘の上に砦を築き、そこを根拠にして住民を支配した。しかしホメロスの時代(3)には、多くの都市は既に民族的に同質化していたが、どの地方においても、戦士である貴族は農民からは隔絶した地位を保っていた。なぜ人種的混合が社会的不平等の解消に繋がらなかったのかは容易に説明ができる。V・G・チャイルドは『歴史に何が起ったか』(ロンドン一九四九)(一四)で次のように言う。「貴族たちが権力と富とを入手できたのは、高価な青銅製の長剣、大型の盾、馬が牽引する軽戦車のお陰であった。……戦争は高価な装具を身につけた代戦者による個別の戦闘に分解した。……このことが問題を解決した。歩兵は単なる観戦者にすぎなかった。事実極めて少数の者だけが、青銅の長剣、車大工の技術の精華である戦車、高度に調練された駿馬を手に入れることができた。その結果、一般民衆は軍事的には無価値であり、したがって政治的には無力であった」(一五一頁、一六三頁)。

この著者は、「安価な鉄は農業と工業、さらには軍事までをも民主化した」とも言う。しかし我々は、鉄の効果はある種の戦術的進歩がなされるまでは、実感されなかったことをつけ加える必要がある。それまでの間は、社会的不平等と敵対感とを尖鋭化させたのであった。

ドーリア人の侵攻は、スパルタを代表とする、ギリシア人の社会的進化の一般的な方向にしたがわない幾つかの国家を出現させた。このような征服国家における軍事参与率は、技術的戦術的要因によってではなく、征服者と被征服者との数の比率によって決定された。諺にもなっているスパルタ式訓練は、人数が少ないという弱点を補うための手段であった。

部族組織の解体、商業の発達、特に金融業の発展は、富の蓄積と他者の富の収奪へ通ずる新しい途を拓いた。貴族に対抗してしばしば平民を庇った王は姿を消した。王が権力を失った理由は、王の収入の主要な源泉であった海外貿易の変化、つまり心ならずもフェニキア人と折半していた貿易の利益が、ギリシア人自身が海外に進出するようになった結果、王の手に入らなくなったことによると考えられる。商業の拡大と都市の成長とは、それ自身では民主主義を生み出さないことが強調されなければならない。それは有名なフランスの歴史家の、以下のような記述によって明らかである。「大まかに言って、新しい経済は低い階級の数を急速に増大させ、彼らの立場を悪化させた。金持ちはますます金持ちになり、貧乏人はますます貧乏になった。……高い金利が小民を破滅させ、……都市の平民は、……人間の形をした家畜である奴隷の使用が増大することによって引き下げられた賃金を頼りに、……その日暮らしをしていた」（ゴルツ『ギリシア都市』（パリ・一九二八、一〇三頁））(一五)。階層間の闘争は当然激しかった。しかし説明されなければならないことは、なぜ六世紀になって、天秤が大衆に有利に、独裁制に不利に傾いたかということである。

その答えはクーランジュによって与えられる。(一六)「都市の歴史の初期にあっては、数世紀のあいだ、軍隊の主力は兵車や騎馬でたたかうものであった。歩兵はほとんど戦闘に役だたず、すこしも尊重されなかった。したがって古代の貴族はどの都市でも騎馬でたたかう権利を独占した。……しかし、歩兵が次第に重要性をおびるようになった。……武器製造の技術の進歩と軍規の改善とは、歩兵をして騎兵に対抗するようにさせた。……歩兵は一度かような地位をしめると、すぐに戦闘における第一位をうばった。歩兵は騎兵よりも機動性にとみ、その操作も容易であったからである。ローマの軍団兵、ギリシアの装甲歩兵はのちには軍隊の主力となった。ところが、軍団兵も装甲歩兵も庶民であった」。アリストテレスはこの点に関して一般論を展開している。(一七)「……同様に戦場で使用される兵士は、次の四種類に分類されやすい。騎兵、重装歩兵、軽装歩兵及び水兵である。多数の馬を飼育できる土地には、強力な寡頭政治が生れる。この兵種が住民の生活を保護したからである。しかし騎兵に要する費用の負担に耐えるのは、相当の財産の所有者に限られる。重装歩兵が軍の主力となる所には、より弱体な寡頭政治が生れる可能性がある。なぜなら、重装歩兵は貧民ではなく富裕層から成るからである。しかし民主政治の発展に寄与するのは、つねに軽装歩兵及び水兵であった。したがって、寡頭制がこの兵種の部隊を創設するのは、自らに敵対するものを創ることであった」。「王制に続いたギリシアの国政は軍事政権であり、その中核は騎兵であった。この時代、精強な軍隊の基礎は軍馬にあった。重装歩兵の有利性は、十分な訓練を経てはじめて発揮されるものであり、その戦術は古代人にはわかっていなかった。これが騎兵が強力な軍隊の中心であった理由である。しかし都市の規模が拡大し、歩兵に頼る部分が拡大するにしたがって、都市の自由を担うものは、歩兵になった」。確かにアテネにおいても、装甲歩兵の装備を自弁するには貧しすぎるが、舟の漕ぎ手にはなれる人々が重要になり、対等の権利を得るのは、艦隊が権力の基礎になって以後である。ペルシア戦争以後、アテネは水兵の共和国になった。他方、騎兵が軍の主力であり続けたテッサリアでは、民主化運動の影響を受けることはなかった(4)。

ペロポネソス戦争〔一八〕の最中およびその終了以後、アテネ、スパルタ、および後になってテーベも、自己の政体を常に他の都市に押しつけようとするようになったために、状況は複雑化した。その結果諸都市の政体は、その内部の事情よりもむしろ他の都市との勢力のバランスで決定されるようになった。

マケドニア〔一九〕による征服は、事情を一変した。傭兵による軍隊はヘレニズム諸王国における王権の権威の柱石であった。社会的不平等はむしろ拡大したので、富者に対する貧者の憎悪は消滅しなかった。にもかかわらず、富者の財産は、王の傭兵によって守られており、傭兵はしばしば外国人であった(5)。また財産を没収する法令は存在しなかった。王の財産は、今や危険にさらされた私有財産の代表的存在となった。

4　イラン

アケメネス朝ペルシア帝国〔二〇〕の社会階層は複雑である。農奴の大半は恐らくアーリア人による征服以前からの種族の子孫であり、貴族階級は大部分がアーリア系の征服者の子孫である。そのほかに農奴を所有しない、アーリア系の遊牧民の部族があった。部族間には段階があり、あるものは他のものよりも身分が高いと考えられており、またアーリア系の部族自身の内に、特権的地位を獲得している家系が存在していた。貴族と多数の自治的な村落に生活している自由民との間には、絶対的な懸隔は存在しなかった。平民と農奴と、どちらが数が多かったかは定かではない。アケメネス王朝の軍隊にも、これと同様に様々な種類があった。封建的騎士のほかに、部族の首長に率いられた自由民の乗馬部隊と歩兵隊とがあった。主要な武器は弓矢と長槍とであった。防護用具は不完全で通常は用いられなかった。国王の親衛隊ですら、何も持っていなかった。アレクサンドロス大王の征服以後、外国人の支配者集団が、イランの人民に君臨するようになった。

紀元後三世紀に勢力を握ったアケメネス王朝は、ヘレニズムの支配のすべての痕跡を排斥し、イランの伝統を強調した。アーリア人と先住民族とは遙か以前に混血・融合しており、人種的区別の問題は重要性を持っていなかった。しかし社会的不平等は、以前に比較して尖鋭化していた。都市に居住する少数の商人と手工業者とを除くと、この社会は今や貴族と農奴とから構成されていた。彼らの間には絶対的で越えることができない障壁が存在していた。自由民が消滅したことが、軍事的領域で起こった変化と結びついていることは、疑問の余地がない。鐙《あぶみ》と同時に重い鎧《よろい》が使用されるようになった。それは非常に高価なものであったので、馬は持てたとしても、通常の平民の手には届かなかった。今や重装騎兵が決戦兵力となった。王の封建的家臣であり親衛隊である貴族だけが、騎士として勤仕しえた。烙印を押された農奴が構成する歩兵隊は、軍事的な意味を持った国民の唯一の部分であったが、単に補助的な役割を果たすにとどまった。したがって彼らが様々な特権を手に入れることが可能になった時に、農民を過酷な条件で隷属させるようになるのは不思議ではない。

ササン王朝(二一)が没落した後、イランは十五世紀まで、外国人の征服者の支配の下にあった。アラブ人、セルジュック・トルコ人(二二)、モンゴル人(二三)、チムール(二四)が、相次いでイランの主人となった。サファヴィー王朝(二五)が支配した時代（十七、八世紀）においても、権力は様々なトルコ系およびアフガン系部族の手に握られていた。イラン人の農民および遊牧民は軍事的には無力であり、したがって蹂躙されていた。

5　中国

殷王朝については詳しいことは分かっていない。おそらくそれは初期シュメール人の神権政治を行なう都市国家に類似していたと考えられる。しかし、そうであるとしても、周による征服以後は、軍事的貴族によって支配されたことは疑問の余地がない。その結果成立した封建社会は、多くの点でヨーロッパの中世に類似しているが、貴族階級が平民にたいして保持した優越性は、同様の程度にまでは達しなかった。周代の中国の貴族は、城壁に囲まれた「都市」の中に、幾つかの集団に分かれ、諸侯を頭に戴いて居住していた。これが個々の荘園に居住していたヨーロッパの貴族と異なる点である。平民は村落共同体の内部に生活していた。彼らは領主に対して、生産物もしくは労働力で貢租を支払ったが、ヨーロッパ中世の農奴のように日常的に干渉されることはなかった。さらに特筆すべきことは、中世社会において、臣下に対する領主の義務を強調する思想が広がったことである。この思想は、貴族と平民との力の均衡がとれた状況を反映している。それはヨーロッパ中世の状況と比較した場合、平民にとって有利なものであった。

精選された部隊は戦車で構成され、貴族はそれに乗って弓と槍とで戦った。戦車の周囲には歩兵の部隊が配置され、投げ槍、短剣及び弓で戦った。「最も普及した武器は強力な彎弓[二六]（reflex bow）であり、矢は貴族が着用している最高の鎧をも貫通した。これがヨーロッパの騎士の場合との相違であった。ヨーロッパでは貴族が鎧を着用して、馬に乗って突撃する場合には、武装した農民や、歩兵は全く歯が立たなかった。古代中国においては、王侯ですら、しばしば矢傷を受けることがあった。このことは二つの結論を導く。まず第一に、人民が本当に見限った場合には、彼らは支配者を敵前であっさり見捨てた。そうなると支配者は無力であった。さらに抑圧の結果人民の怒りが一般化した場合には、人民は反乱を起こすことが可能であり、貴族階級は結束した民衆には対抗できなかった。近代中国における軍閥とは違って、機関銃を装備していないので、僅かの数の傭兵によって何千人もの農民を虐殺することは不可能であった。この理由から、人民を満足させておくことが、少なくともその不満を、実際に支配者に抵抗する水準以下に押さえておくことが、必要であった」。（H・G・クリール『中国の誕生』（ロンドン・一九三六・三六四頁））〔二七〕

「戦国時代」には鉄製の武器の使用が一般的となり、封建的軍隊は、一般から徴集された軍隊にかわった。始皇帝〔二八〕はこうした軍隊を率いて諸侯を征服し、統一国家の基礎を築いたが、この変化が民主主義の到来を導いたのではないことは言うまでもない。しかし社会的不平等は目に見えて減少した。貴族階級はその特権を喪失し、農奴は国家にだけ貢納の義務を負う土地所有者となった。支配的立場の官僚は、社会の下層から抜擢された。

武器の携帯が征服者だけに限られた征服王朝以外では、中国の軍隊は、非常時に限り招集される農民からの徴募兵、長期の兵役を強制される囚人兵、主として外国人の傭兵からなる奇襲部隊およびローマのミリタネイやロシアのコサックに類似した、武装植民者から成立していた。

軍隊の構成が基本的に徴募兵に強く依存していたことは、中国における権力の分布を、近東のイスラム諸国やインドにおけるものとは異なるものにした。いわゆる易姓革命を可能にしたのはこれである。中国史を彩るのは、繰り返し行われた王朝の交替である。それは本質的には次の諸段階を追って循環する。王朝の衰退は官僚がその規範を逸脱することを可能にし、彼らは欺瞞と高利貸しとを通じて、自由民を圧迫し、自分の小作人にしてしまう。一般民衆の不満は累積し、国家権力の極端な無能力とあいまって、革命が起こる。革命の指導者によって建設される新しい王朝は、負債を破棄し、土地を再分配する。その結果農民は再び自分が耕す土地の所有者になる。無能力で腐敗した役人を、主として下層から選抜された、より正直で熱心な者に取り替える。しかし時がたつにつれ、腐敗と退廃とが再発し、循環が再び始まる。この過程は人口の変化の過程と照応する。繁栄の時代の人口増加は、階層間の緊張を高める。革命の最中に人口が減少するため、どの王朝の場合も革命時の物質的被害から回復するや否や、生活水準は上昇を開始する。当時の生産手段は非常に単純なものであったから、そのために永い時間は要しなかった。

全国統一から唐代まで、騎兵は漸次重要性を高めていった。なぜなら侵略してくる遊牧の騎馬民族の方が、疑いもなく優勢であったからである。騎兵は甲冑の製造技術の上昇と、ユーラシア大陸の遊牧民が発明した鐙が、紀元前後頃に導入されたことによって、次第に重装備になった。中国経済は農民が各自に馬と馬具とを持つことをゆるさなかったし、馬上での戦闘は、近代の戦車や航空機の操縦にも匹敵する高度の技術を要するわざであり、そのためには不断の訓練が必要であったから、この問題を解決する方法は、主として遊牧民から傭兵を徴集すること以外にはなかった。農民の軍事的重要性は低下し、その立場は当然のこととして劣悪なものとなった。王朝交替の循環が消滅したわけではなかったが、以前に比較して傭兵に依存する程度が高かった唐代では、社会的不平等の幅もそれまで以上に広がったと考えられる。唐代以降引き続いた征服王朝下において、農民の重要性は、王朝が征服された時期を除いて、ほとんど変化しなかった。大衆は武装解除され、劣等な地位におかれた。

現在この国に起きつつある事態は、一般に考えられている以上に、古くからの王朝交替の伝統に沿ったものである。

6　日本

日本の歴史にも農民反乱の事例は多いが、その様相は中国の場合とは大きく異なり、それが成功した事例はないのである。革命が成功した例は多いが、それは貴族による革命であった。この事実の解明は軍事組織の形態に求められなければならない。ここで基本的な事実は、日本の歴史を通じて、武器の所持は貴族の特権であったことである。唯一の例外は七世紀に起こった大化改新であった。この時天皇は中国型の官僚制的専制国家の建設を目指し、中国型の軍隊組織を創ろうとした。改新のこの側面は、他の側面と同様に不成功、短命に終わった。日本には外敵による侵入の恐れがなかったため、大規模の軍隊を持つ必要はなく、やがて貴族による武器の独占は回復し、それは日本が西洋化するまで継続した。その結果、貴族の超越的な地位は脅かされることがなかった。もし大規模な徴兵による軍隊を必要とするような外敵の脅威が存在していたならば、日本社会の構造は全く異なったものになっていたであろうことは、疑いをいれない。ペリーの遠征が日本に引き起こした広範な社会的変革は、主として西洋から日本の独立を保持するための必要から起こったものである。日本が議会制民主主義国家にはならず、高度に階層的な性格を失わなかったことは当然である。しかし不完全ではあるとは言え、国民全体を対象とした徴兵制度の成立と同時に、社会の下層が受けていた多くの制約、例えば身分制度、移住の自由、差別的課税、服装の規制等が撤廃された。ここにも我々は、軍事参与率の上昇が階層構成の平準化と結びつく事例を見出すのである。

7 インド

インドは征服された国家の典型的な事例である。近東を除けば、外国の侵略によって、これほどまでにたびたび征服された国はほかには存在しない。「カースト制度」(6)は、それが唯一の原因というわけではないが、主としてこの事実から起こっている。このことが生み出したもう一つの結果は、独立の部族と分派的党派を除いて、軍隊が全く職業軍人から構成されていることである。その結果、農民大衆は永遠に武装解除されたままであり、そのことから当然予測されるように、常に踏みにじられていた。中国の農民と違って、彼らは大規模な革命を成功させたことはなかった。

インダス渓谷に起こった文明に属する諸社会の構造について、わかっていることは多くない。インド・アーリア族の社会では、職業としての軍事は、アーリア人の征服者に独占されていたが、王権の強化とともに、軍隊の性格は変化した。例外はマウルヤ王朝時代(二九)の後期まで生き延びた共和国であり、そこでは戦士貴族が農奴を支配していた。この共和国は、様々な点でテーベのような、古代ギリシアの農村的「都市国家」に類似している。それ以外の地方では、国王の兵士が騎士にとって替わった。

我々が情報を得ているすべての王国において、完全に土着的な王朝においてさえも、軍隊は職業的であった。マウルヤ王朝とグプタ王朝[三〇]とは強大な軍隊を保有し、それは歩兵、象隊、戦車兵および騎兵の諸部隊からなっていた。兵士は王室会計から給料を支払われるか、あるいは封建的土地保有権に類似した権利に基づいて、土地をあたえられた。彼らの地位はバビロニアのハムラビ王の兵士のそれに似ていた。「カースト」制度はブラーマンの弁明書に描かれているほど厳格なものではない。戦士のすべてがクシャトリア（王侯・武士階級）でもなく、またクシャトリアは全員が戦士であるわけでもなかったが、すべての王国において、兵士は世襲的階層を形成する傾向があった。

パッラヴァ[三一]、チョーラ[三二]、ヴィジャヤナガール[三三]及び、その他の南部諸地域の王国の状況は、基本的にはマウルヤ王朝およびグプタ王朝に類似していた。唯一の例外はラーシュトラクータ王国[三四]であった。此処では兵士は全階層から徴集され、世襲的ではなかった。この徴募範囲の拡大は、王国の武力を相当に強化するものであった。このことは、我々の前提に基づけば、賤民の数は比較的少数であり、他の地域に比較して、その地域の立場を低下させるものでなかったことを表明している。

土着の王国は、互いに相手を併呑しようと不断の試みを続けていた。その途上で、巨大な帝国が次々に建設された。このほかに、征服を目指す諸民族が、北方から絶え間なく侵入を続けていた。それらを克服した結果生まれた国家においては、当然のこととして、兵器は征服者に独占され、従属させられた民族は武装解除された。ハルシャ王国[三五]では、フン族のアッチラ大王に繋がる系譜をもつ民族を含む部族連合であるサカ族[三六]が、支配的な戦士階層を形成していた。デリーのスルタン制の下では、アラブ人およびアフガン人が、さらにムガール帝国[三七]においては、トルコ人、ペルシア人その他の冒険者たちが、同等の地位を占めていた。また大帝国が衰退していた時期に繁栄した、小規模なラジプートの国家群[三八]が存在した。そこでは貴族である戦士による農奴の支配が行われた。

インドにおいて社会的不平等が小さかったのは、独立した部族が支配する、他から手出しできない地域においてのみであった。こうした部族の幾つかは、特に中、南部の諸州およびアッサム地方の部族は、過去においてはもちろん、現在でも非常に未開であり、社会的階層は、性と年齢とによるもの以外には存在しない。しかし北部の山岳部族は、通常規模が大きく、世襲的な首長と貴族層とを含んでいる。しかし平民が無視されているわけではなく、実態はむしろ逆で、彼らはその誇りと独立性との故に、高く評価されている。南部においては、首長は独裁者というよりは、むしろ指導者と呼ぶべき存在であった。インド社会一般の状況と比較して、南部における階層構成がこのように違う理由は、軍事組織に求められる。山岳民族では男は全員が戦士である。全員が小銃を所持し、彼らには名誉の観念が骨身に徹しているのである。

シーク教徒の事例が状況をよく説明している。彼らは全員が兵士であり、「ヴァルナ」（色）や「ジャーティ」（出生）の障壁を認めないのである。

ギリシアの旅行者が描写した、軍隊が戦争をしている傍らで、自分の土地を耕しているインドの農民の姿が、牧歌的な農村を表現しているのではないことは言うまでもない。それとは逆に、これは農民の完全な政治的無関心を表現するものである。それを生み出したものは、為政者の側の、農民の福利についての完全な無関心である。農民にとっては、支配者はすべて同様に悪であった。

このような軍事的環境が、あらゆる部面に浸透する絶望感を醸成することによって、インドと近東とを救済信仰、世界宗教の揺籃にすることに与って力があったことは頷ける。このような宗教は、逆に、社会を形成する上での重要な要素となるのである。

8　ローマ

エトルリア人[三九]による征服以前のラティウム地方の住人は、多くの点でアフリカの部族に類似する組織をもっていた。ここでは、「氏族」（民族誌家がクランと呼ぶものに対応する）の長老、もしくは選挙された首長による支配が行われていた。すでに複合家族は親族の厄介人、召使、郎党などを含んでいた。しかし貴族と農奴との明確な分離は、エトルリア人の征服以後に出現した。彼らは幾つかのローマ人の家族と共に、貴族階級を構成した。ロストツェッフは言う。「当時の住民の多くは」、「新しい主人のために土地を耕し汗を流さなければならなかった。ローマの貴族によるエトルリア政権の転覆は、当時の経済状態を変更することはなかった。それにも増して重要であったのは、北部からの外敵の襲来、およびラテン人が建設した諸都市との抗争に備えて、強力な軍隊を維持し発展させて行くことであった。……ローマの農民の基本的な存在形態が決定されたのは、このようなローマ史の最暗黒の時期であった。かつて貴族に隷属していた農奴が、何時また如何にして自由農民、小地片の所有者としての平民階層の一員となったかについては明らかにできない。おそらくは……農奴階級を消滅させ、自由な農民的土地所有者数の増加をもたらす、漸次的変化が起こったことが推測される。自由な農民は、ローマ人の経済生活を通じて、エトルリア人の支配下においても、姿を消すことはなかった。この両者の発達は、おそらくはローマ社会の軍事的要求によって説明されるであろう。……セルヴィウスの改革[四〇]は……、暗黒の五世紀に起こった経済的社会的変化の結果を、神聖化し公式化したものであろう」。しかし、なぜ五世紀になって軍事的要求がそれまでとは変わったのであろうか。説明はギリシアの場合と同じである。戦術と訓練方法との発達が、多人数の大部隊の軍隊を有利にした。古代ローマの建設者と伝えられるロムルス(四一)が率いた伝説上の「セレルス」は、貴族からなる騎兵部隊であった。五世紀には鉄が普及し、かなり安価な武器の製造が可能となった。そこでギリシアの「方陣」のローマ版であるが、その単なる模倣ではなかった「クラシス」は、戦場での歩兵の優位をもたらした。その補充を可能にする全市民を対象とした兵役制度が、軍隊の運命を左右することになった。

この事実がもたらす平準化作用を、経済的要因から説明することは不可能である。ギリシアの場合にそうであったように、それとは逆に、このことは新しい搾取の可能性を創り出した。商業の発達が貴族ではない新興の富裕集団を出現させた。しかしそのことは常に搾取を制限する立法、特に債務の軽減を求める農民の立場を強化するものではなかった。兵士になった彼らは戦闘拒否を武器として使った。貴族が彼らの助力を要請すると、その指導者は言う「貴族は我々から土地を奪い、兄弟を牢屋に入れ、今度は戦場に駆り出す」。平民たちの要求は、その経済的立場により様々である。富裕な者は、地方の支配者層への参加、貴族と交際し通婚する権利を求めた。貧民の主な要求は、借金の棒引き、債務奴隷の解放、征服地の分配および法の恣意的解釈を防止するための法典の編纂であった。両者ともに立法権への参加を要求した。これらの権利は、前五世紀から三世紀にかけて獲得された。しかし政治的権利の平等が存在しなかったことは言うまでもない。投票権は富裕階層にとって非常に有利であった。

その結果、貧しすぎて兵役に耐えない者は、実際には投票権を与えられなかった。本書の目的から言って大切であるのは、大きな投票権を持っていた富者は、重要性の低い兵種よりも軍装に金がかかる、騎兵及び重装歩兵であったことである。前四世紀にカミルス[四二]が行なったとされる軍隊の再編は、軍団内のすべての装甲歩兵の装備の差違を撤廃したが、これは恐らく社会的平準化を結果した、もう一つの社会的要因であった。

　レオン・ホモは言う。「前四世紀および三世紀の初頭に行われた領土の大拡張」は、「ラティウムの服属とイタリア半島の統一に続いて、市民層の相当の拡大を結果した。徐々に進行したイタリアの征服は、ローマ内部での軍隊の勢力を増大し、軍隊の柱石である平民的要素の勢力を強化した。……物質的改善を求める平民の利害に沿うべく、権力を持つ貴族層は、非常に有効な手段をとった。三二八年、ペテリア・パピリア王は、債務の結果としての人身拘束の法令を破棄し……投獄されていた者の身柄を釈放した。農村地帯に居住する平民のために多くの植民地が建設された。……三世紀に行われた建造物の大改造は、中産的農民階層の勝利を象徴しており、その結果、ローマの体制を農民的民主主義に向けて出発させた。三世紀の初頭において、外交方針の決定に超越的な力を発揮したのは、かつて四世紀にはそうであったように、また後に第二次ポエニ戦争の結果そうなったように、元老院ではなく、拡大主義に取り憑かれた一般人民であった」（『ローマの政治制度』[四三]ロンドン、一九二九、五四〜五五、五九、七一、八三頁）。

　三世紀初期は民主主義的傾向の頂点であり、以後その推進力であった自由農民層は姿を消し始めた。貢納として取り立てられた安価なエジプト産のトウモロコシが、不利な戦況のために既に危うくなりかけていた彼らの経済的立場を掘り崩した。戦勝の結果、膨大な数の奴隷が獲得され、奴隷集団を用いるラティフンディウム[四四]が有利な経営になった。多くの農民は新興の富裕階級である徴税権所有者や地域の支配権を持つ官僚に対して重い債務を負うようになる。政治的権利の所在にも影響が生まれ、元老院は再び閉鎖的で圧倒的な権限を持つ存在になった。同時に軍事の専門化も起こった。一般から徴集された軍隊では、遠隔地での戦争は遂行できない。戦闘技術も次第に複雑化し、その習得には長い訓練が必要となった。マリウスの改革(四五)以後、軍隊はイタリア半島の農民からなる市民軍であることをやめ、長期間軍務に服する職業的軍隊に変身し、その給与と装備とは将軍が負担することになった。

農民の貧困化、軍隊の専門化、貧富の差の拡大、独裁者による政治的権威の集中、この四つの過程は、同時に進行した。筆者は軍事の専門化が原因で、他の三者はその結果であると主張するのではない。そのように考えることは、あまりにも一面的であろう。しかし軍事の専門化が起こらなければ、他の三者も実際に発達したようには、発達しなかったであろうことは明らかである。農民の滅亡を阻止することは、四世紀に実際に行なわれたように、立法的措置によって可能であった。農民階層の没落を救おうとするグラックス兄弟(四六)の試みが失敗したのは、農民がもはや軍事的に不可欠の存在ではなくなっており、以前と同様の圧力を発揮できなかったからである。農民は見捨てられたが、都市の無産者は甘やかされた。最大の独裁者でも「パンと格闘技を」という要求を拒むことはできなかった。兵士の供給源はこのような都市の無産者であった。帝政時代の末期になり、新兵が帝国の外辺地域、さらには外国から供給されるようになると、都市の無産者も無視されるようになる。農民は踏みにじられたままであった。

9　ビザンチン帝国

ローマ帝国に部分的にしか服従していなかった地域からも離れているビザンチン帝国の農業地帯には、相異なる二種類の農村組織、大土地所有と村落共同体とが存在していた。前者は農奴、場合によっては奴隷により耕作され、後者は納税について共同責任を負わされている自作農民により構成されていた。この両者は帝国が存続する限り存在を続けたが、その相対的重要性は変化した。この側面における変化は、農奴の自由農民化およびその逆方向の変化であり、それは軍事組織の変化と結びついていた。

コンスタンチノープルの建設に続いた四世紀の間に、帝国内の土地の大部分はラティフンディウムの所有者の手に帰していた。時によると数千人の農奴を支配した大富豪は、帝国の封建的臣従ではなく、単なる大土地所有者に過ぎなかった。彼らは相当数の武装した家臣を保有していたが、自分の土地を軍務に対する報酬として給与されていたわけではなかった。彼らの軍事的重要性は低く、軍隊の中核をなしたものは、様々な地方からの傭兵であった。七世紀になると、ペルシア人、アラブ人、スラブ人、ユーラシアの遊牧民による猛攻が行なわれ、帝国はほとんど消滅させられた。傭兵に頼っていたのでは（主として兵力の不足のために）これに対抗できないため、反撃しうる軍隊を新設しようとして、ヘラクリウス皇帝（四七）とその後継者は、軍事組織の改編を行なった。彼らは多数の大所領を押領し、多数の農奴を解放して、戦う意志と能力との持ち主には土地を配分した。それを受け取った者は、軍務に従事する準備を常に整えておく義務を負った。その結果誕生した軍隊は、一種の農民的市民軍であったが、指揮官は政府に所属する正規の将校であった。この制度はビザンチン帝国の存続を可能にし、一度は失った領土の相当部分を、再征服することさえ可能にした。この制度は十一世紀には崩壊を始める。しかしそれに取って代わったものは、かつてのように、訓練を受けた専門的軍隊ではなかった。それは、西ヨーロッパ中世の徴集部隊に類似した軍隊であり、部分的には正規の兵士をも含んでいた。大土地所有者とその小作人たちが、帝国の防衛のために最も大切な役割を果たすことになった。しかし彼らはその役割を十分果たさず、従来までの制度を廃止し、兵士の数を減らしたことが、何にもまして帝国の崩壊に繋がった。本研究の視点から言って最も興味深いのは、軍事参与率の低下をともなった軍事組織の変化につれて、社会的不平等が拡大したことである。独立農民はほとんど姿を消し、その大部分は農奴身分に陥り、大所領の占める割合は非常に拡大した。

10　北アフリカ地方

北アフリカの地理的環境は三類型に分類される。山岳地帯、乾燥した草原および農耕に適した平野がそれである。このそれぞれは、異なった形態の社会の揺籃であり、少なくとも過去において自動車や航空機が発達する以前には、そうであった。これらの社会を比較する時、我々は階層構成と軍事参与率との密接な関係を、此処においても発見するのである。砂漠は遊牧民の諸部族によって占有されており、部族は支配者と言うよりも指導者と呼ぶのがふさわしい、族長によって率いられていた。部族内部には大まかな平等性が支配していたが、年齢と個人的威信とに基づく特権は存在した。男はすべて戦士であり、場合によると、ある部族が他の部族に対して優越性を保持することはあったが、それが真の意味での支配の域にまで達することはなかった。

人を容易には寄せ付けない台地と山地には、ベルベル族(四八)の小規模な共和国が存在していた。これらの共和国には長老たちによる協議会があり、そこでその時々の問題が処理された。しかし最終的な決定は、家父長層、つまり自分自身は家父長の権威に服さない男たち、による全体集会によって決定された。経済的には完全に平等であり、男は全員が戦士であった。

農耕が行われる平野における状況は、これとは全く異なっていた。そこでは武装を解除された農民が、主人であるスルタンとその一族、および傭兵のために労働していた。

これらの類型の諸社会の間の境界は流動的であり、多くの移行段階が認められる。しかし、それらの間の差異は、今世紀の初頭においては、カルタゴの時代と同様に明瞭であった。

11　中世のヨーロッパ——一般論

ローマ帝国の領土は、傭兵部隊の助けを借りて支配されていた。帝国の没落として知られている長い期間を通じて、軍隊はしだいにゲルマン人により構成されるようになり、ローマ政府の支配から離れていき、最終的にはゲルマン人の戦士たちが、ローマの支配階級の地位を簒奪することになった。彼らが武装権を排他的な自己の特権であると考えたのは当然である。軍事技術の発展は帝国の末期と同一の方向、つまり重装備の騎士の優位の方向に進展した。その主たる要因は、ユーラシアの遊牧民が発明した鐙であった。鐙が重い甲冑を身にまとった騎士が活発に戦闘をおこなうことを可能にした。ヨーロッパの場合、装備の価格が上昇したことが、軍務の範囲を制限したかどうか確認しえない。なぜなら、この制限はローマでは古くからの伝統であり、ゲルマン人の侵攻はこのような制限を縮小するか、少なくとも現状のままに維持するであろうことは、同様の事例に照らして明らかであるからである。しかし中世の軍事技術が、混血が進んだ段階においても、軍務の拡大を阻止したであろうことは、明言できる。一人の騎士の装備を賄うには、一つの村落の数年間の総収入が必要であると計算されている。さらに甲冑に身を固め、鎧をつけた軍馬にまたがった戦士に対抗できるものは誰もいなかった。したがって農民の大軍は不可避的に軍事的には無意味になった。このことが、あらゆる農民反乱が例外なしに悲惨な結果に終わり、その試みの後、農民の地位が一層劣悪化した理由である。中世の軍隊は、秦による統一の後の中国や近代のヨーロッパの軍隊とは異なり、貴族自身が兵士であったから、寝返りをうって反乱軍につくことは決してなかった。スカンジナビア半島の諸国の例を除けば、農民は政治的権利を持っていなかったが、城壁の陰で封建領主の騎兵隊の攻撃から身を守ることができる都市民に協力することは可能であった。

12　中世のドイツ

ローマ人と接触した当初においては、ゲルマン人の階層構成は非常に単純なものであった。男はすべて武装して集会し、村落、地域および部族の問題を解決した。耕地を配分し、和戦を議決し、首長を選出した。特別に尊敬されていた家系は存在したが、明確な特権を所持している神官も貴族もなかった。しかし旧ローマ領に建設されたゲルマン人の王国においては、それ以後主として征服の結果、社会的不平等が確実に拡大していき、その故地に留まっていたゲルマン民族の場合にも、社会的不平等は拡大を続けた。民族の大移動が終了して以後、自由な平民はその政治的諸権利を喪失した。彼らはしだいに農奴身分に貶められ、ついに社会は農奴と貴族とから構成されるようになった。この変化は軍事参与率の低下と結びついた、武器の改良と無関係ではないことは明らかである。ゲルマン人の戦士は、初期においては木製の棍棒、先端に鉄を装着した短槍で装着しており、時に戦斧と投石器を用いた。騎士は鞍も鐙も使わなかった。武装は間断なく徐々に発達し、カール大帝(四九)以後には、戦場における主役は疑いもなく重装騎兵になり、武装した部族民は封建的徴募兵に替わった。

13　ポーランド

ポーランドの歴史は、兵装の価格と社会の階層構成との結びつきの同様の事例をしめしている。もともとの王国は専制的であり、貴族階層はすでに存在していたが、その特権と平民に対する権力とは、後世に比較して、さほど強大なものではなかった。軍隊は自由民からの一般的徴募兵と、ドゥルジーナ(五〇)と呼ばれた国王の親衛隊で構成されていた。これはカロリング王朝のアントゥルシジャン（antrustion）に相当する。両者とも武器は非常に幼稚なものであり、鎧は使われていなかった。重装備のゲルマン人の騎兵の大軍に対しては、いざ決戦となれば勝ち目はなかったから、当時まだ国を覆っていた原生林と沼地とを利用した、待ち伏せ戦法が採られた。一般的経済発展の結果、ポーランドの戦士も装備を改良することが可能になった。グリュネバルト(五一)の会戦でドイツ人の騎士団を打ち負かしたポーランド軍は、西ヨーロッパの軍隊とほとんど同じであり、その主柱は重装備の騎兵であった。ポーランド王国の社会構成も相当の変化を遂げ、貴族は国王と平民との間に割り込むことに成功した。農民はすべて農奴身分にされ、彼らの軍役奉仕の義務はなくなった。彼らが唯一所持できた簡単な武器は、今や役に立たなくなった。重装騎兵は十七世紀の末に至るまで、ポーランド軍の中核をなしていた。したがってポーランドでは、ヨーロッパのどの国よりも貴族が大きな特権をもっていた。

14　スウェーデン

スウェーデンはこれと対照的な発展の事例を見せている。この国は森林に覆われており、良質の馬を産出しなかったため、騎兵は重要にならなかった。グスタフ・ヴァーサ（五二）の改革が行われるまでは、軍隊を構成したのは、外部からの侵略があった場合には、自由民からの一般的徴集兵であり、また外征をおこなう場合には、各階層からの義勇兵であった。騎兵よりも歩兵の重要性が高かった。したがってスウェーデンの軍隊組織の歴史は、ヨーロッパ一般の類型から逸脱しており、その結果この国の社会史もまたヨーロッパの他の国とは非常に異なっている。住民の圧倒的多数は封建領主に臣従しない自作農民であり、貴族と農民との主たる相違は、貴族の方が土地所有の規模が大きかったことであった。官職に就いている場合をのぞいて、貴族には農民に対する法的行政的権限は与えられていなかった。農民は主として自分の仲間が構成する裁判所で裁かれた。一言で言えば、スウェーデンには封建制が存在しないのである。この国は農民の代表が国会に出席した、ヨーロッパで唯一の国家である。

奇妙なことに、スウェーデンにおいて騎兵の役割が増大したのは、十四世紀、西ヨーロッパにおけるこの国の突出した地位が下落しかけて以後のことであった。その時、騎兵の装備を自前で調えることができるものには、免税措置が施された。しかしこの傾向は、それが階層構成に重大な影響をあたえるほどに長期間にわたっては存続しなかった。しかし貴族階級の特権を拡大する傾向が、この期間に出現している。この傾向は外征を企図したグスタフ・ヴァーサが古い伝統の上に、徴兵制度を導入し、ヨーロッパで最初の国民軍を組織した時に歯止めがかけられた。

15　デンマークとノルウェー

十三世紀までは、スカンディナヴィア諸国の社会構造は、基本的には類似したものであった。ヨーロッパの他の諸国との相違点もまた、多少とも共通していた。十三世紀以降、社会的不平等はデンマークの方が、スウェーデンよりも拡大した。この両国のどちらにおいても、不平等はノルウェーの場合よりも大きかった。この順序はこれら三国における農民的国民軍の相対的な重要性の順序に対応している。ノルウェーでは、国土の性格がスウェーデンよりも騎兵の使用に一層不向きであったため、農民的国民軍は軍隊の中核であり続けた。騎兵はスウェーデンではより重要性を帯びてきたが、スイスとスコットランド高地を除く他のヨーロッパ諸国におけるほどには、重要にならなかったことは、既に見た通りである。デンマーク王国の軍隊は他のヨーロッパの諸国の場合に類似しており、我々の理論から推察されるように、この国における社会的不平等は、ポーランドと同等の大きさであった。中世末期にはデンマークはすでに君主を戴く疑似共和制国家になりかけていた。

16　スイス

スイスは中世のヨーロッパで、貴族による支配を一度も受けなかった唯一の国である。自由な農民は領主に臣従したこともなかったし、そこには農奴も存在しなかった。中世を通じて、またそれ以後においても、共同体が古代ゲルマン人の部族の規範にしたがって自治をおこなっていた。戦争の指導者さえも選挙で選ばれ、陣中においてのみ有効である権限を付与されていた。封建領主が支配する国々に混ざって、この部族的民主主義が生き残った理由は、地理的条件にある。山岳地帯では軽装備のスイス歩兵は無敵であった。彼らはさらに歩兵戦術を発達させており、他の国に侵出した場合には、封建的騎兵隊が持つ伝統を粉砕した。この無類の強さを基礎にして、この国の独立と国民軍としての軍事組織とが成立し、それが逆に政治制度と社会構造に反映していた。

17 ロシア

古代ノルウェー人による征服以前に、東スラブ諸部族は融合して単一の国家を形成しており、その国において支配的な階層を占めていた。彼らはその居住地域を要塞にしており、その内の幾つかは商業都市に発展し、スラブ族の農民から貢納を取り立てていた。商業に従事はしたが、彼らは本質的には戦士、ドゥルジーナと呼ばれる王の旗本であり、献物をビザンチン帝国の手工業者と交換していた。しかし人種的混合と遊牧民の侵攻による商業の衰退との結果、支配階層の性格は変化し、彼らは君主からの賜物と交易の利益とに依存して都市で生活することを止め、軍事的奉仕の見返りとして君主から与えられた封土で生活し始めた。農民は様々な種類の賦役を負っており、その内のあるものは、軍事的性格を帯びていた。しかし軍隊の最重要部分を占めていたのは、貴族からなる騎兵であり、この事態は、火器が現実に重要性を帯びてくるまでは継続した。その間軍事参与率は目に見える変化を示さなかったが、貴族の地位は変化していった。彼らは皇帝により強く従属するようになった。これは同時期にポーランドで進行したのとは、正に反対の事態であった。

火器は「ストレルツィー」と呼ばれた、新しい種類の戦士を生み出した。彼らは貴族以外から徴集された歩兵であり、禄を与えられ、皇帝が貴族と抗争する場合の基本的戦力となった。その後彼らは疑似世襲的な集団に変化して行き、皇帝の権威に対する重大な脅威となった結果、徴兵による軍隊を創設したピョートル一世によって根絶されてしまった。この軍隊は終身の徴兵であり、したがって職業的集団の性格を帯びていた。この国では十九世紀に至るまで軍事参与率は低く、したがって社会的不平等は激しかった。しかし兵士が下層から徴集されるという事実は、社会体系に不安定要因を加えることになり、それがステンカ・ラージン（五三）の反乱が成功しかけたことに表明されている。

十九世紀の後半に、軍事参与率の数値が大きくなったことは、広い範囲に影響を及ぼした。後に見るように、これが一九一七年の革命蜂起が成功した理由であった。

18　スペイン

ローマ人による征服以前のイベリア半島は、様々な民族によって占有されていた。その諸民族は様々な点で異なっていたが、同じような複雑さを持つ社会は何処でもそうであるように、ここでも専門的な戦士層を持たず階層構成が存在しない部族と、戦士である貴族階級が農民を支配している複合社会とを区分する、一本の線を確認することができる。

ローマが支配していた時代、スペインを取り巻く環境はローマの体制によって作られていたから、特に論ずる必要はない。その後西ゴート人による征服が行われた結果、征服者が戦士貴族階層を形成し武器を独占する、疑似封建的社会が生まれた。

アラブ人、特にアラブ人に指導されたベルベル族がスペインを支配した際には、彼らが戦士である貴族として支配を確立した。その後人種的混合が進行するにつれて、また部分的には中央集権の進展の結果として、貴族は軍事的性格を喪失し、軍隊は傭兵によって構成されるようになる。この状況は西カリフ帝国が分解した後も継続した。

キリスト教徒の残滓は、幾つかの小公国を形成した。そこにおける階層構成は、全国民を武装させなければならないという要請の結果、西ゴート時代に比較して、かなりの程度平準化していた。農奴制度は既に消滅しており、社会的不平等に関する限り、ピレネー山脈の諸王国は、西ヨーロッパやアラブ人が支配していた時代のスペインよりも、むしろノルウェーやスウェーデンに近かったと言えたが、再征服がこの事態を変えた。その結果、貴族は大規模な領地を所有することになり、その住民は彼らの農奴となった。再征服時代の末期、軍事参与率は当時の西ヨーロッパの諸国の水準にまで低下し、社会的不平等は、それに応じて尖鋭化した。中世の末期になると、この点に関しては、スペインは外見的にはヨーロッパ各国と相違はなくなった。それ以後スペイン社会の階層構成は、ライン以西の他の諸国に比較して、むしろ急峻なものになった。

十九世紀に至るまで、スペイン王国においては、軍事参与率は決定的に低いままであった。海外の占領地からの黄金の流入の結果、王国は完全な中央集権体制を実現することができたが、その重要な一側面は、封建的徴集兵を職業的兵士に置き換えることであった。このことは、実際には社会的不平等には大した影響を与えなかった。なぜならば、スペイン軍では、通常の兵士ですら、ほとんどが貴族階級から徴集されていたからである。

十九世紀に行われた一般的徴兵制度の導入は、不安定と革命との時代の夜明けになった。

19　イギリス

ローマ統治下のイギリスの社会組織は、ローマ支配下の他の地域と違いがない。違いはフランスやスペインに比較して、ローマ帝国の統制が行き届かず、部族的組織が生き延びた地域が、より広かったことである。ローマの支配が有効に行われた地域において、最も重要な社会的単位は、ヴィラ（villa）と呼ばれた、大規模な奴隷制農場であった。軍隊は軍団に編成されており、この時代は完全に専門的な職業軍人によって構成されていた。

ローマ統治下のイギリスの市民は、アングロ・サクソン族の侵入によって完全に駆逐された。ケルト系の民族も完全に殲滅もしくは駆逐された。アングロ・サクソン族は自由農民の村落共同体を形成して生活した。出自の高貴さに基づく大守（earls）は存在したが、それは特定の社会層を形成しているわけではなかった。それを貴族と呼ぶこと自体正確ではない。それは南アフリカのバンツー族の首長に類似している。広範な社会的不平等が存在しなかったことは、軍隊が自前の兵器を所持する農民によって構成されているという、アングロ・サクソン族の軍事組織と関連があることは疑問の余地がない。この国民軍はフュルド（fyrd）と呼ばれ、歩兵がその主力であった。

ノルマン人による侵入の脅威の下で、この軍隊組織は改編された。フュルドよりも重装備の騎兵の方が有効であることが判明した。通常の農民が騎兵の重装備を自弁し得ないことは明らかである。そこで職業的戦士が不可欠となった。それを構成する従士《セイン》（thengs, thanes）は、国王の家臣で、役職についている貴族であった。彼らは領地を与えられており、急速に特権をもつ階層に発展した。最終的に社会は戦士と、そのために土地を耕作する農民とに分解した。ノルマン征服が行われる以前に、イギリス全土には荘園（monars）が存在しており、そこでは農奴が領主の支配のもとに生きていた。ノルマン征服は、征服がつねにそうであるように、一時的に社会的不平等を強化した。しかし百年戦争が起こるまでには、数世紀にわたって人種的斉一化が進行していたイギリスの階層構成は、フランスに較べると、より緩やかなものになっていた。

ウェールズ人との戦いを通じて、イギリスの兵士は長弓（long bow）（五四）を使用することを学んだ。これは恐ろしい威力を持つ武器であり、ヨーロッパで知られていたあらゆる種類の弓と比較して、はるかにすぐれており、石弓（cross-bow）よりも強力であった。いわゆる百年戦争の最中、イギリスの指導者は、ヨーマンと呼ばれる自由農民から徴集した徒歩の弓隊と、貴族からなる騎兵隊との混成部隊を用いて、当時ヨーロッパで最強を誇った騎兵隊を中核とするフランス王国の封建的軍団に対して、一連の圧倒的な勝利を収めた。イギリスの軍隊組織はその社会構造を反映するものであり、同時にそれが社会構造に影響を与えた。この時代のイギリスに農奴が存在したことは言うまでもない。しかし弓隊を構成したヨーマンは自由な農民で、自分が耕作する土地の所有権を持っていた。フランスやドイツにおける同種の農民と違って、イギリスの農民が領主に隷属していなかったことは、大農民一揆（五五）の成功によって証明される。もっともそれは最終的には謀略の結果鎮圧されてしまうのであるが。イギリスにおいて成功した農民一揆の唯一の例が、長弓が支配的に使用された時期と一致するのは、偶然ではない。ここでは彎弓（reflex bow）が中国において果たした役割が想起される。

大切なことは、囲い込み運動の時代が始まり、浮浪者（それは実際には領主に土地を取り上げられた農民であるにすぎないのであるが）に対する過酷な立法の制定が続けられた時には、ヨーマンの射手は最早必要とされなかったし、それを恐れる必要もなくなっていたことである。国の防衛は海軍と、弓では歯が立たない火器を使用する傭兵とによって確保されるようになった。

20　バルカン半島

バルカン半島では、軍事参与率と階層構成との関係は、時代的変化を追うよりも、むしろ地理的比較を行う方が理解しやすい。バルカン半島の諸民族を二つの異なる類型に分類する、あるいは少なくとも今世紀以前には分類していたのは、山岳地帯と平野地帯との境界線であった。有史以来、平野地帯に居住してきたのは農奴とその主人であった。主人はしばしば変化したが、農奴はスラブ人の侵入以後は人種的に実質的な変化はなかった。ローマ人による征服がおこなわれた以前に、イルリア、(五六)特にその低地は、惨めな農奴と誇り高い戦士である貴族との国として有名であった。(五七)ローマによる統治の下では、この国には奴隷制大農場が散在し、階層構成に関する限り、ダキアなどローマ帝国のその他の地方と大差なかった。スラブ人の侵入はローマ文明を破壊し、ローマ化していた民族をほとんど絶滅してしまった。その中で生き延びたものは、山岳地帯に逃げ込んだ者のみであった。この侵入はほとんどペロポネソス半島にまで及び、ギリシャ人の人種的構成に深い影響を与えた。

この侵入の結果、部族的組織は全く消滅した。スラブ人の部族は概して平等的であったが、この地の住民はユーラシア大陸の遊牧民の一族であるアヴァール人(五八)に支配されていたため、階層的に構成されていた。

従ってローマ人の奴隷制大農場の階層構成は、ゆるやかに統制された原始的な征服国家の階層構成によって置き換えられた。アヴァール人の帝国が崩壊した時、領土の大部分は、ユーラシアの草原地帯から次に侵入した民族、つまりブルガリア人の手に落ちた。しかしその領土の西北部分はカール大帝のものになり、南部はビザンチン帝国が再征服した。バルカン半島の平野部で、この時代、外国人の貴族に支配されなかった土地はない。十一世紀の初頭以前に、ビザンチン帝国がブルガリア人の国家を壊滅させていたことは、疑いを容れない。一方パノーニア（現在のハンガリー）はマジャール人[五九]によって、ダキア（現在のルーマニア）はペチェネグ人[六〇]によって征服された。この両者共に草原地帯からの新参者であった。階層構成に関する限り、実質的な変化は何も起こらなかった。セルビア人およびブルガリア人による諸王国の建設以後も、状況は本質的には変化しなかった（ブルガリア人は今日では、昔のアジア的な領主の名前を踏襲している。その領主はいまでは分解してスラブ人の大衆になっている）。戦士である貴族が農奴を支配したことは、以前と変わりはなかった。唯一の変化は、今やその両者が同一の言語を話すことであった。しかし、このことも、永くは続かなかった。十五世紀の末までには、バルカン半島はトルコ人の支配下に置かれ、ブルガリアとセルビアとの貴族は、その地位を奪われるか、あるいは抹殺されてしまった。その結果、ごく最近に至るまで、トルコ人の貴族である戦士が、農奴を厳格に隷属させていたのである。

以上に見たすべては、平野地帯で起こったことであった。セルビア、ブルガリア、モンテネグロの山岳地帯では、家父長制度に基づく部族が、法的にはともかく、事実としては今世紀の初めまでは独立を堅持していた。貴族は、家父長制的な気質を保持し、部族的民主主義のもとで半ば遊牧的な生活を送る山岳地帯の住民を支配することはできなかった。封建領主の領土の中に混じってアラムン人[六二]はカルパチア山中で、独立を守り、牧歌的な生活をおくった。このような山岳民族にあっては、男はすべて戦士であり、戦士以外の何者でもないことを銘記すべきである。

21　近代初期のヨーロッパ

重装備をした騎士の優位性は歩兵の戦術と火器の発達とによって否定され、封建的徴募兵は、傭兵にとって替わった。この変化は、政治的構造に深甚な変革をもたらした。この点については後に詳述するが、社会的不平等の大きさに関するかぎり、その影響は大したものではなかった。人民の大部分は武装を許されず、兵役から閉め出されており、したがって通常武器を使用することから生まれる勢力の梃子を奪われていた。確かに西ヨーロッパでは農奴制は姿を消していたが、それは軍事的というよりも経済的理由からであった。貨幣経済の進展が、労働力による支払いよりも貨幣による支払いを、より魅力あるものにしていた。同時に経済的および軍事的要素の複合した過程としての王権の拡大が、農奴制の核心である司法権の私的な行使を廃棄させた。しかし忘れてならないことは、法的に解放されることが、必ずしも実質的な上昇を結果しないことである。農民が自分の耕作する土地を所有することは希であった。通常彼らは借地農になったが、その地位はしばしば農奴以下であった。彼らは他の土地が免除されている経済的負担を負わなければならなかった。かつての封建領主の地位は、いまや廷臣、大土地所有者あるいは国王の官僚によって取って替わられたのであるが、貴族層が持っていた特権的立場は、フランス革命が起きるまでは揺るがなかった。

フランス革命の原因は様々に考えられる。その主要なものを挙げれば、勃興しつつある市民階級の挫折した野望、「合理的」な社会秩序を主張する思想の流布、国王の弱気、官僚の極端な無能、怠惰で特権に固執する厚顔な貴族階級の傲慢、厳しい経済的危機の結果貧民の間に沸騰していた不満、などである。しかし我々の視点から見て最も重要と考えられるのは、軍隊の大部分が反乱軍に呼応し、政府および貴族階級に背を向けたことである。このことが起こりえた理由は、当時兵士が貧困階層から徴集されていたことである。中世と同様に、貴族層そのものが軍隊の中核を占めていたならば、そのような離反は決して起こらなかったであろう。反乱軍の指揮を実際にとったのは、地方の貧乏貴族や市民階級出身の中少尉であった。高級貴族は軍隊を掌握することに失敗し、自分が没落する可能性を生み出す事態が発生するのを黙視していた。

22　近代のヨーロッパ

フランス革命の軍隊は、スウェーデンを除けばヨーロッパで最初の、一般的徴兵制度に基礎をおいた軍隊であった。「大衆の徴兵」（levée en masse）の観念を現実的で魅力あるものたらしめたのが、国民の間に沸き起こった革命と愛国の熱情とであったことは、疑問の余地がない。しかし技術的条件がそれを許さなかったならば、軍事参与率はそれほどまでには高まらなかったであろう。技術的環境の内で最も重要であったのは、火器製造の手工業と戦場において非常に多数の兵士を指揮する技術の発達であった。ナポレオン軍の兵士を装備するために必要な平均的費用は、砲兵、工兵の場合を考えても、中世の騎士の装備に要する費用よりは遥かに安かった。戦士に求められる技能を考えても、習得が非常に容易であった。ライフルの射撃は、弓術や剣術に比較して遥かに簡単である。

十九世紀のヨーロッパ諸国内部の条件で、一般的徴兵制度を強要するものは何もなかった。事態はむしろ逆であり、この制度によって国軍を編成することは、君主制と貴族制との存在基盤を危うくするものであった。伝統的秩序擁護の中心人物であったメッテルニヒ(六二)は、そのことをよく理解していた。ウィーン会議で彼は徴兵制の廃止を強く主張した。ヨーロッパの君主が一斉に一般的徴兵制度を採用したのは、手痛い敗北を喫して以後のことである。プロシアがこの方法を採用したのは、職業軍人によって組織されたその軍隊が、ナポレオンによって粉砕されて以後のことである。帝政ロシアがこの意味での改革を始めたのは、クリミア戦争(六三)の悲劇を体験してからである。オーストリアのフランツ・ヨーゼフ皇帝(六四)は、自分の軍隊がビスマルクの徴募兵によって警告的な一敗を喫してから、考え方を改めた。王政復古以後のフランスは、職業的軍隊の肩を持って、一般的徴兵制度を放棄した。七月王政(六五)は貴族階級よりは市民階級の利害を重んじていたが、下層社会の力を恐れるあまり彼らに武器を与えようとはしなかった。それに続いたボナパルト政権(六六)についても同様のことを言える。プロシアの徴兵制度による軍隊が、ナポレオン三世の職業軍人からなる軍隊に圧勝した結果生まれた第三共和制(六七)は、常に徴兵制度によっていた。

大衆軍隊の出現は新しい状況を生み出した。下層階級の忠誠心を強化するためには、様々な特権を付与する必要があった。この政策はプロシア、後にドイツにおいて最も発達した。農奴制はシュタイン(六八)による軍隊の改良と同時に破棄され(六九)、農民は自らが耕作する農地の所有を認められた。後には賃金労働者を対象とする保険制度がビスマルクの後押しによって成立した。この面ではドイツは他国を大きく引き離していた。ロシアではアレクサンドル二世(七〇)が農奴制を廃棄し、軍隊を専門家によるものから徴兵によるものに改良した。正確を期するために付言しなければならないことは、古い専門戦士は必ずしも志願者ではなく、多くの場合徴集された者であったが、終身制であったことである。オーストリアにおける国民皆兵制度の導入は、ハプスブルク王朝の専制制度を立憲制度に変革した諸改革と同時に行われた。

徴募兵の戦闘意欲を高めるためには、下層民の満足度を相当に高めておくことが必要であったが、その軍隊は一般人民の反乱を抑圧することには不向きであった。ロシアにおけるように、支配階級である貴族が譲歩を肯んじない時は、政権は崩壊した。二〇世紀以前にロシアでは何回となく農民反乱が起こったが、それらはすべて失敗に終わった。一九〇五年革命がほぼ成功し、一九一七年の革命が実際に成功したのは、農民の手に武器が渡ったからである。他の要因のすべてが働いてロシア革命の成功が導かれたことは疑問の余地がないが、もしニコライ二世ではなくピョートル一世が帝位についていたら、また、支配的な貴族階級があれほどに腐敗し無能になっていなければ、さらに戦争が短期間に成功裡に終わっていたら、革命は起こらなかったであろうし、また仮に起こったとしても、成功はしなかったであろう。しかし弱体な専制支配、怠惰な貴族階級および敗戦は、以前のロシアにもなかったわけではなく、それでも政権は存続し続けたのであった。西ヨーロッパから侵入してきたマルクシズムの影響が、事態の究極的な結末を決定したのであるが、軍隊の崩壊を呼び起こした農民層の不満は、純粋にマルクシズムの理論によって影響されることは少なかった。主要な導因は厭戦と土地飢餓であった。革命の成功を可能にしたものは大衆軍隊であるという事実が残るのである。

ハプスブルク家の専制支配の運命は、いかにして国家が一つの軍事制度を採用することを強制され、その結果として自滅に導かれるかを如実に示している。ナショナリズムの風潮が高揚した結果、国王に対する忠誠心を国民大衆に浸透させようとする努力はすべて徒労に終わった。その結果、敗戦は帝国の崩壊に直結する。ハプスブルク家の専制支配を崩壊させたものは、その波瀾万丈の歴史の中で、最初に経験した大敗北ではなかったが、一般的徴兵制度による軍隊で戦った、最初の壊滅的な戦争であった。

イギリスの近代史には上述の公式は当てはまらないように見える。イギリスの場合には、重要な公民権の拡大、すなわち幾つかの政治的権利の平等化が十八世紀の六、七〇年代に行なわれた。これは一般的徴兵制度が施行された第一次世界大戦に遥かに先行している。この改革に続いて、賃労働者の保護立法、産業保険制度、累進的所得税など、貧民の窮乏を救済することを目的とした、幾つかの重要な政策が行われた。しかし我々はこれらの政策の効果を過大評価すべきではない。一九一四年以前のイギリス社会は、非常に急峻な階層構成をもっていた。大衆の生活水準の上昇は一般的な経済成長の結果であり、所得再分配の結果としての平等化の結果ではなかった。しかし十八世紀中期以降、イギリス社会には平準化の傾向があったことは確かである。この傾向を促進する条件の中で、決定的に重要であるのは、次の二つである。その一は、生活水準の一般的な上昇の結果として、階層間の緊張が緩和したことである。これはさらに言えば、商工業が発達した結果であり、移民による人口のはけ口が存在したことの結果である。その二は、支配者階級が軍事的性格を持っていなかったことである。海軍により守られているイギリスは、強力な陸軍を持つ必要がなかった。したがって将軍が突出した政治的役割をはたすことはなかった。戦争を好まない商人や工業者にとって、騎士が農奴を押さえつけたように、増大を続ける無産者階級を抑圧し続けることは困難である。敢えて行なえばできたであろうが、それを強行すれば、彼らは社会的階梯の頂上の座を軍事と警察との担当者に明け渡さなければならなくなったであろう。彼らはそれよりは下層階級と妥協する途を選んだのである。

しかし、徴募兵による軍隊によって戦われた二回の世界大戦は、この平準化の傾向を大いに強化したことは重要である。第一次大戦の終了と同時に成人の普通選挙権が認められ、第二次大戦は「金持ちから巻き上げる」計画をもった労働党を政権の座につけた。

現在の状況は、二つの対称的な傾向によって性格づけられる。筆者が抑圧装置と呼ぶ人民を統御し反抗を抑圧する手段は、十八世紀を通じて非常に進歩した。ラジオ、電話、写真、指紋採取、自動的カード検索、自白剤などが、支配集団の外にある個人の立場を絶望的なものにしている。政府が軍部の忠誠を得ている限り、反乱は不可能である。その結果、支配者集団とそれ以外の人民との間の不平等はますます拡大していく。この傾向は、これまでは戦争努力へのすべての国民、今日では市民をも含めて、の情熱的な参与によって均衡を保たれてきた。これがテロリズムを平気で行使する政府であっても、H・D・ラスウェル[七一]が不可思議な民主主義[7]と呼んだ政治を行う理由である。国家は人民のものであり、政府の唯一の関心事は人民の福利の増大であるという、不断の宣伝の下に人民は置かれている。近代の専制的支配者は、古いヨーロッパの貴族的支配者が常に口にした、烏合の大衆に対する軽蔑を露ほども見せない。監獄と強制収容所とは「不敬罪の犯人」ではなく、人民の敵で一杯である。選挙の際の投票行動は、アメリカ人やスウェーデン人にとっては、国家は自分のものであるという確信を与えるものであるが、国家の舵取りは、指導者、神秘的一体化の相手である救済者、偉大なる同志、何事もお見通しである万能の父、に任されているという意識に、簡単に置き換えられてしまう。何事によらず自分が考えた結果を公表する権利を主張する変わり者は、すぐに片づけられてしまうか沈黙させられる。支配者集団の競争相手になりそうな者は同様に処理される。しかしこれらのことはすべて、一般大衆にはほとんど影響をあたえない。投票箱に投票用紙を入れる時に人が味わう権利の感覚は、強力な権力を身代わりになって行使している独裁者との一体感を通じて、あるいは国家の勝利を通じて感得される権力の享受の感覚とは較べものにならない。

大多数の人間にとって、思想の自由や投票権よりも、富と権威との方が魅力があることは確かである。しかしあらゆる抵抗を情け容赦なく抑圧する政府であっても、普通の人のこの欲求を満足させようとするか、少なくともそうすると約束するのは、奇妙なことである。

ソヴィエト政権が平等的であることを示す証拠をあげることは必要ではあるまい。むしろこの考え方を修正することの方が必要であるかもしれない。帝政ロシアの支配に比較すれば、平等的であることは疑いもないが、ロシアにおける社会的不平等は、西側で一般に考えられているよりも遥かに大きく、更に拡大する傾向にある。それとは反対に、ナチス支配がドイツ社会の階層構成に与えた影響にかんする一般的な理解は全く誤ったものである。反対勢力の宣伝は、ヒトラー政権を少数の一部の党派の利害による、労働者に対する情け容赦のない搾取であると描いた。実際にはヒトラーはドイツの下層階級に相当の経済的恩恵を与えている。彼がその政治的権利を奪い、あらゆる抵抗を無慈悲に弾圧したことは確かであるが、他方で彼は労働者のために住宅を建設し、あらゆる種類の娯楽を与え、彼らの頭から離れなかった、絶えざる失業の恐怖を取り除いた。資本家や地主の権力は削減された。例えば、工場の所有者は従業員を解雇するには監督官庁の許可が必要であった。後になると国民は「バターではなく大砲」のために働くことを余儀なくされたが、彼らはそれを征服のため必要な段階であり、その果実はドイツ人全体の富と権力とであると信じ込まされた。これが総統に対するドイツ人の熱烈な忠誠心を説明している。ドイツの下層階級の若い女性が、恍惚としてヒトラーの声に聞き入っているのを見た者、またドイツの兵士が悲惨な結末にむかって執拗に戦闘を続けるのを目撃した者は、誰もこの説明を疑うことはできない。ドイツ人は指揮官に献身的にしたがう戦闘者の集団に類似しており、その指揮官の権力への希求は、戦闘者の戦利品への欲求と一致していた。

他の全体主義独裁政権に比較して、イタリアのファシズムが、それ以前から存在した権力の単なる外套に過ぎず、最も平等性が低く、最も弱体で非常に腐敗していたことは重要である。

上述の論証によって、軍事参与率が、社会の階層構成を決定する最も強力な要因の一つであり、階層構成は逆に軍事参与率の中に自己を投影していることが明らかになったと確信する。言い換えれば、階層構成の高さは、軍事参与率と共に変化する傾向があるのである。

＊　　＊　　＊

軍事参与率は婦人の地位に非常に強い影響力を及ぼしている可能性が高い。婦人の地位は、婦人が従属的な役割であっても、戦争に参加する社会においては、参加しない社会におけるよりも、通常高いといえる。その割合を検証するためには、特別の調査が必要であり、今それを行う余裕はないが、取り急ぎ一見した所から判断すると、事実はここに示した方向を指向していることは明らかであると思われる。ヨーロッパでは二回の世界大戦の最中および戦後において、婦人の有用性は大いに認識され、平等の方向にむかって大きな歩みを示した。未開社会においては、婦人が戦争に協力する社会ではその地位は高い。それに対して、その地位が最も低いのは、婦人が軍事的な事柄から完全に排除されている社会においてである。婦人の地位を左右するものとして、これ以外に、例えば呪術的、宗教的信念というような、多くの重要な要因があることはもちろんである。

最後に一つ付け加えなければならないのは、年齢構成の変化による軍事参与率の変化は、階層構成に影響を与えないという事である。

注

(1)　社会構造は、それぞれ「境界の明瞭性」とでも表現すべきものの度合を異にしている。ある場合にはそれに含まれる集団の境界は明瞭に示されており、それへの個人の帰属については疑問の余地がないが、境界線がぼやけている場合もある。この境界は当然階層構成についても当てはまる。近代軍隊における階級は明瞭な階層的境界を持っているが、階級的差違は、今日の西洋社会においては何処でも、境界のぼやけたものの例として上げることのできるものである。この境界のぼやけは、客観的な事実であり、社会学的な知識の欠如によるものではないことを記憶する必要がある。従って、もし我々が、アメリカの社会学者が行うように、ぼやけた階層構成をもつ社会における個人の階級的地位を正確に測定しようとする場合には、実際には存在しないものを位置づけようとすることになる。

一つの集合の内部において、ある種の集まりは境界が明瞭であり、他の集まりは不明瞭であることもありうる。例えばイギリスの下院では、政党は境界が明瞭であるが、会派の境界はぼやけている。

この区別を、成員が相互に重なり合っている集団と、相互に排他的である集団との区別であると誤解してはならない。例えばスポーツクラブは通常境界が明瞭な集団であるが、必ずしも相互に排他的ではない。ひとは同時にテニスクラブにもボートクラブにも所属することができる。他方において、多くの大学の理事が形成している会派のように、相互に排他的であるが、成員は互いに明確に分離していない集団も存在する。

このような区別は、社会構成の機能を理解するために、非常に重要である。しかしそれを分析することは、本書の領域を越えている。

(2)　これらの国家が征服によって建設されたこと、およびそこにおける階層構成は人種的区分に従っていることを付言する必要がある。

(3)　トロイ戦争は紀元前十二世紀の事件であるが、『イリアッド』に描かれている社会的状況はホメロスと同時代、つまり前八世紀のことと考えられる。

(4)　紀元前六世紀以後は、ほぼ完全に傭兵部隊に依存したカルタゴ共和国では、経済制度はギリシアの商業都市とほとんど変わることはなかったが、独裁政治に反対する民衆運動が起こったことはなかった。

(5)　この説明は、仮にそこに革命が試みられ、それが失敗に終わったとしても、専制君主の直接的支配の下にある諸都市に該当する。独立した、もしくは半ば独立した都市では、革命が続いた。スパルタにとっては、三世紀は革命の世紀であった。

(6)　インドには「カースト」なるものは存在しないということを理解しない人々によって、「カースト制度」に関して、またインド以外にもカーストが存在するかに関して、厖大な分量の論文が発表されている。「カースト」というのは、インド人の秩序をよく理解していなかったポルトガル人によって作られた言葉であり、この言葉が本来は全く別のものである「ヴァルナ」(色)と「ジャーティ」(出生)とに、無差別に当てはめられた。この両者ともに、社会学の教科書が定義する「カースト」にはあてはまらない。カーストに最もよく当てはまるのは、ササン朝ペルシアにおける社会階層である。

(7)　このことが今日の政治的宣伝において疑いもなく虚言が不断に用いられることを説明している。その本質を偽装しようと思わない専制政治にとっては、真実を偽る必要がない。開け放しの専制主義は、スターリン主義のように知的自由を窒息させる必要を感じない。ロマノフ家、ハプスブルク家、ホーエンツォルレン家の支配下では、社会科学までもが発達したのである。厚顔無恥な独裁制には、支配者あるいはその支配権を直接に攻撃しない限り、表現の自由を許す寛容性がある。専制君主はしばしば自由思想家を育て、大胆な思想家を頑迷な民衆の攻撃から保護したのであった。この例は枚挙に暇がないが、その二、三を挙げれば、ホーエンシュタウフェル家のフリードリヒ二世[七二]、ムガール帝国のアクバル大帝[七三]、エジプトのプトレマイオス家[七四]、フィレンツェのメディチ家[七五]、アッバース朝のアル・マアムーン[七六]などがそれである。これは決して非正常的なことではない。なぜなら科学が評価的に機能しない限りにおいて、伝統的な独裁制の支配権を容認も否認もできないと同様に、民衆の権利を容認も否認もできないからである。そのような基準を容認するのは倫理であり、これを論理的に立証することはできない。近代の全体主義体制が思想の自由に敵対的であるのは、それが専制的であるからというよりも、むしろそれが偉大なる虚言に立脚しているからである。

第3章　政治的単位の規模と凝集性

1　攻撃力対防御力

あらゆる政治構造において、求心力と離心力とが作用して、それぞれに政治勢力の地域的集中と拡散とを促進する。軍事的要因はその均衡に作用を及ぼし、政治勢力の地域的分散を決定する。

誤解を避けるために指摘しておくと、地域的集中（もしくは拡散）は、権力の集中（もしくは拡散）の一形態にすぎない。例えば町が首都からの独立性を高めた場合は、権力の地域的拡散である。しかし司法権が行政権の掣肘から自己を解放する場合は、権力の非地域的な、この場合機能的な拡散である。権力の非地域的な分散のもう一つの形態の例を挙げれば、政党や同一地域で勢力を争う教会の間に存在する競争的（より正確には、互いに相手に取って替わろうとする）分散である。

筆者が軍事的要因と政治勢力の地域的分散とに関連して、最初に提起しようとする命題は、以下のようなものである。他の条件が等しければ、防御力に対する攻撃力の優位性は、政治的権力の地域的集中（中央集権）を促進する。一方、防御が戦争の支配的な形態である場合は、政治的権力の拡散（地方分権）が起きやすい。

しばしば経験されるように、政治権力がいかなる場合に中央集中的であり、どのような場合に地方分散的であるかを判定することは、困難である。（例えば一四〇〇年から一七〇〇年にかけてフランスで進行した過程は、この国の中央集権の過程と見るべきか、あるいはカペー朝的な家父長制国家の拡大であろうか）。そこで先に挙げた命題を次のように言い換えたい。すなわち、他の条件が等しければ、防御力にたいする攻撃力の優位は、一定の地域内の独立政府の数を減少させ、その支配地域を拡大させる。あるいはその支配下の地域への統制を強化することを容易にし、防御力の優位はその逆を結果する傾向がある。

したがって、築城技術が既存の攻城用兵器では歯が立たない場合には、砦が簡単に攻撃できる場合に比較して、政治的単位の規模は小さくなり、一定の地域内部におけるその数は増大すると考えることができる。もちろん攪乱的要因は存在する。しかし史実はこの命題を支持している。

中国帝国の形成は、それに先行した武器と戦術との変化に関連がある。小規模で独立した公国の時代では、主要な武器は戦車であった。その攻撃はさほど有効ではなかった。なんとなれば、簡単な堀がそれを阻止できるからである。封建領主はほとんど難攻不落といってよい砦に立てこもっていた。この状況はいわゆる戦国時代に変化し、秦による天下統一により終わりをつげた。戦車にかわった騎馬武者の襲撃は撃退が困難であり、勝敗を決定するものとなった。同時に最強の城郭をも攻撃しうる攻城兵器が出現した。攻城槌（battering-rams）、弩砲（catapults）および攻城塔（rolling tower）などがそれである。攻撃と防御との均衡は変化し、明確に前者に有利となった。

それよりも七〇〇年以前、同様の発達が、史上かつてない規模をもったアッシリア帝国(一)の建設を基礎づけた。アッシリア人は攻城槌などの武器によって、史上最初に有効な攻城技術を発達させた。彼らはまた騎兵部隊を創った最初の民族である。

ギリシアの諸都市が一つに融合して帝国を形成したのも、攻撃と防御の均衡の変化に関連した出来事である。マケドニアのフィリッポス王[二]は自分の軍隊に強力な石弓（balistas）その他の攻城用兵器を装備した砲兵隊を編成した。それまでギリシア人は、城壁で守られた地域を攻略する方法としては、兵糧攻めしか知らなかった。

ローマ人による地中海世界の征服をもたらした大きな要因の一つは、ローマ人が攻城技術を前代未聞の程度にまで発達させたことである。この間に築城技術は発達しなかったため、均衡は破れ、攻撃が有利になった。ローマ人の攻城技術は実に見事なものであり、それを駆使するには指揮官の側にも、さらにまた一般の兵士の側にも、相当の知識が必要であった。

西ローマ帝国の解体は、攻防の均衡が変化し防御が有利になると共に起こった。これは確かにローマ帝国の衰亡の原因ではなく、その結果であった。ローマの軍団に取って替わったゲルマン人の大軍は、ローマ人の攻城技術を継承して永く伝えるには、あまりにも無教育で無秩序であり、系統立った仕事をするには不慣れであった。しかしひとたび攻防の均衡に変化が起こると、それは帝国の再統一を謀る試みを失敗させた。城郭を攻撃する技術が西ヨーロッパで部分的に復活した時には、その間に発達した封建領主の城郭は、あまりにも堅牢になっており、到底攻め落とすことができなくなっていた。それは壁に囲まれた都市に比較すると余りにも見事な砦であり、純粋に自然の要害の地を選んで建設されていた。それに対して都市を取り巻く壁は等高線に沿って作られていたのである。さらに城郭の内部には守備兵以外はいないため、非常に長期にわたる籠城が可能であった。封建領主の独立の主要な基礎は、彼らの城郭にあった。

ローマ人の攻城技術が伝わらなかった中央ヨーロッパでは、それまでは土を盛った上に矢来を結って防壁としていたものが、建築技術の向上の結果、石の壁が作られるようになり、防御の方が有利になった。既にサクソン諸王(三)の時代には、真の意味で城郭と呼ぶにふさわしいものが出現していた。それ以後、王の権力は次第に衰え、封建諸侯により蚕食されていく。

ローマ帝国の中で手つかずのまま残った部分、つまりビザンチンでは、攻城技術がそのままの高い水準で残ったことは意味深い。

中世の末期から、西ヨーロッパには専制主義的国民国家が成立し始め、ドイツにおいては小規模領主が次第に国王の下に併合されていった。この政治権力の地域的集中過程の原因は様々であり、その中で最も顕著なものとしては、貨幣経済の再興、統治技術の発達、都市の勃興などを挙げることができるが、軍事的要因もまた、少なくともこれらと同等の重要性をもっていると判断される。大砲はちょうどこの頃使用が始まり、それが封建制の主柱である、領主が難攻不落を誇った城郭を粉砕した。

ルネサンス期以後十九世紀にいたるまで、攻防の均衡の変動は非常にわずかであり、政治的領域に深い影響をあたえることはなかった。十八世紀の戦争が、明確な形で勝敗の決着がつかないのは、このためではなく、他の要因、つまり戦争が国民同士が生死を賭けた闘争と言うよりも、むしろ王様の娯楽という性質を帯びていた結果である。これに変化をもたらしたのはナポレオン戦争であった。戦争の目的は敵を殲滅することになった。城塞はなお非常に長期間にわたる攻撃(四)に耐えたので、軍隊はそれを迂回して通過した。しかし事態は未だスウェーデン王グスタフ・アドルフの時代とそれほど変化してはいなかった。

第一次世界大戦の最中、機関銃が開発され、陸軍の戦争は塹壕戦にならざるをえなくなった。防御の優位性には驚くべきものがあった。それ以後ヨーロッパにおける国家の数が急速に増大するのは、この新しい軍事情勢のためであると言うのは言い過ぎであろうが、しかしナショナリズムの影響その他の要因を充分考慮したとしても、もし外敵に対して全く防御ができないと判断されたならば、新しい国家は誕生しなかったであろう。

第二次世界大戦においては、攻撃が圧倒的優位を占めた理由は説明を要しないであろう。国家数の消長との一致は、この場合にも確認できる。ヨーロッパにおいては、真の意味での独立国の数は減少している。東ヨーロッパ全体が、事実上はモスクワに支配された一つの国家である。西ヨーロッパでは国家数は減少しなかった。しかしそれらは単に表面的に独立しているにすぎず、簡単に言えばアメリカの属国になっていた。この場合にも軍事的要因は政治状況を決定する唯一の決定要因ではないが、政治状況の未発の可能性を開くものとして作用している。

最新の兵器に対しては、報復攻撃の可能性以外に、防御手段はなく、全世界を軍事的に征服することを極めて容易にした。

2　輸送および通信手段の変化が及ぼす影響

軽快に運動する部隊同士の戦闘は、明確に勝敗が決着するが、運動の速度が鈍い場合には、引き分けになることが多い。このことは、モンゴル騎兵の戦闘と、中世ヨーロッパの封建社会の軍隊同士の戦闘とを比較すれば明らかである。輸送能力が高い場合には、広い地域に存在する資源を利用することが可能になる。また軍隊の動員が迅速であれば、早期に反乱を鎮圧することができる。連絡が迅速であれば、中央政府は地方の出先機関を有効に監督し、国家としての統合が分解するのを阻止しうる。輸送と交通との状態が、有効な軍事的行動の範囲を決定する。この要因は、指揮能力と共に、軍隊の戦略的および戦術的な規模の上限を決定する。輸送および通信技術が進歩するにしたがって、それまでは規模が大きすぎて有利性を発揮できなかった国家が、近隣の小さな国家を容易に支配できるようになる。

　こうした事実の結果として、輸送と通信との技術的革新が起こる場合には、装備の重量の増大と有効な防御能力の発達とによって、均衡が回復しない限り、政治的単位の規模は拡大する傾向があるということができる。以下にこの命題が歴史的検証に耐えるかどうかを検討する。

　メソポタミアにおける馬の使用の最も早い痕跡は、この地域に最初に大規模な帝国が建設されたのと同時期である。シリアおよびエジプトに馬の使用を広めたヒクソス人（五）は、未曾有の規模をもつ帝国を建設した。それを自国から追い出したエジプト人は、馬を使って最初の海外遠征を開始する。過去のどれよりも広大な国家を建設したアッシリア人は、どの民族よりも大規模に戦車隊を使用したが、それよりも大切なことは、彼らが歴史上最初に乗馬部隊を組織して、軍隊の機動性を高めたことである。馬はそれまでは戦車を挽いており、乗用には用いられていなかった。元来草原の遊牧民であったペルシア人は、騎馬民族に生まれ変わって、より規模の大きな国家を形成した。インドにおいて群小の首長を併呑して最初に大規模な王国が誕生したのは、乗馬が導入され、また象が家畜化された結果、輸送力が飛躍的に拡大した時期と一致する。中国で全国統一がなされたのは、騎馬が戦車を駆逐した直後である。モンゴル人、アラブ人およびトルコ人など草原の遊牧民が、巨大帝国を建設できたのは、彼らが持っていた大きな機動力のゆえである。しかし原初の、つまり定住民を征服する以前の遊牧民は、国家を形成しなかったことは記憶さるべきである。なぜなら、常に移動をつづける部族を有効に支配することは不可能であるからである。海上輸送に頼ったローマ帝国は、造船技術の大きな進歩とギリシア人によって開発された航海術の発達なくしては興隆しえなかった。同様にヨーロッパ人に植民地帝国の建設を可能ならしめたものは、羅針盤の導入と帆走術の進歩とであった。

これらの事実を考慮すれば、十九世紀およびそれ以降に引き続き起こりつつある輸送および通信技術の未曾有の発展が、今後一層の政治的統一を生み出すであろうと予測できそうである。しかしそれが現実に起こっているかどうか、確言することはできない。二〇世紀初頭いらい、幾つかの巨大帝国が分解し多数の独立国が誕生した。上述した要素と逆の結果を生む幾つかの要因が作用していることは確かである。それらに関しては以下に続く各章で検討する。この間に国家数の減少を志向する確実な傾向は確認できないのであるが、個々の政治的単位内部においては、集中化は非常に急速に進行する。

政治的統一化および集中化と道路体系との関係は衝撃的である。道路建設は、ペルシア、ローマ、インカその他の帝国の建設者にとって、つねに優先課題の一つであったし、現在もそうである。道路の荒廃はしばしば帝国の解体に続いて起こる。中央政府が有効に機能しない場合には、道路の維持は困難である。ヨーロッパの場合、ローマ帝国の崩壊以降近代の専制主義的国民国家の成立までの間、道路は全く無視されていた。

上述の結論は、他の条件が等しければ、輸送と通信との手段の発達は、政治構造の地域的な求心的傾向を高め、その退歩は離心的傾向を高めるということである。

3　武器か組織か

戦士階層の優位性が、彼らの武器が家臣が作る武器よりも優れているという類の、個人的な優越を基礎にしている場合には、離心的傾向が強化される。そのような場合には、中世のヨーロッパや十九世紀の南アフリカのように、それぞれの戦士は個人的に何人かの家臣、農奴、従僕等を支配する。他方、戦士集団の優越が、彼らの緊密に結合した組織に起因する場合には、彼らはその凝集性を維持している限りにおいて支配力を保持できる。彼らの支配は個人的ではなく集団的になされなければならない。スパルタとインカ帝国(六)とは、そのような集団的支配の古典的な事例である。インカが彼らの帝国を建設したのは、最も単純な武器、棍棒と楯とによってであった。それは周辺の部族が作製する武器と比較して大差のないものであった。インカの勝利の原因は、彼らの組織と、何よりも周辺の部族に鳴り響いた鉄の規律とであった。この規律は支配が続くかぎり緩むことがないものであった。これが世界史上最も厳格に統制された国家を生み出した。

4　卓越した武器の独占

歴史上数多くの帝国が、他に優越した武器もしくは他を服従させることを可能にする戦術を独占した結果、成立した。こうした帝国が存続するためには、この独占が不可欠であり、それを失うことは、その解体に通じた。

武器や戦術が一方的に優れていたために成功した征服者の例は無数にある。ズールー族(七)が南アフリカの大部分を支配することに成功したのは、チャカ王(八)による軍事改革の結果である。王は無秩序な部族の戦士たちを厳格な規律をもった連隊に仕立て、伝統的な緩やかな集団としてではなく、秩序ある密集形態で戦うことを教えた。また投げ槍を刺突用に用いさせた。アッシリアと秦の勝利の陰には鉄器の独占がある。ペルシア人、マケドニア人、ローマ人による征服は、彼らに優位をもたらした軍事技術の改良に続いて起こった。ナポレオンとナチスの軍隊の勝利は新しい方式を開発したことの結果であった。同様のことが近代ヨーロッパ諸国による植民地拡大についても言える。

卓越した技術の独占は、ナポレオンやナチズムの場合のように、短期間の内に消失することもあるが、時にはヨーロッパ人の他の大陸の諸民族に対する優越のように、数世紀にわたって継続する場合もある。比較的小規模な改良の結果生ずる優越は、通常は一時的なものであるが、それが決定的な文化の違いによるものである場合は、より継続的である。例えば、新しい戦術を模倣することは、経済を工業化することよりも簡単である。優越性が、ローマ人の規律のような、国民性に根ざしている場合は、より永続的である。ローマの戦術が、ガリア人やゲルマン人には容易に真似ができなかったのは、彼らがローマ人がもつ規律に適応することが必要であったからである。さらに古代民族や未開民族にとって、戦争はしばしば呪術的宗教的信仰に深く根ざしており、したがって神聖で変えがたいものである。したがって優れた戦術は非常に長期間にわたり独占が続く可能性がある。

この独占を失うことがどのような結果をもたらすかは、ローマ帝国の運命によく現れている。これはよく引かれる例である。シーザーの時代、ゲルマン人の戦士の主要な武器は木製の棍棒と穂先が鉄の投げ槍であった。民族大移動の時代の彼らは、鉄製の剣と戦斧、大型の楯とを持ち、兜をかぶり軽い鎧まで身に着けていた。この民族の一般的技術的進歩が軍事的進歩を生み、それがローマ帝国の滅亡を結果したことは明らかである。ヨーロッパ人によるアジア民族の支配は、これらの民族が次第にヨーロッパの技術と組織方法とを学んで行くにしたがって、困難なものになってきた。第二次世界大戦の後、彼らを押さえつけておくことは、消耗しきった植民地勢力にとっては、重すぎる負担となった。もちろんイデオロギー的要因、つまりアジアにおけるナショナリズムと、西ヨーロッパにおける平和主義と人道主義との流布が、植民地支配の基礎を掘り崩すのに大きな役割を果たしたことを忘れてはならないが。

高度の軍事技術を独占したことが帝国を基礎づけることに通じた事例は、それを喪失したことが帝国の解体に通じた例よりも遥かに多いことは注目すべきである。これを説明するものは、被征服民族は通常は武装解除され、救いようのない状態におかれることである。

征服国家が解体するのは、通常は、征服者の集団が凝集性を失うか、または外部から転覆させられることによる。

5　矛盾する結果

近代の軍事技術は二つの矛盾する結果を生む。それは遠隔地域の支配を容易にすることによって、一方では求心的な力を強化し、他方において、多民族国家の解体を助長する。軍事力を強化するためには、一般的徴兵制度が不可避の条件であり、この種の軍隊に愛国心が浸透していない場合には、無価値になる。さらに、異質の分子に武器を与えることは、彼らがその民族的要求をより熱心に主張することを可能にする。そうして一度敗戦の結果軍隊秩序が乱れた場合には、同じ武器が内乱に使用される。これがハプスブルク王朝やオスマン帝国が崩壊した主要な理由である。インドでも状況は同じであった。インドを守るためには原住民からなる大規模な軍隊が必要であった。しかしそのような軍隊にイギリス国王への忠誠心を期待することはできない。インド独立が最も情熱的に約束されたのが、二度にわたる世界大戦の最中であったことは偶然ではない。

これがナショナリズムの時代でなければ、多人種的国家における徴兵制の拡大の結果が、これほどまでに言われることはなかったであろう。

6　報酬の支払い方法

工業化以前の国家の支配者にとっての難問の一つは、地方官僚が独立してしまうことである。その結果、官僚と軍人とへの報酬の支払い方法について様々な試みがなされている。方法は幾つかあり、それを組み合わせたものもある。（1）古代エジプトの古王朝のように、中央政府の監視の下で、倉庫から現物で支払われる場合がある。（2）近代初頭のヨーロッパの軍隊のように、貨幣だけで支払われる場合。（3）土地を与えられる場合。それには二つの種類がある。〔a〕その土地を自分自身で耕作する場合。この場合は通常農民に課せられる賦役は免除される。古代エジプトの新王朝の兵士やロシアのコサック[九]がそれである。〔b〕実際の耕作者から小作料を徴収する権利を与えられている場合。オスマントルコ帝国のスパーヒー[一〇]がその例である。（4）税の徴集権を与えられ、その一部を中央政府に貢納する義務を負っている場合。中国の隋唐時代以後の官人がこれにあたる。

決定的な点は、地方官僚もしくは軍人が、自分の収入を中央政府に依存するか否かである。中央政府から給与が支払われるのを待つ必要がなく、自給している官僚に対して、中央政府が十分な支配を行き届かせることは非常に困難であるのは言うまでもない。場合によると彼らは自分の収入の総額を中央政府に報告する必要もないのである。しかもこのような場合には、財政の担当者と行政や軍事の担当者とは、多く同一人なのである。これはあらゆる中央集権制度の柱石である、地方における部門ごとの担当者の分離の原則に反している。

報酬の支払いの中央集中化は、貨幣の存在によって非常に促進される。収入はすべて中央政府の国庫に納められ、そこから支払いがなされる。税を徴集するための専門組織を創ることが可能になる。政府から報酬を受け取ることに慣れた地方官僚は、中央政府に従順になる。現物給与の場合、それを中央政府に集中することは困難である。かさばる現物の給与を大量に輸送するのは、鉄道と汽船とが出現しなければ容易には行えない。この理由から工業化以前の時代に、この形態の給与を中央に集中しえたのは、エジプト、メソポタミアなどの河川の渓谷においてだけであった。唯一の例外はインカ帝国であるように見えるが、この国における中央集中の程度は誇張して伝えられている。この国のインカ以前からの伝統的な村落共同体は、インカによる征服によって大きな変化をこうむったわけではない。さらに比較的近年の征服者であるインカは、自分たちの地位を守るために、強く結束している必要があった。忘れてならないことは、ここで問題にしている経済的要因は、政治的権力の地域的分散の変化を決定する、多くの要因の一つに過ぎないということである。

中央を志向した報酬制度は、中央に集中された管理を生み出す。しかし、他方において、この官僚制的に組織された管理は、税を徴収し、倉庫に管理し、帳簿に記録するなど、種々雑多な機能を遂行するために必要不可欠であるから、官僚制的管理の発達と機能とを妨害する条件は、すべて政府に対して離心力を強化する報酬方法を採用するように強制する。そのような条件の中で最も顕著なものは、文盲と管理技術に関する知識の欠如とである。この種の技術の発達は、当然のことながら、中央集中を促進する。この分野で後退が起きた場合になにが起こるかの最も良い事例は、ローマ帝国の解体に示されている。ゲルマン人の侵入者は文盲であったから、帝国を管理する複雑な機構を作用させることができなかった。彼らはローマ人を書記として採用することが可能であり、事実それをおこなったのであった。同様にモンゴル族と満州族は漢族の文人を使用し、アラブ人はペルシア人とシリア人の書記を使った。しかしこの種の教育あるローマ人はじきにいなくなってしまった。中世において教会が持っていた巨大な権力は、その少なからぬ部分を読み書きの能力と教育との独占に負っている。この権力は教育をうけた俗人の出現によって、次第に小さなものになっていった。

ローマ帝国の後半期になると貨幣が少なくなると言われるのは、通貨の分量が文字通り減少したということではない。実際は逆であり、帝国が完全に崩壊するまで、非常に多くの皇帝が貨幣改鋳を熱心におこない、その品位を低下させたから、通貨の分量は限りなく増え続けていたのである。またこの時期に貨幣が退蔵される傾向が高まったという明確な証拠も存在しない。我々は何か事があれば退蔵は増加するであろうと先験的に考えるが、物価が上昇を続けているときはそうではないのである。原因は商品の流通量の減少であった。これが貨幣改悪と相まって、物価の上昇をまねき、それに対して皇帝が出す布告は何の役にも立たなかったのであった。

商品の流通量の減少は、貨幣の流通速度が低下することを意味する。流通しない貨幣は経済生活において重要性をもたない。貨幣経済が衰退したのは、実際には商業活動が衰えたためであった。

商取引は、十分な輸送手段があり、旅が安全で、法的秩序が安定している場合に、はじめて活発に行われる。これらの条件が広い範囲で実現するのは、かなりの程度中央集権化した政府の下においてである。中世の商人は、封建諸侯を押さえ込もうとして闘争する国王の熱心な支持者であった。それが彼らにとって、泥棒貴族（一）による略奪と多額の通行税とから逃れたいという希望を実現する、唯一の途であったからである。内戦と外国からの侵掠とは、当然貨幣経済を衰退させる。我々はここに二つの過程が相互に強化し合っているのを確認できる。最初に政治的混乱が貨幣の流通を妨害し、これが政治的解体を一層推進する状況を生み出す。このことが逆に商取引を妨害する。この過程が繰り返される。これがローマ帝国やアラビアのカリフ制度下で起こった事例である。しかしパルティア王国（二）の場合のように、一連の過程の最初に商取引の衰退があり、それが政治的解体を生み、それが逆に商取引の一層の衰退をもたらすという過程が繰り返された場合もある。政治的解体以外で商業活動を衰退させる最も一般的な原因は、交易ルートの変更もしくはその途絶である。筆者が強調したいのは、政治的権力の集中も拡散も共に、経済的要因以外から生起することがありうること、また経済的領域における重要な変化を伴っていない場合もあるということである。

ここで問題になっている関係は、アラビアのカリフ制度の歴史のなかに明確にみることができる。従来独立し、相互に敵対的関係にあった領土をアラブ人が征服すると、交易が非常に拡大し、それと同時にアラブの文化が開花する。継承者の決定に関する明確な規定を定めていなかったために、また教主がトルコ人の傭兵を統御することができなかったために、地方の総督は次第に独立性を強めていった。地域的拡散と他文化との間の交流の結果、征服者が不可避的に部族の凝集性を喪失したことが、この結果を一層顕著なものにした。この地方官僚の内のあるものは、封建領主に転化し、教主の権威を名目的には承認するが、他の者は自らを独立の君主であると主張する。しかし彼らはいずれも、その領地がいかに狭いものであっても、人頭税を徴収する権限を主張しており、その額は時に非常に高額であった。教主国の成立にあたっての闘争と、交易と貨幣の流通を妨げる傭兵との葛藤の結果、教主は軍人と官僚をその領土に分封しないわけにはいかなかった。その結果、彼らを統御することは不可能になった。彼らが独立制を高めれば高めるほど、彼らの間の戦争は増加し、交易はますます衰退し、報酬として土地を分封する必要はいよいよ増大した。その結果、離心的傾向は一層強くなった。悪の循環が完成したのである。

かつてバグダッドの教主が支配していた領土の大部分は、十一世紀になるとセルジュック・トルコによる征服によって、再統合された。その後、この循環はほぼ完全に繰り返され、モンゴル人による征服によって絶ち切られるまで続いた。

パルティア王国は中国および地中海地方の市場との間で中継貿易を営んでかなりの利益を挙げたが、中央アジアの遊牧民のためにこの貿易が途絶し、その後パルティア王国の解体が始まった。

西ローマ帝国の解体の過程は、中世の近東アジアに起こった同様の過程と比較すると、多くの点で異なっている。例えば荘園制度は、ヨーロッパでは非常に重要な意味をもつが、イスラム諸国では発達しなかった。あるいはこの社会では目立った制度にはならなかった。しかし貨幣経済の衰退と政治的解体との結合は、イスラム社会の何処にでも見出される。貨幣の流通と政治的集中とは、発達の過程においても衰退の過程においても、相互に助長し合う。ヨーロッパの場合中央集権的専制支配の興隆は交易を助長し、その拡大は封建制度を衰退させた。国王は都市から徴集した租税をもって傭兵を雇用し、その力によって反抗する家臣を服従させた。廷臣が直接に支配する土地は次第に拡大したが、彼らは国王から俸給を受け取っていたので、常に国王に対して忠実であった。

古代の近東において未曾有の大帝国であり、最初に地方官を文官と武官とに分割したペルシア帝国が誕生したのは、貨幣の使用が始まったのと同時であった。

中国では唐代の中央集権的改革、傭兵による巨大な常備軍の創設、官僚機構の一層の拡大、あるいは後に宋代に行われた地方官の文官と武官の分離、これらを可能にしたのは貨幣流通の拡大であった。

7　装備の支給方法

政府は単に金銭を支払うのみでなく、装備を支給することによって、軍隊をより厳格に統制することができる。装備支給の重要性は、主としてその費用と消耗の早さとによっている。近代の軍隊のように兵器が非常に複雑になり、その製造、所蔵、操作を個人的には行えない場合には、装備を自前で行うことは非現実的である。そこで兵器の複雑化は権力の集中を促進すると言える。例えば砲兵の発達がそれであった。大砲は泥棒貴族が個人として製造できるものではない。それが可能であるのは、熟練工が居住する都市を支配する王侯のみである。

工業化以前の社会においては、兵器は一般に小規模の工房で製造され、その供給を政府が独占することは、統制を確実にし、技術的必要性に支配されまいとする政府の願望の表明であった。支配者たちは通常軍隊に装備を支給しようとする。それが自分たちの権威を高めることを知っているからである。彼らがそれを実行できるか否かは、報酬の支払い方法について論じたのと、ほぼ同一の要因に関わっている。そのために必要なものは、効率的な輸送手段と高度に組織的な官僚機構とである。これらの条件のほかに、原料の供給が有効に統御される場合には、武器製造の独占はさらに容易になる。古代エジプトでは粗銅は狭い地峡を通って外部から搬入されたため、その全量が国家の工房に入り、個人的な使用に供されないように監視することは容易であった。

装備を自前でしている戦士集団から政府により支給される軍隊への転換は、中央集権体制の成立のための必要条件であった。ここにも相互に強化し合う二つの過程を見ることができる。中央集権体制と官僚制とを推進する条件は、すべて自前の装備による戦士から政府装備の部隊への転換を促進する。またこの転換を推進する条件はすべて、中央集権化を促進する。また反対方向への変化についても、同様のことが言える。上述した一般論を実証する史実は多いが、その詳細を記述することは、既に述べたことを繰り返すことになり、何よりも巻末の文献目録に記載したマックス・ヴェーバーの不朽の大著がこの問題を扱っている以上、蛇足を加える必要はあるまい。

8　摩擦的要因

権力の地域的分布を決定する諸力の配置を複雑にする要因のうち、軍事以外の要因としては、ナショナリズムが最も重要であろう。近代のナショナリズムは、先例のない独自のものとして描かれることが多いが、これは疑いもなく誇張である。近代のナショナリズムは人類の歴史と共に古い民族中心主義の特殊な一形態である。未開部族間の戦争は、しばしば敵に対する際限のない残虐性を示すが、それには自己の集団に対する同様に深い傾倒が結びついている。近代のナショナリズム運動の特異な点は、過去における排外運動と違って、外国政府に対する単純な形式的忠誠についても反発することである。この特徴を生み出したのは、一般的徴兵制度の導入によって大いに涵養された、民主的思想である。

民族中心主義は何処にでも存在する。真の問題は、「我々」と「彼ら」との間の境界である。この問題は二つに分けて考えることができる。一方は集団意識の包括性であり、他方は集団を区別する最も重要と考えられる指標の選択である。

忠誠心を惹起させる集団の内、最大のものが持つ規模については、大きな差違が存在する。かなり最近にいたるまで、ヨーロッパの農民の忠誠心は、生まれた村の領域をあまり出なかった。自分の村と同じような村を何千も含んだ国家に属しているという意識を持つようになったのは、教育と工業化が生み出した、外部社会との接触機会の増大であった。「我々」という意識は、「彼ら」との対比の結果生まれるのであるから、農民が国家を意識するのは、彼らが外国人と接触した時、あるいは少なくともその存在に気がついた時である。

国家の結合が宗教の結合よりも重要であると考えられるようになったのは、伝統的な宗教の影響力が低下した結果である。その低下の原因に関する考察は、本書の限界を超えた問題である。

これまで行ってきた考察は、社会的諸力は常に同一方向にのみ作用するのではないという、しばしば忘れられる真理に気づかせる。同一の変化の過程であっても、結果として社会を相対立する二つの方向に「突き動かす」場合があるのである。輸送、通信、印刷術の発達は広い地域の効果的な支配統制を可能にし、工業化はそれを経済的に統合する。しかし、これと同じ変化がナショナリズムを涵養し、それが多民族国家にとっては最も破壊的な力となるのである。

アジアとアフリカにおけるヨーロッパ人の支配は、過去において、奇妙に矛盾的で自己破壊的な性格を持っていたし、現在もまた持っている。現地人は一方では外国政府に服従することを期待されており、あらゆる点で有色人種として差別されている。他方において、彼らはヨーロッパの文字文化に触れ、民主主義、あらゆる人間の平等などの思想を育てるのである。彼らは西欧化すればするほど、ヨーロッパ人の支配に対して反抗的になる。このような葛藤は、支配者と被支配者の双方が、ともに権威主義的イデオロギーを持っている国家には存在しなかった。本国人は植民地を力によって押さえ込むことに対して、次第次第に反対するようになる。筆者はこうした平和主義の原因の問題には深入りせず、本国人が人口増加を中止して繁栄を続けるのでなければ、また彼らの態度がより穏健になるのでなければ、こうした意見は広範な支持を得られないことを付言するに止める。

第4章　服従と階統構造

筆者は第1章において、軍事参与率が社会の階層構成に与える影響について解明を試みた。しかし社会の構造は、戦士集団の内部構造が包括的であるか、あるいは限定的であるかを決定する要因にも依存している。戦士集団の構造には両極端の可能性がある。専制的に支配され、訓練された集団である場合と、すべての戦士の独立と平等の方向で組織された場合とである。近代国家の軍隊は、すべて前者の可能性の事例としてあげることができるが、後者の事例としては、例えば国家を持たないカヴィロンド・バンツー族（一）の戦士を挙げることができよう。この場合でも指揮者を全く欠いているわけではないが、その権限は一時的で限定的なものである。

軍事参与率が最高に高い場合には、究極的には、成人男子の（場合によれば女子をもふくめて）全員が兵士になる。その場合、戦時もしくは臨戦状況にあっては、軍隊の内部構造は、社会構造の全体と同一の広がりを持つことになる。極端に軍事的な社会では、このような合一化が永続する。そのような状況下にあっては、軍隊の階統構造の度合を決定する要因が、政治組織が民主的であるか寡頭支配的であるか、あるいは両極端の中間のどこに位置するかをも決定することになる。

職業的戦士が社会の支配層である場合、軍隊の内部構造が、その国家がオスマントルコ帝国のように完全に独裁的であるか、あるいは別の形の専制制度、例えばスパルタのような、戦士による寡頭支配的共和制を取るかを決定する。

したがって、軍隊の内部構造を決定するものが何であるかを問題にしなければならない。しかしこの問題に入る前に、問題を複雑にしているいくつかの要因について考察する必要がある。

1　戦争の程度の影響

集団同士が争う場合、集団の内部では一致協力することが必要である。大集団にあっては、それは服従と統一的な指揮とによって可能となる。戦争においては指揮の統一が有利であることは、証拠を挙げる必要はあるまい。軍隊には必ず指揮者があり、民間の組織に比較して規律がより重視されていることは誰もが知っている。さらに、他の場合には非常に有効である委員会体制が、戦争の場合には常に失敗に終わる。平時には頭首を持たない未開部族でも、戦時には持つのである。人間の営みの中には、個人的行為の一致と指揮とを必要とするものが多くあることは確かである。一般的に言って、危機に対応する必要のある集団、例えば船の乗組員、消防士の班などは、商業者の同業組合やスポーツクラブに比較して、より専制的に組織されている。しかし戦争は、一般的に言って、多人数の協同が他の場合よりも一層必要とされる危機である。紛争が頻繁かつ激しいほど、軍隊の規律は厳格になる。この要因が社会構造を組成する諸力の中で、軍隊組織を突出した存在たらしめるので、他の条件が等しければ、ある政治的単位が巻き込まれる戦争が頻繁かつ激しいほど、その政府の形態は専制的になる。しかしこの点については、過去からの慣性を差し引いて考える必要があることはもちろんである。

この論議を支える史実は数多く存在する。その数は余りに多く、それを検証するだけで一冊の書物になるほどである。しかし、その大部分はハーバート・スペンサーの『社会学原理』(*Principles of Sociology*)の特に第五部と、ピティリム・ソローキンの『危機に立つ人間と社会』(*Man and Society in Calamity*)、および『社会および文化変動論』(*Social and Cultural Dynamics*)の第三巻に見出されるから、列挙する必要はない。ここでは二、三の事例を挙げるに止める。

ヨーロッパの先史時代の諸文化は、遺物の中に発達した兵器も城郭も存在しないことから判断して、多くは平和的なものであったと考えられる。有力な首長層の存在を示す巨大な住居址も墳墓も残っておらず、それらは精巧な武器や城郭と同時に出現する。しかしこう言ったからとて、独裁的権威の唯一の起源が軍事であると主張するつもりはない。軍事以外の起源としては、神官や呪術師がある。シュメール人の都市国家のような最古の古代社会は、独裁的に支配されていたが、多くは平和的であった。スラブ人やゲルマン人の部族では、戦争の必要に応じて親族制度が発達している。それが最も早く発達したのは、侵略の危機にさらされた部族および自らが征服に乗り出した部族においてであった。征服を行う戦闘集団の首長の権威は、通常は征服者が自分の立場を安全と意識した時に減退する。ヨーロッパが経験した最も専制的な王国であるロシアは、危機が頂点に達した時に、つまりユーラシア大陸の遊牧民の攻撃にさらされていた時に成立した。民族誌学者が発見した最も平和的な未開民族では、目に見える形での首長は存在しない。

戦争が及ぼす影響を測定するためには、戦争がどれだけ頻繁に行われるかを知るだけでなく、それがどの程度の激しさをもっているかを知る必要がある。侵略が間歇的に行われる戦争と、生死を賭した戦闘とでは、当然影響は異なる。戦闘が苛烈であればあるほど、統一的な指揮が不可欠になる。国家が連合して行う戦争の場合、共通の指揮者を選出するのは、戦局が非常に切迫した場合に限るのが普通である。共和制時代の初期には、ローマ人は個人的権威に対して非常に警戒的であったため、軍隊を指揮する執政官（consul）を二名選出して、隔日に指揮を執らせた。しかし危険がさらに増大した場合には、臨時執政官（dictator）の制度を設けて、これに絶対的権限を付与した。オランダもその存続を賭けて戦っていた時代には、独裁制を敷いていた。最近行われた戦争においては、ふだんは行政府の長官がもつ大権に批判的である議会が、これに巨大な権限を付与していた。小田原評定を続ける議会でも指揮できるのは、植民地への遠征のような、遠隔地で行われる重要性の低い戦争だけである。そこで必要な統一的指揮者は、戦場における司令官だけである。

戦争の必要から生まれた命令と服従との習慣は、平和時においても継続する傾向がある。戦争がしばしば起こり、平和が長続きしない場合には、平和時の政治組織も、戦争を遂行するために必要な組織に類似したものになるのは当然である。現実に戦争が始まった場合のみでなく、単にその恐れがあるだけでも、独裁制が誕生する。戦争の準備ができているということは、長い時間をかけて組織を作り直さなくても、戦争を遂行できることを意味している。

このことは部族社会や国家についてあてはまるのみでなく、あらゆる集団について言える。激しい闘争に関与する集団はすべて、小規模の仲間であっても巨大な党派であっても、専制的に支配される傾向がある。革命がつねに独裁政治を生み出す理由の一つは、厳格な規律をもった政党のみが過酷な競争に勝利しうるからである。特定の社会層への脅威は、その階層を指導者に服従するように仕向ける。征服国家が独裁制に傾くのは、征服者たちは彼らの指導者に従う限りにおいて、その地位を保持できるからである。人種的融合が起こるや否や、規律は緩み始める。英国の封建貴族が国王の権限を削減しようとし始めたのは、彼らがノルマン人であることを止め、イギリス人になった時であった。彼らはもはや敵意を抱く外国人の海のなかで溺れているとは感じなくなったのである(1)。

未開部族の中で最も好戦的なものが、恒久的な首長を持たないことは、この議論と矛盾するように見える。例えば北アメリカのインディアンの大部分は、世界で最も好戦的な民族と考えるべきであるが、その政府は、ナッツェ族(二)を除いて、民主的であることで知られている。彼らの大部分については、他人に命令する資格を与えられた一団の人々と言う意味での政府は存在しないと言うことができる。その大部分が、原則として選挙で選ばれる、戦争と狩猟との際の首長を持っていることは確かであるが、彼らの権威はその範囲に限定されている。戦争遂行のためには指揮と服従との決まった型を生み出すが、この型は平和時の活動に拡大されることはない。つぎにどのような条件が存在すればそれが拡大されるのかという疑問が当然起こってくる。

東アフリカの民族誌学は、この問題に興味ある光を投げかけている。この地域の歴史にとって重要な意味を持っているのは、ハム語族の家畜飼育者による征服が行われ、バンツー語族(三)の農業者が駆逐もしくは服属させられたことである。そのような服属化の結果、かなりの規模を持った複数の王国が誕生した。大切なことは、その王国の住民の間に未だに残っている伝承によれば、征服が行われる以前には、征服者にも被征服者にも、王は存在しなかったことである。特に農業者を服属させずに駆逐したマサイ族（四）においては、支配統括する権威を行使しない至高の宗教的な首長以外には、恒久的な首長は存在しなかった。マサイ族が東アフリカの全ハム族の中で、最も好戦的であることを考えると、専制的支配の母体を構成するものは、戦争そのものではなく、戦争の結果としての征服であるように見える。その理由の一つは、政治的領域が拡大すると調整機関の重要性が増大し、その拡大が親族関係を基盤とした地域共同体の範囲を越える場合には、それは例外なく征服による影響を受けるからである。さらに、征服国家が形成される過程では、征服者の社会組織も被征服者のそれも一様に攪乱され、その結果、親族関係に基礎を置かない、相互依存の結合が生成する機会が大きくなるからである。

以上の考察の結論として、戦争が必然的に独裁政治を生み出すのは、規模がかなり大きな集団に限ると言うことができる。ここに集団の規模が生み出す影響の問題が生まれる。

2　規模の影響

集団の規模が大きければ大きいほど、特に非常時においては、成員の行動を調整することが大切となる。他の条件が等しければ、集団の規模が大きくなればなるほど、その集団の独裁的、階統的性格が明確になる。さらに集合性の規模が拡大すればするほど、比較的少人数による支配が可能になるのは、よく知られた事実である。一人の警察官が一〇〇人の市民を統制するのは不可能であるが、一、〇〇〇人の警察官は一〇万人の市民を統御することができる。それは集団を形成することから引き出される有利性が、含まれる人数に比例する以上に高まるからである。この外に、ティマーシェフにより、偉大な先見の明をもって分析された重要な要素があるが、それについては彼の『法社会学入門』から引用するのが一番良いと考える。

「不満の主観的態度を変化せしめて権力構造を打ち倒すに充分なまで強い社会力にすることの困難さは、〔権力〕体系の大きさに比例して増加する。小さな体系……においては、権力関係が当事者の性向からのみ成り立っているということはすべての成員にとって明白なことである。しかし、二人からなる集団……の中でも、〔権力には〕二つの要素ではなくして三つの要素、即ち、支配者、服従者および権力関係そのものをみとめるある傾向がある。このような考えは、しばしば無意識的であり、もちろん大して永続的ではない。何となれば服従者の努力あるいは支配者の怠慢、たとえばかれが自分の力を用いないことは、しばしばその二人を結びつける客観的関係であるこの第三の要素という幻想を破壊するに充分であるし、それはさらに権力関係そのものさえも破壊するに充分であるから。」「ジンメルによって観察されたように、……集団が増大し、もはや二人でなく、三人の成員から成立するときには、事態は完全に変化する。三つの要素ABCより成る体系には、AB、AC、BC、の三つの環 link が存在する。そして、あらゆる成員にとってこの環の中の一つは、かれの意思には依存しない。それは『客観的』である。……今度は集団成員の数がもっと多くなったとしよう。新しい成員の増加とともに、各成員にとって『客観的』である環の数が非常に急速に増加する。……かくして、ほとんどすべての『客観的』環は、……服従の必然性の強化という意味をもつ。何となれば、あらゆる集団成員において服従反射は他の成員の服従的態度によって強化されるからである。……権力体系は服従者の服従的態度の単なる総体ではない。……他人の心情……というものは客観的事実である。人は、嫌悪を感じ反抗心をもっていても服従しなければならない。あらゆる集団成員は同じことをせざるをえないことになる。（五）」

上記の点を考慮すれば、軍隊の数的拡大が、人口の自然増加、国家の拡大、あるいは軍務の増大の何れの結果であったとしても、軍隊内部の階統構成化と独裁化とを生み出す原因であると理解することができる。これについて疑問の余地はない。巨大な軍隊で独裁的に組織されていないものはない。規律を持たなかった中世の軍隊は非常に小規模であった。ホメロス時代のギリシア、「英雄時代」のインド、周代の中国の軍隊は、いずれも同様に小規模なものであり、そこでの戦闘は規律のない一騎打ちであった。アリストテレスは、規律の誕生が多数者による戦闘を可能にしたと明言している。しかしヨーロッパ近代の史実は、この点では説得的ではない。なぜならヨーロッパの専制君主の常備軍は、一般的徴兵制度の導入以前に、すでに規律正しいものであったからである。しかし軍務の増大と支配者の軍隊に対する統制の確立とが時期的に一致することは、多くの場合に見られるが、この二つが構造的に関連していると考えるのは無理である。なぜなら、これ以外の条件が非常に異なっている場合があるからである。例えばエジプトのメヘメット・アリ[六]は治安を乱す世襲的戦士の小規模な軍閥マムルーク[七]を解体し、それに替わって徴兵制度による規律正しい大規模な軍隊を創設した。これは彼が事実上の戦士共和国を独裁国家に変身させようとする努力の本質的過程であった。同様のことは、後にトルコでも起こり、マフムト二世[八]は、創設当初の性格が変化して世襲的になり、閉鎖的で治安の妨げになっていた国王の親衛隊ジャニサリー[九]を破壊している。ピョートル一世[一〇]が大規模な徴兵制軍隊を創設し、統制の利かない、多くは世襲的な職業的戦士の小規模な集団ストレルツィー[一一]の部隊を解体した際に、ロシアで起こった変化もこれと同じものであった。明治維新後、日本では武士に替わって徴兵制による大規模な軍隊が創設されたが、それは政府にとってより従順な機関となった。その逆に、平安時代、徴兵制による軍隊が消滅し、貴族階級による武器の独占が始まると、王権の衰退が起こった。他の点では共通性がない様々の社会で同様のことが起こったことは、偶然の一致とは考えられず、疑問の余地なく必然的関連が存在することを示している。しかし、軍隊の規模はその階統構成を決定する多くの要因の一つに過ぎないことを忘れてはならない。したがって軍務の規模が拡大（三）した結果、軍隊の中に不満が広まる場合があっても驚くにはあたらない。それは専制君主ハプスブルク家の場合であった。もし職業的戦士からなる軍隊による補強があったならば、この独裁制は堅牢無比なナショナリズムの時代を生き延びることができたはずである。

　上述したように、軍隊の規模拡大を結果するものは、人口の自然増加、国家の領域の拡大、軍務の増大の三つの要因と、これらの要因の任意の組み合わせを考えることができるから、軍隊の規模縮小の要因は、その対極の過程であることは当然である。その選択肢が三つ存在することは、政治的単位の規模とその構造との関連を、当然複雑なものにする。しかし古代ギリシアの哲学者たちが、既に数的増大と階統構成化、専制支配とが結びついていることを身を以て知っていたことは、彼らが都市の最適規模を論じていたことから理解できる。国家の規模と権力の集中との関係は、モンテスキューの鋭い洞察の対象にもなっている。彼は共和制がふさわしいのは小規模な国家だけであり、巨大な帝国は必然的に独裁的になると明言している。彼によれば、立憲君主制は中間的な規模の国家に相応する。大まかに言って、この一般化は、用語を形式的に定義しないのであれば、受容できる。なぜならば、誰でもが知っているように、名称は実際の権力の所在を示すものでないからである。しかし、政治的単位の規模とその階統構成化、独裁制の程度との間には、一定の正の相関関係があることは議論の余地がない。独裁制と階統構成との痕跡を完全に欠いている政治構造が多数の個人を含むことはありえない。規模が非常に小さい未開社会における群は、決して独裁的にはならない。過去における大国家はすべて独裁的に支配されていた。例えば、ローマは都市国家から帝国に成長した時、寡頭制から独裁制に移行した。この規則性が単なる規模の影響の結果ではなく、規模拡大が通常実現する経緯によることは確かであるが、過去に存在した大規模な国家は、すべて征服を通じて建設されている。

専制支配と階統構成化との程度を決定する要因は、この外にも多数存在することは、今日存在する大規模な国家の例を見れば理解できる。それは、過去に存在した、より小規模の国家と比較しても、独裁制および階統構成の程度は相当に低い。これらの国家はすべて、代議制度を導入してはいるが、ギリシア・ローマの都市国家と比較すれば、はるかに専制的であり階統構成的である。その程度が最も低いスイスが、最も小規模であることは意味が深い。

3　報酬の支払いと装備の支給方法との影響

軍隊が中央政府に服従する度合いは、既に見たように、中央政府から装備を支給され、報酬の支払いを受ける場合には高まる。そうでない場合、広い範囲に散在して自活している場合には、権力の地域的拡散の傾向が起こる。しかし戦士の地域的拡散を阻止する他の要因がある場合には、例えば方陣をつくって戦うギリシアの装甲歩兵の場合には、この優れた戦術を採るためには多数の兵士の精密な協働が必要であり、したがって地域的に集中している必要があるから、自前で装備している場合でも、権力の地域的拡散の傾向は起こらない。〔自前で装備する場合〕兵士は支配者の統制から解放されるが、〔地域的拡散が起こらないので〕従属関係のピラミッドは平坦にならない。

そのような変化の好事例は、ギリシアの都市の発展である。ホメロス時代の王の権力は、対外貿易の独占に大きく依存していた。それによって集められた富によって、王は多数の臣下を養い彼らに装備を支給することが可能であった。フェニキア人との間の受動的な貿易に替わって、ギリシア人自身が海を渡って国外に進出するようになると、交易の支配は国王の手を離れた。ギリシアの兵士は独自に稼いだ富によって、自前で装備を調えることが可能になり、次第に国王の庇護から独立していく。しかしギリシアの兵士は、ギリシア人が支配した全域に分散し、その一部分を各自の所領にすることをしなかった点が、中世の戦士と異なっている。その当時の戦術がそのような発展を許さなかったし、都市国家の規模が狭小であったことが、それを無効にした。そこで都市の戦士たちは独自の社会層を形成して、個別にではなく集団的に服属者を支配した。エジプトのラムセス王[一三]やその他オリエントの専制君主の下の戦士たちは、報酬の支払いと装備の支給を受けていたために、国王の支配を脱することができなかった。

　装備の支給と報酬の支払い方法とが、軍隊の内部構造に与える影響については、マックス・ヴェーバーによって、比類のない見事さで研究されている。彼の著作に示されている事例をここで繰り返す必要はあるまい。彼の主要な結論は、自前の装備は規律の弛緩に通じ、従属関係のピラミッドを平坦にするということであり、筆者はそれに完全に同意する。そのような平坦化、権力の拡散は、カール一世[一四]の帝国における封建制度の発達のように、地域的になされる場合もあり、ギリシアの戦士共和国のように、非地域的になされる場合もある。

　報酬の支払いと装備の支給の二つの方法の実際については、すでに論じたから、ここでは繰り返さない。

4　階統構成内部における振幅運動

支配者が臣下を服属させるためには、ある程度の特権を付与された、一群の介助者を必要とする。すでに言及された理由から、対象は何であれ多数者を支配するには、そのような介助者の存在が不可欠である。また介助者は、支配者の利害は自分の利害であり、自分の利害は支配者の利害でもあると感じていることが必要である。このことは、支配者の権威が伝統的でない場合、また大衆によって心から受け容れられているものでない場合には、特に必要である。独裁者が特権的親衛隊に強く依存する理由はここにあることは、アリストテレスが言っている通りである。さらに、政治的に特化した権威が出現し、親族関係に基礎をおいた社会組織の壁を突き破るのは、指導者が武装した追従者を結集し、明確で親族的原理によらない組織を作り、支配者に変身する場合に限られる。部族の慣習に拘束されず、個人的忠誠によって首領に結びついている「自由な人々」が、首領が他の部族の仲間から抜きん出ることを可能にする。この過程がイスラム社会の専制国家の成立にはつねに付随することを、イブン・ハルドゥーン（一五）は早くも認識している。この目的のために特に適合的であったのは外国人であった。彼らは自分たちの周辺を敵意が取り巻いているのを感ずるため、自分の主人には非常に献身的になりがちであった。

R・H・ローウィー（一六）は言う。「フィージーでは、人が生まれた土地から他処の土地へと逃げて行くことがあった。そこでは、酋長は自分の配下の人民に対しては限定的な権威を振るうのみであるが、荒れ地を農場にするために、割り振る権限をもっていた。新しく逃げてきた人は、酋長に配分を願い出る。その瞬間にこのよそ者は、自分の耕地を持つ他の人民とは違った、酋長に直接隷属する立場に置かれる。

しかしこのことは伝統的に配下であった他の人民に対する酋長の立場を非常に強化した。なぜなら、この時酋長は他の人民とは繋がりを持たない家臣を初めて支配することができたからである。……カザフやモンゴルの世襲的支配者であるカーン（汗）が勃興する際にも、同様の現象が顕著に見られる」（『社会組織』*Social Organization*, London 1950 p.339）。[一七] これに関しては、無数の事例をこれに追加することが可能である。それはジャワのオントング、古代の日本、[一八] ナイジェリアのヌープ王国、[一九] フランスの絶対王政国家などで、特に顕著である。多くの政府が外国人の傭兵を雇うのには、もう一つ別の理由があることを忘れてはならない。火薬が発明される以前は、未開人の勇敢さが良い兵士の最も大切な資質であった。この資質は平和で従属的な状況が永く続いた国民の間には一般に見られるものではない。強兵は通常、治安の悪い、暴力の行使に慣れた、荒々しい部族で育つのである。

　支配者の家臣に付与される特権は、一般人民が軍事的に役に立たず、家臣だけが戦士である場合には、より大きなものなるが、武装することが人民一般の義務である場合でも、消滅することはない。徴兵制度の下でも、指揮官は必要であるからである。

　家臣の内の主だった者に対する支配者の立場は矛盾に満ちたものである。一方では与える特権を小さくして、彼の働きを減少させるわけにはいかない。しかし他方では特権は支配者の権威を実際に傷つけるものになる。あるファラオは息子に、独裁者は恩寵をあたえる必要がある。しかし「過酷な力を見せる」ことも大切であると訓戒している。このジレンマが階統構造のピラミッド内部の動きを複雑なものにするが、それを適切に分析することは、本書の限界を超えている。筆者はこの問題を将来の課題としたいと考えるが、その際以下に挙げる一般論を立証する史実を検証したいと考える。ベルトラン・ド・ジユヴネルの名著『権力論』*Du Pouvoir* (Guneva 1947 2nd ed.) はこの問題の幾つかの側面を取り上げている。簡単に言えば、この問題に関連して最も適当な規則性は、専制主義は社会の階層構成を平坦にする効果があるということである。あらゆる権力を掌握している独裁者の前では、彼以外はすべて奴隷に過ぎない。さらに絶対的権威には、補助する家臣を選び、それを昇進もしくは降格させる権力が付随する。したがって、それは極度に集約的かつ一般的な階層間の（垂直的な）移動を必然化し、またそれを創出する。民主的で平等主義的な社会では、階層間の移動は非常に一般的になりうるが、極度に集中的にはならない。なぜなら民主的な社会では、階層構成はそれほど急峻にはならないからである。それに対して寡頭制度の神髄は、有資格者が重要な地位を世襲的に独占することにある。支配者に対して、補助者を選ぶ権利と寡頭政治に付随するその他の特権とを拒否することは、独裁者に対抗する場合の最も強力な手段であった。しかし家臣はしばしば、支配者自身よりも人民大衆に対する抑圧者になる。この理由から、専制君主と人民とが同盟して、その家臣に対抗することがしばしば起こる。古代ギリシアではそのような同盟が前提となって、数多くの暴君を、また近代においてもペロン[一〇]のような独裁者、半独裁者を、権力の座にのし上げた。しかしこの現象の最も啓示的な事例は、イワン雷帝[一一]がモスクワの平民と結んだ「契約」であろう。そこで彼は、人民が無条件で服従すれば、その見返りとして家臣が行う苛斂誅求を制限すると約束したのである。

　したがって、独裁政治は寡頭政治に較べて、階層を平坦にする。しかしそれは一定の限界までである。なぜなら、支配者には特権的な家臣が不可欠であり、それを持たない場合には、全面的に人民の善意に依存しなければならず、その意志に反しては何物をも徴集することができなくなるからである。そのため専制政治にとっては、階層構成の最適な程度が存在する。しかし専制政治はその段階に永く留まることはない。その理由の第一は、次々に交替する支配者のパーソナリティの強さは一定でないからである。支配者の権威の衰退は、多くの場合、社会的不平等の強化に伴って起こる。これが封建制と官僚制的絶対支配との反復が非常に多くの国家の歴史に見られる理由である。階統構成が非常に単純な中国の歴史に特徴的に見られるのは、階層構成の同時的変化に伴う、中央集権的独裁と権威の寡頭支配的拡散との反復である。この国の階層構成は僅かに三つの要素からなっている。皇帝と官僚と農民がそれである。ほとんどあらゆる社会に見出される聖職者はここには存在しない。中世以後の西ヨーロッパのような、複数の階統構造を持つ社会においては、個々の構造のピラミッド内部での権力の分散は、他の構造のピラミッドに依存することが起こったため、階層間の反復的移動は明確に感知できないようになった。このことに関しては次節で詳説する。

本節での分析の最も重要な結論は、独裁政治を育てる軍事的諸環境は、それぞれの独自の階層構成を生み出すということ、またその構成は、以前に寡頭支配的であった社会では平坦なものとなり、以前に民主的で平等主義的であった場合には、急峻なものになる。そのいずれの場合にも、階層間の移動性は高まるのである。

5　権力の中心の配置

前節の主題の続きとして、軍隊がその中に置かれている権力の中心の所在が及ぼす影響について、二、三の指摘を加える必要がある。将来の発表に備えて、それを確固たるものにして仕上げて置かなければならない。

従属関係のピラミッド、言い換えれば階統構造内部での権力の拡散が、平坦になることは、必ずしも地域的な問題ではない。しかし権力の地域的拡散が起こる場合、その極端な例として地域的統合が分解した場合には、従属関係のピラミッドは平坦になることは明らかである。したがって権力の地域的分布に影響を与えるすべての要因は、軍隊の内部構造にも影響を与えると考えなければならない。

権力の非地域的拡散は、階統構造内部においても、また階統構造同士の間においても起こりうるが、例えば、支配者がその中心的家臣に対する統制力を失うのは、階統構造内部の問題であり、宗教勢力が強大になったために、支配者が力を失うのは、階統構造相互間の問題である。階統構造相互間での権力の分布は、同一の権力の配置に属するすべての階統構造の内部的組成にとって重要な意味を持つ。例えば中世後半のフランス国王は、教会を服従させることによって、臣下および王室の家政を分担する家臣に対する支配力を強化したのに対して、ドイツ皇帝は、教会との抗争に敗れて力を失い、臣下を統制できなくなり、帝国は解体した。しかし支配者がそれを使って官僚制度に対抗しうる権力の中心が存在しない場合には、支配者は官僚制を統御することができない。これは末期のローマ帝国やプトレマイオス王朝のような、没落しつつある国家社会主義的国家の典型的な姿である。

これまでの考察から容易に解るように、このような配置を構成している諸要素の相互作用の可能性は複雑である。この問題には枝葉が余りにも多く錯雑しているので、ここで論ずることはできない。筆者は権力構造に関する一般理論を問題にすることにより、将来この問題を詳細に分析したいと考えるが、現在の論議のためには、軍隊の内部構造は、軍隊自身の内部環境のほかに、社会的諸勢力の配置全体によって影響を受けると考えれば十分である。その中でイデオロギー的要因は非常に重要であるから、それにつき若干の補足を行なう。

神官と軍事指導者とが果たす機能が、権威の最も原初的な起源である。ある場合にはこの二つは結びついており、ある場合には分かれており、その間に多くの移行形態が存在する可能性がある。この事実がわかったことから、王権の発生について、神官の機能か戦争指導者のそれかという、熱心な論争が生まれた。しかし筆者はこの問題は争っても意味がないと考える。この論争は王権は単一の現象であり、またその起源は一つであるという仮定の上で進められている。この仮定は両方ともに根拠がない。最高支配者は神官から進化する場合もあれば、戦争指導者から進化する場合もある。さらにその元来の機能が宗教的であっても、途中で変化して、主として戦争指導者になる場合があり、またその逆もある。しかし現在の視点から大切であるのは、国家の頭首が神聖なる特権を行使することによって、自分の権威にどのような効果をあたえるかということである。その権威を著しく高めることは疑いを容れない。この理由から、支配者に呪術的宗教的な力を付与する信仰が存在するか否かは、非常に重要である。宗教的および政治的階統構造の関連、それら相互の組み合わせと分離とは、同様に重要な意味を持っている。例えば政治的権力と宗教的権力との分離は、西ヨーロッパの封建的自治的社会を形成した力の一つであり、西欧文明の特徴の主要な源泉の一つであった。それに対して専制国家は、この二つの権力の融合によって特徴づけられる。

心理学者の中には、家族生活のあり方がその社会の支配的なパーソナリティーの型を形成し、政治的構造を決定すると主張するものがある。彼らによれば、権威主義的家族は権威主義的政治体系を生みだし、それと反対の性格の家族は反対の政治体系を生み出すとされる。この二者の間に関係があることは、十分に予想がつくが、家族以外からの影響もあるから、その関係は心理学者が想像するほど単純ではないことも確かである。いずれにしても、それとは反対の方向の論議も充分可能である。権威主義的国家が次第に権威主義的になりつつある家族形態を生み出しているソヴィエト・ロシアにおける最近の変化はその例である。

6　親衛隊による支配

支配者がその軍隊を統制できなくなると、戦士共和国が誕生する可能性が生まれる。しかしこの軍隊の階統構成からの逸脱は、法律あるいは慣習として実を結ばず、散発的な暴力行為の発生に終わることがしばしばである。この現象を的確に分析するためには、人間の行動、特に政治的行動を規制する規範の起源と機能とについて、また規範と実際の権力の分散との関連について、規範はいかにして明確な形を持つ法と慣習とに結実するかについて、より深い知識が必要である。この問題が本書の限界を超えることは言うまでもあるまい。ここで可能なことは、軍隊が支配者に反抗し社会を支配するという両刃の剣になる現象を生み出す温床となる条件を指摘することだけである。

ローマ時代の皇帝の親衛隊（プレトリアア）は、兵士を統制する規律の古典的事例を示しているが、同類のものがほかにもないわけではない。軍人独裁制としてのプレトリアニズムはごくありふれた制度であり、現在のシリアあるいはパラグアイにも、古代のエジプトにもアラビアのカリフの統治下にも見られる。しかし厳密な意味での軍人による独裁制とは何か。戦士が自分たちの頭領を選出し和戦を協議する慣習をもっていたゲルマン人の部族には、それは当てはまらないことは確かである。軍人独裁制の指標は、慣習的あるいは法的に認められた憲法を通じてではなく、暴動とクーデターとを通じて行われる軍人支配である。この現象の発生と永続とを助ける条件は何か。

　第一に注目すべきことは、軍人独裁制の暴動の推進力となるのは職業的軍人であり、決して徴募兵や民兵ではないことである。例えば中国では、大規模な革命には徴募兵も参加するが、様々なクーデターを起こすのは常に傭兵であった。アラビアのカリフ制度は軍人独裁制の優れた事例であるが、完全に傭兵に依存していた。オスマン帝国のジャニサリー[一二]、ロシアのストレルツィー[一三]、ファラオのヌビア人部隊[一四]、ラテン・アメリカの多くの軍隊など、軍人独裁制的性格を明確に表面化させたあらゆる軍隊は、すべて職業的軍隊であった。

　それにも増して重要なことは、軍人独裁制が最も華々しく開花するのは、特定のイデオロギーによる影響を受けておらず、純粋に金で雇われている軍隊においてであることである。ジャニサリーが暴動を起こすのは、彼らの間から聖戦という情熱が姿を消して以後である。ナチスの突撃隊（ＳＳ）とソ連の内務省（ＭＶＤ）は、思想的に完全に洗脳されていたから、非常に従順であった。ここにあげた軍の組織は、〔傭兵ではないが〕明白に傭兵と同じ性格をもっている。

　軍隊が権威の中心的支柱である場合には、政治の仲裁者となる傾向がある。その場合、政府は人民の忠誠心に頼るのではなく、主として裸の暴力を頼りにすることになる。そのような政体は、特に近東のイスラム社会に多く見られ、そこが軍人独裁制の故郷である。

　それに対して、ヨーロッパ諸国の国王の軍隊は、概して従順であった。その理由の一つは、軍隊が国王の権威の唯一の支柱ではなかったことである。国王は人民の忠誠心をあてにすることもできたのである。

軍隊は、権力の正統性に関して成文化され一般的に受け容れられた信仰が存在しない社会においては、政治の決定的要因になりがちである。そのような社会では、誰が命令を発する立場にあるか、またどのような命令を発する権利があるかに関して、疑問と意見の不一致とが見られる。かくしてヨーロッパの君主制度では、疑問の余地のない長子相続制度が、それを持たないアジアにはない安定を与えた。これはヨーロッパの専制君主制において、軍隊の役割が比較的低かったことの、もう一つの理由である。ラテン・アメリカの軍隊が国王に仕えていた間は、軍人独裁制的傾向をしめさなかった。軍隊が政治の仲裁者となるのは、人民の多くが忠誠をつくさない憲法をもった共和国が創られて以後のことである。

大衆が政治的に無関心である場合には、職業軍人である将校は、徴募兵をつかって反乱を起こすことがある。このことは一九二六年のポーランドにおいて劇的に起こった。(二五) この反乱でピルスツキとその腹心の部下は権力を握った。彼はこのために北東地域から徴募された部隊を使用したが、その構成はこの地方の社会構造を反映していた。将校はピルスツキを支持したポーランドの地主階級から募集された。兵士は、文明の程度の低い農民から徴募された。彼らの多くは国民としての意識を全く欠いていた。中間的階層の大部分と都市の労働者階級およびゲットーに住むユダヤ人とは、ポーランドという国家に対して、あるいはどのような国家に対しても、無関心であった。ピルスツキに反対し、議会制度を求めて戦おうとした部隊は、中産階級と賃金労働者が住み、農民も識字率が高く政治的に自覚していた、ポーランド西部の出身であった。

スペインでは軍隊の基礎を形成する一般的徴兵制度は存在したが、大衆は文盲で政治的に無関心であったため、軍人によるクーデター（pronunciamentos）が一般に認められた秩序の一部になっていたが、大衆が政治的に覚醒すると、軍人独裁制は困難になり、最後には血で血を洗う内戦をあおり立てることになった。

ラテン・アメリカや近東の諸国のように、多様な人種を含む社会には、政治的忠誠の結晶化した体系は存在しないことを銘記する必要がある。

すでに指摘したように、政治における軍隊の突出した役割は、その規模とそれが国家の存続に対して持っている重要性とに依存している。

モスカ(二六)が主張するように、社会的に等質的な軍隊は、内部が細かい階層に分解している軍隊に比較して、政治を支配しやすい。近代ヨーロッパの軍隊が、政治については二次的な役割を果たすに過ぎない理由は、モスカによれば、その内部が紳士階級出身で民間の支配階級に親近感をもつ将校と、浮浪者から集められる義勇兵および農民からの徴募兵とに分裂しているためである。多くの史実がこの説を立証している。軍人独裁制がローマにおいて殊に顕著になったのは、兵士から最高の地位にまで昇進することが一般的になって以後のことであった。近東のイスラム諸国の古典的な軍人独裁制下の軍隊は、相互に敵対的な閉じた層に分裂していないという意味で、階層的に等質的であった。

人種的等質性は、雇い主にとって傭兵をより危険なものたらしめる傾向もある。ビザンチン帝国の皇帝たちはこのことを明確に理解しており、傭兵を人種で分割し、共同で政府に対抗しないようにしていた。

注

（1）これと同じ要因が、アメリカ合衆国の南部諸州が、北部と比較して、単一の政党からなる政治体制を持つ傾向があり、またラテン・アメリカがなぜ軍閥（caudillismo）を生みやすいか、その理由を説明している。

第5章　政府による規制の範囲

ハーバート・スペンサーは、軍事志向性、即ち社会が持つ戦争に対する意図は、政府の人民の生命に対する統制力を不可避的に強化するという一般的定式化を行った。彼はさらに、大戦争が連続して起こる場合には、二十世紀のヨーロッパにおいて、そのような強化が起こるであろうと予言した。なぜなら社会主義思想がそれを正当化するからである。現在の読者は、この予言が的中したことを人から教わるまでもないであろう。我々の多くは、政府に異常な権力を付与する無数の立法が行われたことを知っている。それらは戦争の必要に応じて公布されたものであったが、非常事態が終息しても決して撤廃されることはなかった。我々は憲法で認められている自由が、戦争のためばかりでなく、単なる戦争への恐れのために、制限されていくのを目のあたりにする。我々の時代には軍事志向性が政府による統制の強化をともなっていることはわかっているが、このことだけを根拠にして、この二者の結びつきが必然的なものであると言うことはできないし、また偶然にすぎないとも言えない。またこれが普遍的に見られる現象であるのか、あるいは近代の戦争に限られた現象であるのかもわからない。これと同様に重要なもう一つの問題は、政府の統制の強化の原因は、軍事志向性以外にもありうるか否かである。

ここに挙げた最後の問題への解答は、それが存在するということは疑問の余地がない。戦争ばかりでなく、それ以外の多くの危機、例えば洪水、干ばつ、伝染病などは、政府を駆り立てて、新しい行為を起こさせ、多くの新しい分野への介入を始めさせる。同様のことは経済危機に関しても言える。一九三〇年代の大恐慌の最中に、幾つかの政府はその意思に反して、経済の作用に介入せざるを得なかった。ローマ帝国末期の支配者や、中国では王莽（一）が遂行した国家主義的（etatistic）な政策は、表面的には国家主義的理念によってではなく、物価の急激な変動やその他の経済外的な過程を修正しようとする希望に動機づけられたものであった。危機的状況が存在しない場合でも、単に経済組織が複雑になったために、より広範な規模での調整が不可欠になることがある。古代に河川の流域で発達した文明においては、水利の整備が政府の規制の拡大を不可欠なものにした。工業化社会の持つ複雑性は、それをより強制的なものにしている。同様の結果を生み出す他の原因としては、代替のきかない資源を節約する必要性、あるいは商業的には利益を生み出さない諸種のサービスの提供の必要性などを列挙することができる。

国家主義およびその究極の形態としての全体主義への傾斜を生み出す原因を、十分に分析することは、本書の限界を超えているが、近代社会においてこの傾向を強化している他の幾つかの要因に関しては、二、三付言する必要がある。

何らの拘束をも受けない交換経済は、その受益者にとっても、耐え難いものである。競争は、その効果がいかに大きなものであっても、不安定性を含意しており、不安定感を悦ぶ者はいない。これが競争を抑圧せんとする不断の傾向を生む理由である。それは賃金労働者の側にとっては「クローズドショップ制」であり、資本家側にとっては「紳士協定」によるカルテルであり、またあらゆる時代にみられる手工業者や商人のギルドである。しかしこのような機構は、法的な裏付けがない場合には、十分には機能しない。強力なカルテルやトラストであっても、十全の安心感を持つのは独占が法的に保証された場合である。ここに各人の所有や職業を「固定化」(freeze)することを目的とした国家の介入が発生する。この「固定化」への欲求は、商品経済に関するあらゆる機構が解体する危機が生じた場合には、特に大きな問題となる。国家主義はかならずしも平等を目指すものではなく、したがって、金持ちは常にそれに反対であるわけではない。むしろその逆で、金持ちは時としてそれを積極的に歓迎するのである。重商主義時代の、あるいは近代により近い時代の独占的企業がその適例である。事実、国家主義的介入は、エリザベス王朝の英国で採られた諸制度のように、金持ちの特権を保護し、貧者の利害に反する方向に向けられることがある。今日南アフリカや南ローデシアで施行されている多くの法律は、市場の自由な活動を制限し、支配的な白人階層の地位を保護している。金持ちが国家主義的政策に反対するのは、それが富の分配を平均化すること、つまり社会主義を目指す場合に限られる。

平等性への希求、少なくとも潜在的な希求は、特権を持たない大衆の間には常に存在しており、それは傍から見ても解るものである。説明を要するのは、この要求が国家主義的な介入を要求することである。近代的工業経済の特殊性がこれを生み出していることは疑う余地がない。平等主義運動が、しばしば革命につながる例は、過去にも存在しなかったわけではない。しかしその目的は金持ちの所有物を没収し、貧者に配分することであり、また借金を棒引きにすることであった。そのような目的が現実的であるのは、富が貨幣、土地、工場の集積であり、生産的単位として一つにまとまっておらず、単にある個人の資産であるために一つになっている場合に限られる。近代的工業に関しては、そのような解決方法は実行不可能である。それらを分割して、貧民の間に配分することはできないからである。したがって最もしばしば行われる解決策は、それを「国有化」することで、名目的に市民全体の所有物にすることである。筆者はこの解決策が所期の目的を達成するかどうか、またそれがどのような結果を生み出すかについて、此処では論究しない。ただこれが富の所有に基づく不平等を消滅させることは確実であるが、官僚制の中で占める地位から生ずる、新しい不平等を発生させることを指摘するに止める。

　多くの国において、このような国家主義的な平等化への希望が見出される理由を考える時、我々は間接的にではあるが、再び軍事的要因の影響に行きあたる。第1章で示したように、十九世紀における軍[二]事的発達は、大衆に新しい力を与えた。その結果、市場の無統制の作用から保護されることを願い、私有財産の所有者の特権が制限されることを欲する大衆の願望を考慮する必要が生まれた。したがって、直接的な戦争の危機を別にしても、軍事的発達が、迂回的にではあるが、政府の統制を拡大した。

　国家主義的政策の鼓吹者の多くは、私有財産の所有から閉め出された、権力と財力とへの希求者の中から生まれる。私有財産の重要性をなし崩し的に低下させ、官僚制的地位の重要性を高めることによって、彼らは私有財産から閉め出されているというハンディキャップを克服することができる。国家主義の伸張は、したがって、支配的集団の周流の一側面であると考えることができる。ことに官僚制の拡大は役職の増加を意味し、官僚を目指す者にとっては参入の、すでにその内部にある者にとっては昇進の、機会の増大を意味しているからである。この二つの動機は、官僚、軍隊および他の多くの集団の拡大の要求に大きな影響をあたえた。さらに官僚制は、他の多くの集団と同様に、できる限り大きな権力を持とうとし、それが一般的に承認された必要のために有効か否かについては頓着しない傾向がある。その努力が成功するかどうかは、主として他の集団との力関係に依存する。他の集団は場合によれば同盟者となり、場合によっては敵対者となる。この問題には利害関係と圧力集団との配置が深く関わっており、ここでこの問題を分析することはできない。

平等主義的、全体主義的なイデオロギーの普及の心理学的側面に関して、つまり中間的な集団への帰属を喪失し、神秘的な政党や国家に統合されていく孤立した原子としての個人が抱く、多くの場合無意識的な願望について、あるいはこうした新しい宗教が、疑似科学的な心性により適合的であるために、伝統的な宗教に置き換わっていく道筋について、あるいは利他主義、権力への希求、不満、救世主への期待、単純な虚無主義的破壊主義というような、本質的には何の類似性も持たない動機が、融合して他の宗教を征服していく一つの力になっていく様相について、多くのことをつけ加えることができる。しかし筆者はこの主題を追求することはできない。これに付随する論点については、ジュール・モネロの『共産主義の社会学―世俗的宗教の心理学』(三)および筆者の論文「思想は社会的力であるか」(四)を参照されたい。政府による統制の拡大のすべてが軍事的要因によるものではないということに関しては、既に十分説いたと考えるから、次に第二の問題、つまり戦争、もしくは戦争への準備は、常に政府による統制の拡大に通じるか、あるいはそれは特定の戦争および軍事的組織の形態の結果であるか、という問題に進むことにする。

ハーバート・スペンサーの『社会学原理』、ピティリム・ソローキンの『危機に立つ人間と社会』および『社会および文化変動論　第三巻』に引用された膨大な史実を見れば、戦争がしばしば社会生活の経済的側面などに対する国家の統制の拡大を伴っていることには疑問の余地はないが、それは必ず起こるというわけではない。政治組織の未発達な小さな部族間の戦争は、これを生み出さない。しかし、例えば史上最も国家主義的であった国家の一つであるプトレマイオス王朝（五）のような大規模な国家に限っても、セレウコス王朝（六）やローマとの消耗戦は官僚機構を崩壊させ、国家による経済への完全な統制を後退させた。同様のことは十二世紀のビザンチン帝国（七）においても起こっている。さらに世界的に見て最も好戦的な国家、例えばオスマン帝国（八）、デリーのスルタン（九）あるいはアラビアのカリフ（一〇）は、全体主義的でないことはもちろんのこと、国家主義的ですらなかった。これらの国家は征服を通じて勃興し、その組織はすべて戦争を志向していた。しかし国民の日常生活に目立った統制を加えることはなかった。村落共同体、カーストおよびギルドは、古くからの慣習にしたがって、それぞれの問題を処理し、租税が納入される限り、中央政府はそれに掣肘を加えることはほとんどなかった。この不干渉は自治の権利の自覚に基づくものではなく、無関心の結果であった。征服者の目的は富の獲得であり、継続的な収入が確保されるならば、統治のための努力は少なければ少ないほど好都合であった。支配者もその戦士たちも、どうしても必要である場合を除いて、そのような仕事に興味をしめさなかった。市場原理の結果である富の不平等に対する道徳的非難に立脚した国家主義という意味での社会主義は、征服国家では発展しえない。せいぜいがスパルタのように、支配者階級の間にのみ存在しうるのである。

　上述の国家が人民に対する統制を行わなかった理由の主なものは、軍事力の中核が職業的戦士であり、民間人の唯一の仕事は彼らを補助することであったために、人民に関する出来事を政府が厳重な統制の下に置いても、軍事的には得る所がなかったことである。このような国家では軍事参与率が低いのは、それが征服によって建設されたからばかりではない。オスマン帝国の軍隊の強さは、馬とラクダの大群を擁したその動員力にあった。ジャニサリー[一一]は歩兵で、多くの戦場で輝かしい役割を演じたが、この軍隊の主兵は騎兵であった。ペルシア、デリーのスルタンおよびムガール帝国[一二]における状況も同様であった。もっともムガール帝国の場合には歩兵の方が数が多かったのであるが。その結果、農民大衆は軍事的には無価値であり、彼らから富を奪った後は、放置しておいても問題[一三]はなかった。

それに対して、史上最も国家主義的な国家の一つであるインカ帝国の場合は、指導者が平等性を進展させる意図を全く持たず、人民の日常生活の微細部分にいたるまで統制を加えたのであるから、社会主義と呼ぶことはできない。インカの場合ほど徹底的でもなく、また長期間継続したわけでもないが、これと同一の志向をもっていたのは、秦王朝[一四]が今日中国と呼ばれている地域の征服に乗り出す前に商鞅が行った試みである。この両国家の軍事組織が、今日の全体主義国家と同様に、一般的徴兵制度に基礎をおいていたことは重要である。秦の場合には女性もその対象であった。軽装備の歩兵がその中核であったことは決定的である。全国民が軍事的に利用可能であり、そのために厳重に統御され、現代の交戦国におけると同様に、軍隊に編入された。

商鞅[一五]が書いたと推定されている政府の政策に関する論文は、今日の全体主義を彷彿させるものがある(『商子』ドイフェンダク[一六]訳注　London 1928　を参照)。彼が鼓吹する政策は、奇妙に今日のソヴィエト国家の行動に類似している。しかしこの論文の最も興味深い点は、政策採用の動機に関する、恥も外聞もない開け広げの態度である。それは饒舌な宣伝の文言で隠蔽されていない。政策は、それ自身が究極の目的と考えられている国家権力の強化のために最良の方法として提示されている。商鞅は富の不平等を軽減することが望ましいと主張する。「……金持ちが貧乏になり、貧乏人が金持ちになれば、国家は強くなる」。すべての活動は、戦争の遂行およびその準備のために行われる。個人の地位を向上させる道は、指導者に対する奉仕以外には存在しない。戦闘を忌避するようにさせないため、人民をあまり豊かにしてはならない。全体として、現代の全体主義国家の忠実な描写になっている。

　商鞅の時代以降、騎兵の重要性が増大した結果、中国の軍隊において職業軍人の占める比重は次第に顕著になっていった。この過程は始皇帝（一七）の時代にはじまり、唐代（一八）まで続いた。当然想像されるように、その間政府による規制の規模は次第に減少していった。商鞅の時代、秦の国王は人民の全員に耕地を与えることを自分の義務と考えていた。耕地の定期的な再分配は漢代（一九）の皇帝によっても行われた。しかし唐代には再分配は次第に行われなくなり、宋代（二〇）には完全に姿を消した。皇帝は農民を金貸しから保護することを止めた。中国で行われた二つの重要な国家主義的、平等主義的な施策、漢代の王莽（二一）と宋代の王安石（二二）による施策は、いずれも農民による民兵組織を、かつてのように軍隊の支柱としての地位に戻すことによって、再編成したいという希望と結びついている。これは王安石の場合特に顕著である。他方、蒙古族および満州族の政府による経済生活に対する規制は、より緩やかなものであった。彼らはごく少数の漢民族にしか武装をゆるさなかったのである。

　中国の現在の政権は、人民の力を軍事的に完全に利用することを目標にしており、商鞅の時代以降に存在したあらゆる体系の中で最も全体主義的である。

　本書の視点から考えて最も重要であるのは、古代中国において全体主義が採られた理由は、軍事的有利性の故であったことである。古代中国、ペルーおよび西欧近代の三文明には、そのいずれにおいても全体主義国家が起こったという以外には、共通点はほとんど存在しない。このうち最初の二者は、周辺の全体主義的傾向が弱い国家を併合している。これらの事例から誤った結論が引き出されるのを防ぐため、戦争においては全体主義国家の勝利を阻止できないわけではないことをつけ加えることが必要である。自由放任主義的な共和国時代のローマは、国家主義的なヘレニズムの独裁国家を征服している。上述の三文明で、ともに全体主義が勃興したのは、この三者に共通しているもう一つの特徴、すなわち非常に高い軍事参与率に関連していることは疑問の余地がない。高い軍事参与率は、前二者の場合は武器の単純性に起因するものであり、西欧近代の場合は工業生産力の圧倒的な高さの故である。

スパルタの事例は、軍事参与率が国家による人民の生活にたいする関与の限界を決定することを示している。そこでは軽蔑されていた奴隷の方が、主人である戦士のスパルタ人よりも大きな個人的自由を享受していた。この事例および初期のローマの事例は、全体主義は独裁制と同一ではないことを教えている。初期のローマおよび他の古代都市国家にも見られる「民主的」全体主義は、小規模の政治的単位、あるいは規模は大きくなっても、小規模であった時代に創られた伝統が保存されている政治的単位に適合的である。なぜならば、戦争が頻繁に起こる状況の下では、規模の拡大は独裁制を育てるからである。しかし独裁制と寡頭政治は、民主制よりは全体主義により適合的である。なぜなら、人間にとっては自分自身に拘束を課するよりも、上から加えられる拘束に耐える方が容易であるからである。したがって、全体主義を生み出す傾向のある戦争の諸形態は、ヨーロッパ全土に共通して存在するのであるが、その影響は西側諸国においては、個人の自由を擁護する伝統的制度によって、ある程度までは中和されている。しかしロシアでは、独裁制の伝統がこの傾向を野放しにしているばかりではなく、強化さえしている。

前述の論議は、低い軍事参与率をもつ国家は全体主義にはならないという結論を導くものではない。そのような主張が誤りであることは、エジプトのプトレマイオス王朝の事例を見れば十分理解できる。そこでは軍隊はギリシア人の傭兵で構成され、征服国家の常として、土着民は軍役から排除されていた。国家主義的政策の唯一の目標は、人民からできるだけ多くの富を絞り上げることであった。さらに全体主義は、軍事的、経済的、政治的な、誘発要因が存在しない場合においても、激しい宗教的不寛容がその唯一の推進要因である場合には、優勢になりうるのである。カルヴァン（二三）の支配下のジュネーブがその例であった。同時に忘れてはならないことは、十分に発達した行政技術が、全体主義、特に大規模な国家の全体主義にとって、不可欠な前提条件であることである。

経済的領域と性的行動の領域とにおける国家の統制の限界には、究極的には関連がないように見えるとも言えよう。今日の軍国主義的全体主義的政権は、スパルタも同様であったが、十九世紀ヨーロッパの「自由放任主義的」国家よりも、性的事項に関して、はるかに大きな弛緩を許容している。

以上の分析の結論として次のことが言える。政府による統制領域の拡大の傾向が、すべて軍事的要因の結果であるとはいえない。また激しい戦争状態が、それ自身で必然的に全体主義を生み出すわけでもない。それが避けがたく起こるのは、技術的軍事的環境が全成人の協力を絶対的に要求する場合においてのみである。工業化社会の戦争では、この協力は、以前にも増して不可欠なものである。軍事的要因に関する限り、政府による統制の限界は、戦争が起こりうる可能性と軍事参与率の程度とによって決定される。

第6章　軍事参与率と戦争の苛烈性

一般的徴兵制度が「民主主義」を推進しないという苦情がよく聞かれる。この苦情は「民主主義」という言葉を曖昧な意味で用いることに起因している。かつてスローガンにとらわれることが少なかった時代には、善とか悪とか表現した事態に対して、今日では「民主主義的」とか「ファシスト」とかいう言葉を使用する傾向がある。一般的徴兵制度が社会を善くするか悪くするかを、科学だけを基礎として言えるかどうかが問題である。この言葉には価値判断が含まれているからである。しかし一般的徴兵制度が平等主義的改革を育てたということは疑いを容れない。それが「平和の原因」を促進するものでないことはもちろんであるが、それを期待するのは、人間を大体において優しく合理的な生き物であり、それが戦争を起こすのは、資本家、独裁者、国王あるいはその他の、少数の悪者に誘惑され駆り立てられるからであるという、全く誤った前提から出発しているからである。このような観念と全く相容れない無数の事実が存在する。最も好戦的な社会、首狩りや食人を行う部族の内のあるものは、どのような意味でも指導者というものを持たない。他人を戦争に駆り立てて、自分は戦線の後方で安楽にしている資本家も王様も存在しない。民主主義的なアテネは、ギリシアの諸都市の中で最も攻撃的であった。合衆国の国民は百年以上にわたってインディアンとの征服戦争を戦い続けた結果、ヨーロッパやアジアのいかなる独裁的国家よりも好戦的であることを立証した。平等主義の完全な例であるボーア人の共和国は、現地人に対してはイギリスの植民地支配よりも侵略的で呵責ないことで悪名が高かった。ヒトラーが権力の座に就いたのは、公正に行われた選挙の結果であった。彼の勝利が一般のドイツ人を狂喜させたのは、ナポレオンやキッチナーの勝利がフランスやイギリスの庶民を大喜びさせたのと同様であった。通常人の心に潜む残忍性の基礎は、黒人にたいするリンチやユダヤ人の「虐殺」、インドにおける宗教的大量殺人、あるいは他のこの種の暴行を機会にして表面化する。多くの人々が動物を殺すことを楽しむという事実もまた重要な意味を持っている。

だからと言って、ひとはすべてサディストであると言うのでないことはもちろんである。他の多くの性格と同様に、残忍と同情とのあり方は、恐らくは正規分布曲線にしたがっているものと考えられる。つまり真の意味でのサディストと同様に、完全な利他主義者はほとんど存在しないということである。大多数の者は両極端の中間に位置し、非常に柔和でもなく非常に残忍でもないが、その気になるといつでも暴力を振るいたがる。このような性質は矯正の可能性があることは確かである。したがって適当な徳目を繰り返し教えることにより、平和主義の因子であれ、好戦性の因子であれ、それをより大きなものにすることは可能である。しかし単に民主化と言う場合、それを政治的権利の配分の拡大という正当な意味に解するならば、平和主義的でも好戦的でもありうるという意味で、中立的である。

ある一時点、ある特定の社会をとれば、その支配者は人道的見地から言って、平均以下である場合がある（例えばナチスドイツが最初に思い出される）が、他の時点、他の社会を取って比較すれば、それは平均より良いと判断されるかもしれない。例えば将軍は多くの場合、部下が被征服者を大量殺戮したり略奪したりしないように戒める。しかし地位と権威とを手に入れるために不撓不屈、無慈悲な闘争を続ける必要がある社会においては、特に権力に飢えた人間が選ばれて将軍の地位に就くと考えられる。にもかかわらず、一般的に言えば、有力者と通常人との違いは、彼らの道徳的性格よりも、むしろその行動の結果にある。サディストの独裁者は幾百万の人を殺したり苦しめたりする可能性があるが、市井に生きている残酷な人間に可能なことは、せいぜいがその妻子の生活を惨めなものにし、飼い犬を無慈悲に殴るくらいのものである。

軍事勤務の拡大そのものが、好戦性を尖鋭化したり鈍化したりする力を持つとは考えられない。しかしその拡大は戦争における凶暴性の増大を導きやすい。武装した部族同士の戦争はしばしば恐ろしいほどに凶暴なものになり、相手の皆殺しや食人饗宴に終わる。他方戦争が貴族の特権である場合には、それは通常は名誉律によって規制されている。いわゆる英雄時代のインド、中世のヨーロッパ、ホメロス時代のギリシアおよび封建時代の中国がそれであった。中国ではいわゆる戦国時代に起こった大衆軍隊への転換は、凶暴さの強化と期を一にしている。同様のことがギリシアでは、重甲歩兵が貴族の戦車にとって替わった時に起こった。近代初頭のヨーロッパでは、平民から構成されるスイス軍はその野蛮な戦闘振りで有名になった。十八世紀ヨーロッパ[三]の絶対王政の職業的軍人は、その敵に対して相当の騎士道精神をもって対した。その適例はフォンテノイの合戦である。その際英仏両軍の指揮官は火ぶたを切る前に互いの陣営を訪問し合っている。フランス革命による大衆軍隊の出現は、そのような優雅さを消滅させ、今日に続く凶暴さの漸次的拡大を生み出した。このような事実は、職業的軍人は敵陣にいる同類との間に、ある種の連帯感を発達させることを示している。彼らは自分を戦士でない者と区別し、自分たちは同類と自覚するようになる。そのような戦線を横断した連帯感は、国民同士が武装して戦っている場合には発生する余地はない。その場合には「同類意識」による結合は、すべて戦線に結集し敵に対する憎悪を燃え立たせる。

この外に、多くの要因が戦争の苛烈さに影響を与えることは言うまでもない。最も顕著なものとして、例えば文化的類似性、異質性の程度、利害関係の重要性、支配的な道徳などを挙げることができる。この点に関するより深い論議については、巻末の文献目録に掲げたシュタインメッツの『戦争の社会学』を参照されたい。

第7章　軍事組織の形態の分類

軍事組織の形態の有効な分類方法を発展させるために、本章においてはいくつかの新しい用語を導入する必要がある。筆者はわけのわからぬ専門用語に心酔する者ではない。また多くの社会学者や心理学者が振り回す疑似科学的な用語が、曖昧でぼやけてはいるが、しかし十分役に立つ日常用語のたんなる置き換えに過ぎず、それは人の好い素人を知識の擬《まが》いもので幻惑するために使われているにすぎないことも十分自覚している。しかし科学を進歩させるためには、それ独自の専門用語を開発する必要があり、日常使われている言葉は、多種多様な社会構造を区別するためには、全く不適当である。また真に科学的な用語を造るためには、言語的な純粋主義や耽美主義に囚われすぎてはならない。我々の用語が、例えば「モノブロモベンゼン」(monobromobenzene) であるとか、あるいは「トリニトロトルエン」(trinitrotoluene) 等というように、舌を噛みそうな言葉であっても、それが我々の観察対象を整序するのに有用であるかぎり、問題はない。また我々の科学が次第に複雑化しつつあることを、気にし過ぎるべきではない。なぜならあらゆる科学は、発達して行く内に、必ず専門家以外には解らない段階に達するものなのである。さらに既存の用語の意味をねじ曲げて使用して混乱を招くよりは、新造語を用いる方が、はるかに望ましいのである。

用語法の善悪、すなわちそれが理解を助けるか妨害するかは、第一にその精確性にかかっており、それが日常用語では容易に伝達できないことを伝達できるか否かにかかっていることは言うまでもない。しかしながら、社会現象は流動的であり、またたがいに同化し合うため、概念の内包の精確さは外延の精確さを意味しないことを銘記すべきである。結果として多様な構造を表現する概念は、マックス・ヴェーバーが理念型と呼んだものにならざるをえないが、それは極端な純粋な型であり、あり得る連続的変化の論理的な極限の姿である。それは現実にはほとんど存在せず、存在するものは論理的には別の理念型に属する特徴との混合物である。

以下に述べようとする分類の結果、析出された軍事的組織の型は、この意味での理念型であり、実際に存在する軍事組織の形態を、それとの比較によって分類するためのものである。それは、もっぱらその社会学的意味に基づいて筆者が選び出した、三つの基準を結合して創出したものであることを強調しなければならない。これとは異なる基準、例えば戦術、使用される武器などに基づく、他の多くの分類が可能であることは言うまでもない。

分類のために選ばれた第一の軍事組織の特徴は、軍事参与率である。その重要性については、既に第1章で述べた通りである。これは本来的には数量的変数であり、〇から九までの数字の組み合わせで示されるべきものである。しかし以下の分析においては、任意に定義された両極端、即ち高低の二分類を用いる。それがどこで開始しどこで終了するかを精確に決定することは試みない。そのようなことを精密に規定しても、過去の事例については、その値を精確に計測することは不可能であるから、意味がない。したがって我々は論証の基礎を包括的ではあるが明瞭に認識しうる対比の上に置く以外にはない。秦代の中国とヨーロッパの第二次世界大戦の参戦国とでは、どちらも軍事参与率が非常に高かったことは疑いを容れない。他方、大革命以前のフランスおよびオスマン帝国では、その値は非常に低かった。

選択された第二の基準は、服従度（degree of subordination）である。軍隊は現代のヨーロッパ諸国の軍隊がそうであるように、指揮者に完全に従属している場合もあり、現実には独立の戦士の集合からなる場合もある。軍隊に従属関係が全く欠けていることはあり得ない。戦士の集団には、たとえ戦闘が継続する期間だけ選出されたものであったとしても、必ず指揮者が存在する。しかし服従関係が全く存在しないという極端な場合も、時として起こりうる。十字軍の兵士がその例である。さらに、通常の戦士の生活を考えても、彼らの行動のうち、戦場以外での行動をも考慮に入れるならば、服従関係がほとんど全く存在しない多くの事例を見出すことができる。互いに平等であり権威を持つ者が誰もいない戦士が形成する共和国は、例えばドニエプル河流域のコサック（一）、アフリカのマサイ族（二）の社会にはあり、それほど極端な形態ではないが、スパルタにも存在した。

第三の基準は、凝集性の度合（degree of cohesion）である。軍事団体は、緊密に結合し強固な組織を持つ場合もあれば、戦士の不定形の集団であり、相互に独立し、ほとんど交渉をもたない場合もある。近代の軍隊はいずれも、またスパルタの軍隊も、前者の例であり、中世のドイツやポーランドの騎士は後者の例である。もちろん、あらゆる意味での凝集性を完全に欠いた集団は、集団であることを停止する。したがって、凝集性を完全に欠いている戦士の団体という、論理的に究極の事例は、現実には存在しない。しかしそれに近いものはある。

凝集性と物理的・地理的な集中とは、同じものではないことが大切である。もちろん後者が存在する場合には前者が大きくなることは確かである。地理的分散が高い凝集性と共存しうることは、イギリス軍の例で示される。この軍隊は香港にもシンガポールにも分駐しているが、高い凝集性を保持している。しかし物理的接近はそれ自身組織的凝集性を生み出すものではないことは、アフリカのタレンシ族(三)の例からもわかる。彼らはきわめて接近して住んでいるが、その集団の凝集性は非常に低い。

服従性は凝集性を意味するが、その逆は真ではない。緊密な服従関係の存在は、強固な組織、したがって凝集性を意味する。しかし集団は平等的、非階統的な原理で強固に組織化される可能性もある。スパルタの歩兵集団（homoioi）はそのような団体の典型である。しかし地理的に分散している団体においては、凝集性は一般に服従関係によってのみ確保されることも確かであり、服従関係を弱体化させるものは凝集性をも弱体化させる。カロリング帝国の解体の際に起こったことがそれであった(四)。しかし地理的距離が生み出すものは、運輸通信の便宜に左右される。正確に言えば、文化地理的な距離、もしくは分散と言うべきである。あるいはこれに替わってギリシア語で運送を意味するフェリック（pheric）という言葉を用いるべきであろう。フェリックな距離というのは、そこに行き着くまでに要する時間で計った距離という意味である。

さて、軍事参与率（Military Participation Ratio）が高い場合をM、低い場合をmで示し、凝集性（Cohesion）が高い場合をC、低い場合をcで示し、服従性（Subordination）が高い場合をS、低い場合をsで示すことにする。これら三種類の基準を組み合わせることにより、我々は次のような軍事組織の類型を得る。

（1）msc：この類型は、低い軍事参与率、服従性、凝集性によって特徴づけられる。この類型の論理的に考えられる究極の姿にほぼ近い事例は、中世のドイツで盗賊騎士に支配されていた地域、中世後期におけるポーランド王国、十三世紀におけるインドの戦士カーストが形成した国家である。[五] 筆者はこの類型の軍事組織を「騎士型」(ritterian) と呼ぶ。

(2) MsC：高い軍事参与率、低い服従性および高い凝集性をもっている。この類型の論理的に考えられる究極の姿にほぼ近い事例は、独立していた時代のコサックの社会、東アフリカのマサイ族である。これを「マサイ型」と呼ぶ。

(3) MSc：軍事参与率と服従性が高く、凝集性が低い。この特徴を持った軍事組織は史上存在した例がない。なぜなら服従性は凝集性を意味し、高い服従性と低い凝集性の組み合わせはありえないからであるからである。

(4) Msc：軍事参与率が高く、服従性および凝集性がともに低い。タレンシ族、南アフリカのトレックボアと呼ばれた植民牧羊業者、北アメリカの開拓者たちがその例である。この類型を「タレンシ型」(tallenic) と呼ぶ。

(5) MSC：この類型は軍事参与率、服従性、凝集性がいずれも高い。二回の世界大戦に参加したヨーロッパ諸国、秦代の中国、古代エジプトの古王朝がこれに相当する。これを「一般徴兵型」(neferic) と呼ぶ。

(6) msC：低い軍事参与率と服従性および高い凝集性によって特徴づけられる。スパルタを初めとする幾つかのドーリア人の征服国家がそれであり、「スパルタ型」(homoic) と呼ぶ。

(7) mSC：低い軍事参与率と高い従属性および凝集性によって特徴づけられる。古代エジプトのラ

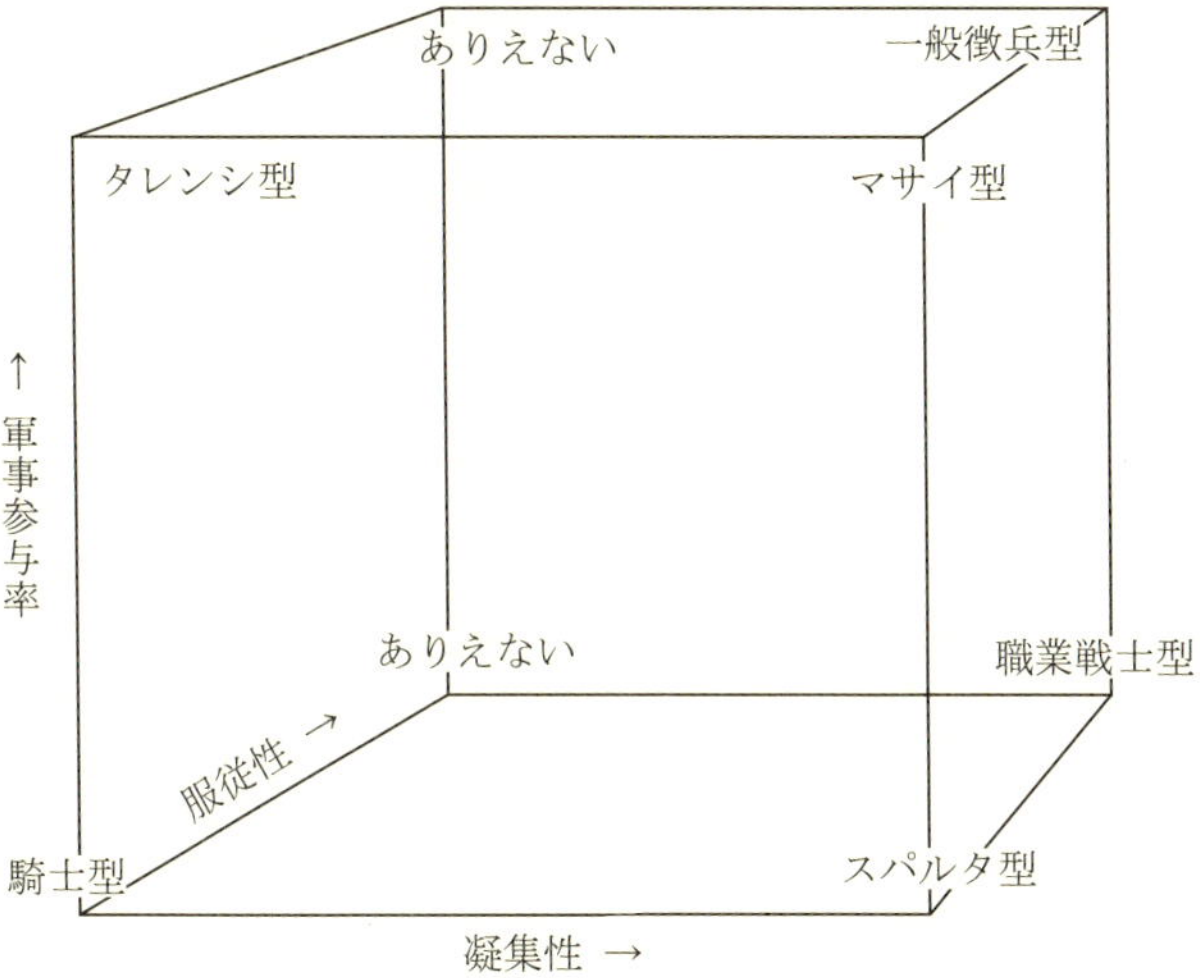

ムセス王の時代、初期のアッバス朝のカリフ制度、[六]シュタイン[七]以前のプロシア、その他専門的訓練をうけた職業的軍人に支えられた多くの絶対王政がその例であり、これを「職業戦士型」(mortazic) と呼ぶ。

(8) mSc：低い軍事参与率、高い従属性および低い凝集性によって特徴づけられる。高い従属性と低い凝集性の組み合わせは両立しないから、その組み合わせはありえない。

このようにして、我々は六個の軍事組織の類型として六種の純粋型を得る。すなわち「一般徴兵型」、「職業戦士型」、「スパルタ型」、「騎士型」、「マサイ型」および「タレンシ型」である。すべて現実に存在する軍事組織は、これらの純粋型の混合物であり、そのどれかに特に近似しているものではないことを再確認しておくことが必要[八]である。したがって、例えばユスティニアヌス一世時代のビザンチン帝国の軍事組織は、職業戦士型が支配的であったが、ヘラクレイオス朝時代(九)には一般徴兵型の特徴を帯び、末期に近づくにしたがって騎士型に近づいていった。中国の軍事組織は職業戦士型と一般徴兵型との間を、またオスマン帝国のそれは職業戦士型と騎士型との間を行き来した。

軍事組織を決定する三つの主要な決定要因は、立方体の稜によって示される空間的な次元によって表現される。数値は〇から一まで変化し、立方体の六つの稜角の近傍は、我々の軍事組織の究極の六つの型を示している。実在する事例の大部分は、立方体の中心に近い空間に、かたまって示されることになるであろう。一つの類型から他の類型への移動は、定義によって、これらの決定要因を変化させる条件によって引き起こされるはずである。

第8章　暴力支配性と臨戦性

すべての社会がその軍事組織によって、同じように影響をうけるとは言えない。全く影響を受けない社会も存在する。そのような社会の進化は、軍事力の位置が変化することによってはほとんど影響を蒙らない。例えば十九世紀後半にイギリスで起きた政治的経済的不平等の実質的な希薄化は、何らの顕著な軍事組織の変化をも伴わなかった。このことから、社会構造の決定要因としての軍事組織が果たす役割の限界を決めるものは何か、と言う問題が生まれる。

その内でもっとも顕著なものは、軍隊の規模である。軍隊が限界まで拡大した場合には、成人人口の全体がそれに含まれ、その内部構造は、戦時においてはその社会の全体構造と同じ広がりを持つことになる。軍隊が他と隔絶され、国民の他の部分から離れた集団を形成している場合、つまり軍隊が職業的戦士から形成されている場合には、社会はその軍隊組織からの影響を受けない可能性がある。しかしそのような場合においても、戦士たちが社会全体を支配する可能性があるので、軍隊は社会構造を決定する主要な要因としてとどまりうる。他の条件が等しければ、軍人が数の上で優位を占めれば占めるほど、自分の意志を他の国民に押しつけやすくなるのは当然である。社会における権力の配分が軍事組織と無関係でありうるのは、軍隊が小規模で、与えられた軍事的技術の状況下では、文民を統制できない場合に限られる。唯一の例外は神権政治が行われている社会である。そこでは宗教性があまりにも強いため、神職に対する畏敬の念が戦士を怯ませるからである。しかし軍隊があまりに小規模で文民を統制できない場合には、外的脅威に対する防衛が不十分になりやすい。非常に孤立的で、防衛に関してあまり関心を抱く必要のない小規模な未開部族も存在するが、大規模な社会が長期間にわたって外部からの攻撃に対して安全であると自覚することはできない。真の意味で独立した国家が、強力な軍隊を持たずに長期間にわたって生き延びた例は存在しない。島嶼国家は地上軍を持たず、ほぼ完全に海軍のみに依存することが可能であった。そうして海軍は陸軍のようには国家の内部問題に嘴をいれることはできない。これは非常に重要な意味を持っている。軍艦で市街戦を戦うことはできないし、地方の反乱を鎮圧することもできない。さらに海軍の場合、兵士一人当たりに必要な経費が大きいので、一国が戦場に投入できる兵士の数は、陸軍の場合よりも少なくならざるをえない。これらの理由により、防衛をほぼ完全に海軍に頼ることができる国家の政治は、軍人による干渉を受けることがほとんどなかった。その最も顕著な例は、過去二百五十年間にわたるイギリスであり、ヘレニズム時代のロードス島である。単に独立を許されていたというのみでなく、完全に独立していた時代のヴェネツィアとオランダも同様に、厳密な意味でのこの極端な類型に属する。ヴェネツィアは本土から入江によって、オランダの都市は容易に水びたしにすることができる低湿地によって、守られていた。そこで生活していたモンテスキューによれば、オランダの傭兵たちが都市貴族に服従したのは、彼らが都市に入ることを許されておらず、貴族が水門を開けば溺死させられる恐れがあったからである。ヴェネツィアはイタリアの都市国家の中で、傭兵隊長の支配を受けなかった唯一の例外であることを付言する必要があろう。

これらの海洋国家も決して平和であったわけではない。しかし彼らが行った戦争は、その政治組織の根底を揺るがすことはなかった。陸軍は遠隔の地におり、首府を支配することはできなかった。このような植民地での戦争は、国内政治に関する限り、過剰な冒険的エネルギーに、むしろ無害なはけ口を与えた。もしそれがなければ、エネルギーは破壊的な活動に使われたかも知れなかったのである。

陸伝いの侵略から安全であるということは、それだけでは、社会構造を決定する上で軍隊がはたす役割を最小限に押さえるためには十分とは言えない。このことは日本社会の事例に明確に見られる。日本は外部からの侵略からほぼ完全に守られていたにも拘わらず、武士による支配が継続した。政治において軍隊が果たす役割を無視できるのは、暴力が頼りにされるということがないという条件が常に満たされる場合だけである。そのような抑制が一般に行なわれるのは、幾つかの条件が満たされる場合に限られる。その第一は、社会がかなりの程度等質的であることである。規制の実施や権威の伝達が、両義的にではなく、広く一般的に受容されるという程度に等質的であること。国民の各部門が持つ慣習や理想が、共通の分母を持っていることにより、一部が他の部分を強制することなしに、ある種の生活様式が存続できることである。例えばビルマやパレスチナのような解放された旧植民地の複合社会、あるいはスペインの運命が、この点をよく示している(1)。

軍隊の役割を最小限度に押さえるもう一つの条件は、経済的繁栄である。空腹は通常暴力の最も熾烈な爆発原因である。このことはもちろん、新たに発見されたことではない。有史以来知られていることである。十二世紀中国の思想家洪邁(二)は、革命の一般理論を形成した。「古来山賊を生むものは、干ばつと洪水との結果で発生する不作である。飢えと寒さに駆られて、人は連合して盗みを働く。もしこの時に魔術師があって、その場を利用して民衆をけしかけることがあれば、その弊害は計りしれない。」権力を求める闘争は、それに敗北することが、単により大きな安楽と権威との喪失ではなく、飢餓あるいは凶暴な死を意味する場合には、より激しいものにならざるをえないのは当然である。このことが、北西ヨーロッパや北アメリカではよく知られているように、妥協と暴力の放棄とを基礎にする代議制政府が、多くの国民が飢餓に瀕している国々では機能しない理由である。飢餓はまた人口の圧力により、不可避的に人類史を通じて定期的に、起こった出来事であった。このことが、軍事組織が社会構造の基礎を規定しない事例が非常に希である理由であり、外部からの危険にさらされていなかった日本が、なぜ武士の支配下に置かれたかを説明する理由でもある。この国においては人口の圧力は非常に高く、人口が停滞的であったのは堕胎と嬰児殺しの結果である。文字通りの生存をかけた権力との闘争は非常に熾烈であった。支配階層の人口増加は特に深刻で、それがこの階層の生活水準を引き下げた。このような状況からの脱出口として唯一つあり得たのは、国民の一部が他の部分を間断なく支配し続けることであった。逆説的ではあるが、外国との戦争と征服がなかったことが、国内の抑圧を強化した。それに付属して筆者は、近年における西ヨーロッパ諸国の支配階級の低出生率が、その優生学的に致命的な結果はともかくとして、内的な抗争を穏やかなものにしていることに読者の注意を喚起したい。誰しもが父親が持っていた地位を、あるいはより高い地位を獲得できる。複婚が行なわれている社会のように、魅力ある仲間から弾きだされる者は一人もない。

人口の圧力は、内的闘争の激化か征服の試みか、そのいずれか又はその両方を生み出す。いずれの場合にも、海洋国家を除いて、軍隊の役割は重要性を増す。海洋国家の場合は、上述した理由に基づき、軍国主義的にならずに征服に乗り出すこともありうる。決して完全なものではないが、宗教が過剰人口と貧困との爆発的な力を抑制する唯一の力である。その結果、裸の力だけが「誰が何を得るか」という問題を解決するのではなくなる。伝統的なインドは、緊張の高い社会の最も衝撃的な例であるが、その社会構造を規定しているものは、裸の力というよりも、むしろ宗教である。現在起こりつつある伝統的宗教の規制の弱体化は、国内における蜂起あるいは対外侵略を、あるいはその両者を、引き起こすであろう。殊に医療が向上し人口的圧力が一層高まる場合には、出生率が実質的に低下し、技術の発達による富の増大が人口増加を凌駕しない限り、その可能性が高い。

権力の配分、したがって富、威信およびその他の望ましいもの、それを筆者は希求対象物と呼ぶが、その配分が、裸の力、つまり暴力の実行もしくはその脅威によって決定される社会を、暴力支配的（biataxic、この用語はギリシャ語で暴力をしめす bia という単語にちなむ）社会と呼ぶ。これは、その対極にある非暴力支配的（abiataxic）社会、つまりそこでは裸の暴力が何の役割も果たさない社会、という語と同様に、理論的な極限像、理念型であり、現実の社会はすべてそれに類似しているだけで、決してそれになることはできない。

社会的緊張の高さを決定するものには、上述以外にも多くの要因が存在する。例えば子育ての方法もその一つであり、情け容赦ないむち打ちは、家族および性生活にたいする規制が生み出す欲求不満とあいまって、攻撃性、残酷および憎悪の基礎になると論議される可能性がある。単なる伝統としての残酷さと激しさの程度や復讐の慣習なども考慮に入れる必要がある。しかし貧困やこれらの環境の結果生まれる高度の緊張は、権力を求める闘争を激烈にし、軍事組織の重要性を高める唯一の要因ではない。すでに述べたように、裸の力の上に基礎づけられていない政府は、命令する権利とそれに従うべき義務について了解がなされているならば、国民の大多数によってある種の信念が受け容れられている場合に限り機能することができる。そのような了解がなされていない場合には、人種的異質性あるいは内的分裂の故に、最後に頼るべきものとしては裸の力が、または社会構造の決定要因としては軍事力の配分が、残らざるをえない。

ハーバート・スペンサーは社会を軍事型社会と産業型社会とに分類した。このように対比させることは、この分類を意味のないものにする。なぜならば、産業型社会（「産業型」という言葉を現在的な意味に解すれば）が必ず平和であるという保証はないからである。産業型社会が戦争志向にたいして免疫を持たないことは強調するまでもあるまい。スペンサー自身それを知っており、植民地が拡大している現実を十分承知していた。用語の選択を誤ったために曖昧になってはいるが、彼の意図はその生命が戦争に向けられている社会と、主として平和的生産に専念している社会との、大きな相違を明らかにすることであった。ここに言う戦争への志向性の度合という要因が、社会構造を決定する上できわめて重要であることは疑う余地がない。しかし、その影響の大きさを検討する前に、まず用語を検討する必要がある。

「産業型」という用語は、明らかに誤解を招きやすい。「軍事型」の対極にあるものとして、単純に「非軍事型」と言う方が良い。しかし「非軍事型」という用語も、それに続く分析のための必要を満足させるものではない。なぜなら、「軍事型」という言葉の一般的意味には、攻撃的という含意がある。しかし社会は防御のために戦争を志向する場合もあるのである。「軍事化した」という用語を用いたとしても、同様に不十分である。それは筆者がここで強調したいと考えること以外の意味をすでに持っているからである。この言葉は聞く人に、制服、歩調を取った行進、その他近代軍隊に付随するすべての現象を思い出させる。例えば、ナバホ族が強く戦争を志向したとしても、その社会が軍事化したと表現した場合には、この用語の一般的に受け容れられている意味を歪曲することにならざるをえない。さらに軍隊組織の類型は、戦争遂行以外の目的にも採用されることがあるから、救世軍の編成は宗教団体の軍事化を意味するものであると言うことも可能になる。そこで「臨戦性」(polemity) という新語を用いる必要が生じる。それは、ある社会が使用しうる全エネルギーの内、間接的直接的に戦争もしくは戦争の準備のために用いられる割合、と定義される。完全な臨戦性およびその対極にある完全な非臨戦性 (apolemity) は、もちろん極限状況をしめす概念であり、現実にはほとんど存在しない。極端な臨戦性は、社会構造の全体を軍隊構造の中に取り込むことを意味する。それが実際に起こったのは、オスマン帝国の起源となったメンテッセ侯国の首長のイスラム教戦士集団、スエーヴ族(二)の社会、古代では地中海のリパリ諸島(三)やシシリー島の海岸部に、また十七、八世紀にはカリブ海のアンティル諸島(四)やマダガスカル島に存在した海賊の国家、あるいはバルカン半島のスラヴ人盗賊集団であるバルカンハイドゥク(五)などにおいてであった。十九世紀のスウェーデンとオランダもまた極端な臨戦性の例を示している。臨戦性の程度は、軍事組織の類型によって決定されるものではない。例えば十八世紀のイギリスもプロイセンも、ともに職業戦士型の軍事組織をもっていたが、イギリスは臨戦性の程度は低く、プロイセンはその時代のヨーロッパの臨戦性の縮図であった。しかし一般的に、高い軍事参与率で特徴づけられる軍事組織の形態の方が、それが低い形態の軍事組織よりも、より高い臨戦性を持ちうると言える。なぜなら、前者においてのみ軍事組織が社会組織の全体を包摂することが可能であるからである。さらに低い凝集性で特徴づけられる軍事組織を持つ社会の臨戦性は、せいぜい中程度に留まる。なぜなら臨戦性は戦争の程度によって決定され、戦争の程度は内的な凝集性を生み出すからである。その結果、騎士型およびタレンシ型の軍事組織は、中程度の臨戦性を持つ社会に見出される。規模が大きい社会において戦争を成功裡に遂行するためには、専制主義的調和がなければならない。したがって専制国家の内で、一般徴兵型および職業戦士型の軍事組織を持つ社会のみが、高い臨戦性を持つことが可能であり、臨戦性の完全な発揮は軍事参与率に依存しているから、大規模な社会の臨戦性を最高にたかめることは、一般徴兵型の軍事組織においてのみ可能である。

　高い臨戦性は社会組織が軍事的に決定されることを意味する。すなわち軍事組織の形態によって決定される。しかし低い臨戦性は、同様に社会構造が軍事的に規定される度合が低いことを確実にするとは限らない。なぜなら他の要因、我々がすでに暴力支配性と呼んだ、その社会における暴力の行使もしくはその脅迫が希求対象物の配分を決定する度合が介在するからである。臨戦性と暴力支配性とは常に並行するものでないことは、アステカの連邦国家と日本の徳川時代との比較によって理解できる。アステカは高度に臨戦的であったが暴力支配的ではなかった。戦争を志向していたが、階層構成の基礎は主として宗教であった。皇帝モンテズマ(六)は自分の意思を強制するための警察力を持っていなかったが、神官や貴族と同様に人民の尊敬を受けていた。これとは逆に、徳川時代の日本は非攻撃的な国家であり、外敵からの攻撃に対する防備も充分ではなかった。支配者は外界からの孤立を希求していたが、配下の人民に対しては専制的態度で臨んだ。将軍に対する大名の、武士に対する百姓の、激しい憎悪が爆発して革命が起こるのを妨げたものは、主として恐怖であった。暴力支配性と臨戦性が逆相関する傾向があるのには理由がある。このことは、戦争によって解決されない人口の圧力は内的葛藤を高めることを考えれば、不思議ではない。心理学的に言えば、外敵との闘争は内部で生まれた憎悪をそれに振り向けることにより、内的葛藤を緩和する。しかし暴力支配性も臨戦性も同時に高い社会も存在する。インカ帝国、オスマン帝国、ソヴィエト連邦および秦代の中国がそれである。

社会が軍事的に決定されるのをまぬがれるのは、それが暴力支配的でも、臨戦的でもない場合のみである。一部の社会は軍事性（militancy）によってはほとんど決定されないが、すべての社会がそうであるわけではない。この場合にも軍事性の両極を示す概念があり、その間に軍事的な性格づけの強さの全段階が含まれていることは強調するまでもない。軍事性が非常に弱い場合も強い場合も、どちらに属する社会も単一の性格をもった一種類のものというわけではない。非常に強い場合には、社会の構造はそれぞれに異なり、同時にその軍事組織も異なる。非常に弱い場合には、軍事的に性格づけられていないという点では一致しているが、先験的にあらゆる側面で相違する可能性がある。例えばそれはヴィクトリア時代のイギリスのように金権支配であることもあれば、ダライ・ラマ治下のチベットのように神権支配である場合もある。非暴力支配的かつ非臨戦的な社会の多様性とその性格を決定する要因とを一瞥するだけで、本書に予定された紙数を越えてしまうことは明らかである。しかしここで触れておかなければならないことは、その存在形態を軍事組織では規定できない社会が存在するということである。

十九世紀英国の傑出した歴史家シーレイ[七]は、一国内における自由の総量は、それに加えられる外国からの圧力に反比例するという「法則」を提起した。この命題の難点は、自由という言葉の意味が不明確であることにある。何を許し何を禁ずるかは、社会によって異なる。またどちらの社会の方が自由が大きいかを決定することは非常に難しい。ある社会では性的行動はほとんど規制されないが、支配者に対する批判は強く抑圧されており、別の社会ではその反対であった場合、その一方を自由とし、他方を不自由とするのは、非常に恣意的である。ひとは慣れた抑圧は受け容れやすいが、他の社会でなされている抑圧は暴虐と感じるものである。イリヤ・エレンブルグ（八）がアメリカはロシアよりも自由でないと考えたのは、アメリカでは男が妻以外の女性とホテルにいる場合には、官憲はドアを破って侵入し二人を寝台から引きずり出すが、ロシアではそのようなことはしないからであった。ヒトラー時代のドイツの方がヴィクトリア朝のイギリスよりも自由であると言うことも可能である。なぜなら、現代の水準から言えば、ヴィクトリア朝の人間は「慣習の奴隷」であり、女性は後見人に束縛され、賃金労働者は雇用者の暴君的支配を受けていたからである。イギリスにおいて政治的自由が可能であるのは、フランス人が常に感嘆するほど頑固に、慣習に固執するからであるということもできる。また議会制政治のもとで、成人には市民権を与えられて生きているイギリス人よりも、皇帝の支配の下のロシア人の方が許容される行動の選択範囲が広かったということも可能である。あるロシア人がジョン・メイナード卿に言った。「イギリス人は全員が精神の拘束衣を着ているから、イギリスには警察は不要である」と。さらに、ある人にとっての自由は、別の人にとっては不自由であることがある。企業の所有者が工場を閉鎖する自由を持てば、それがその社会の主要産業である場合には、被傭者はその地方に永住する用意をする自由を失うことになる。結局、人は自分以外には、嫌々ながら自由を与えるのである。だから「自由を愛した」アテネの婦人よりも、規律の厳格なスパルタの婦人の方が、より大きな自由をもっていた。以上の論議から、次のような結論が必然的に生まれる。厳密に科学的な基礎に立てば、社会Aで禁止されていることは、すべて社会Bにおいても禁止され、社会Bで禁止されていることの内、幾つかが、社会Aでは許されている場合に限り、社会Aは社会Bよりも自由であるといえる。このようなことが、頻繁に見出されるわけではないことはもちろんである。そうでない場合、我々は倫理的な基礎に基づいて、ある種の自由は正しくかつ不可欠であり、ある種の自由は非本質的であり、場合によっては非難さるべきものであるという判断から、相対的な自由の大きさを判断する以外にはない。このことは、シーレイの「法則」の本質的部分を無効にするものではない。置かれていた環境の制約から、彼が「自由」という場合、それは政府による統制や、恣意的な支配からの自由を意味した。そのような再解釈を加えれば、この法則は、戦争状態の苛烈性は政府の統制を強化し独裁制を誘発するという、我々が第5章においてすでに行った一般化と、ほぼ同じになる。

この法則は、代議政体は外敵の激しい脅威に曝されていない国においてのみ繁栄するということを意味していると理解することも可能である。大まかに言えば、大規模な社会に関する限り、これは正しい。西洋近代の史実はこの見解を支持するように見える。代議政体が中断されることなく栄えたのは、大英帝国の海軍と海洋とによって守られていた島国英国と、英国の昔の植民地においてのみであった。議会制度を英国と同様に激しく求めた唯一の国はポーランドであったが、この方は滅ぼされてしまった。中部ヨーロッパでは、独裁的、中央集権的、軍事的国家のみが生き残り得た。「法の支配」とは、少なくとも重要な決定事項に関しては、服従は一般的法令に従って行われ、恣意的な命令が発せられる余地が小さいことであるが、このことは権限が制限されることを意味しており、極端な独裁制とは相容れず、代議政体とは強く結びつく。したがって自由という語を、「法の支配」、代議制度、政府による統制の制限を意味するものと解釈すれば、シーレイの「法則」は全く正しいと言える。

問題全体を分析するためには、社会構造を的確かつ明瞭に描写するための基礎となる、一般的概念枠組みが不足している。この欠陥は、社会構造全体を問題にすることによってのみ克服しうる。そこで筆者は二、三の不十分な指摘を行うに止めざるをえない。

スペンサーが産業型社会と言う場合、彼は単に軍事型社会、もしくは臨戦的な社会の対極として言っているのではない。明らかに彼は当時のイギリス社会に似た社会を心に描いていた。それは商業的かつ放任的であり、自由な契約に基づき、自由な意志に基づく流動的な社会であった。（人民の強制的な移動は専制国家の共通の特徴であるから、「自由意志に基づき」流動的であることが重要である。始皇帝、アッシュルバニパル王（九）、インカのパチャクテック（一〇）、ヒトラー、スターリンなどが行った人民の大規模な移動を想起せよ。）スペンサーが考えた社会は非暴力支配的で非臨戦的であったに違いない。そうでなければ、そのような社会は存続できないはずである。十九世紀のリベラリズムは、平和の永続がなければ花開くはずはなかった。確かにこの時期は植民地拡大の時期であった。その結果犠牲となったものがどのように荒廃しようとも、それはヨーロッパ諸国が片手間におこなった征服戦争であり、その全精力を傾けて行われたものではなかった。当然リベラリズムの主要な拠り所は、外敵の侵入から安全に守られたブリテン島であった。ヨーロッパの拡大鏡とフェレーロ（一一）が呼んだアメリカは、開かれた、流動的で自由な社会の将来を、より高い程度で表現して見せた。アメリカもまた深刻な軍事的努力を行なう必要はなかった。

誤解を避けるために付言すれば、他に適当な用語がないまま、筆者が開かれた流動的で自由な社会と呼んだものが、緊密な軍事組織が存在しない社会には何処にでも必ず生起すると考えているわけではない。緊密な軍事組織が存在しないことは、そのための必要条件の一つにすぎない。もう一つの不可欠な条件は暴力支配性の程度が低いことである。しかし非暴力支配性と非臨戦性とが結合したとしても、開かれた自由で契約による社会が、必ず実現するとは限らない。多くのことが経済的状況によっているのである。停滞的もしくは後退的な経済情勢においては、有利な地位に就いている者は、それを独占し、閉じた集団を形成して、よそ者をすべて排除しようとする傾向がある。自発的で高度の社会的移動性は、集団が新参者を悦んで受け容れる場合にのみ、あり得るものである。それは消費の増大が生産の拡大よりも一層重要であると、一般に考えられないかどうかによって決まる。このことはさらに詳しい説明を必要とするが、ここでそれを行うことは不可能である。

注

（1）この一連の環境は社会構造を決定する最も重要な要因の一つを形成する。筆者はそれを調和（concord）と呼ぶことにする。

第9章　階層間の移動

ピティリム・ソローキン[一]は社会移動に関する基本的な著書の中で、戦争が垂直的移動[二]（筆者はそれを階層間の移動と呼びたいと考える）を生み出すという考えを示した。筆者はこの考えに基本的に賛成である。しかし、それには戦争の性質にかかわる多くの問題が存在する。階層分解を起こしていない部族間の戦争は、一方が他方を服従させることがない場合には、そのような効果をもたない。この種の戦争は、文字をもたない民族の間には非常にしばしば発生する。狩猟や採取経済の段階にある民族にとって、戦争は儀礼的魔術的色彩を帯びており、征服の可能性は考えられていない。他方征服に終わる戦争は、すべて階層間の大規模な移動を生み出す。それが階層分解を起こしていない部族同士の戦争である場合には、そこで階層のピラミッドが創られ、征服者は普通の人から主人の地位に昇ることになる。（その例は東アフリカにおける幾つかのハム族の王国[三]の創立である）。征服された部族がすでに階層分解していた場合には、その上に階層が一つ付け加わる（その例は、吐蕃[四]による中国北部の征服、イギリスによるインドの征服である）場合もあり、旧支配階級は全体として階層を下げられるか、皆殺しになる場合もあり、替わってその地位に征服者がつくこともある。（その例はノルマン人によるイギリスの征服[五]、ナチスによるポーランドの征服[六]、トルコ人によるバルカン半島（七）の征服である）。征服が敗北民族の多少とも完全な殺戮もしくは追放を結果することもあるのは言うまでもない。（アングロ・サクソン人によるブリテン島の征服（八）、ヨーロッパ人による北アフリカの征服（九）、スラヴ族によるイルリアの征服（一〇）がその例である）。最後に挙げた可能性が起きる場合には、死者と言う階層を設けるのでなければ、階層間の移動とは言い難いが、追放の場合には高い地位を得ていた者の階層を常に低下させ、避難先で同等の地位を得ることを不可能にする。同様に戦争は奴隷狩りを伴っている限りにおいて、階層間の移動を引き起こした。それはカナダの沿岸部に住むクワキウトル族（一一）にも、またフィリピンのバゴボ族（一二）のような、征服を行わない、かなり単純な社会にも起こりえた。従属化はその徹底性に違いがあり、したがって階層間の移動を起こす度合にも相違があり、さまざまな形態をとって行われた。敗者全員が奴隷もしくは農奴になる場合もある。（例えば、ポルトガル人によるブラジル（一三）の植民地化やドーリア人によるペロポネソス半島（一四）の征服）。これと対照的であるのは、近代ヨーロッパ人が最近まで行なっていたやり方で、従属化は非常に穏やかに行なわれた。そこで行なわれたことは、人民がこれまでとは違う政府に租税を納入するということだけであった。統治を行なっていた者、それも最高の地位にあった者だけが、その地位を奪われ、他の人民は職業や財産等もすべてこれまで通りとされた。その結果、階層間の移動に与える影響はごく僅かであった。特にその当時は官職に就く者の数が少なかったため、一層僅かであった。時として従属は、ペルシアによるフェニキアやギリシア諸都市の征服（一五）の場合のように、領主の地位の承認と貢納物の支払いのみを意味した。ローマ人がガリヤ地方を征服（一六）し、サラセン帝国がスペインの西ゴート王国を征服（一七）した場合のように、征服者が頑強に抵抗する旧支配者階級出身者を処刑したり、身分を落としたりすることもあったが、他の者は旧来の地位を保証された。旧来からの支配者が階級を落とされ、処刑された後に、征服者の統治機構の中で、従属に適合的な被征服民の下層から抜擢された者が据えられることもあった。（ソヴィエトによる東ヨーロッパの征服[一八]、インカによるペルーの征服[一九]がその例である）。

戦争が階層間の移動を助長するもう一つの途は、社会構造を転位させることによる。激しい戦争は、様々な財貨の相対的な価値を大きく変化させ、ある者を金持ちにし、ある者を貧乏にする可能性がある。それはある種の技能の価値を高め、貯蓄を零にし、人間の善意を破壊し、ある種の市場を閉鎖し、他方で新しい市場を開く。そのような混乱はすべて、社会的階梯上の個人の位置を変化させる。さらに社会を構成している集団が閉ざされている場合には、階層間の移動性は低い。閉ざされているということは、秩序が存在することを意味し、急激な振動が起きると、社会の秩序が保たれていてもそれに亀裂が生じ、その亀裂を伝わって、野心家が上昇していく。第一次大戦後のドイツや第二次大戦後のフランスにはこの種の結果の事例が見られる。

戦争は疑いもなく軍隊内部にも階層の移動を生み出す。平和時には兵士の能力に対する真の意味での評価基準は存在しない。したがって昇進は年功に追従と依怙贔屓とを加えた基準で行なわれる。その上平和時には軍事的才能が浪費されているか否かについて、関心を持つ者は一人もないが、戦時では、特に激しい戦の場合には、最も有能な人物を発見することが至上命令となる。永く平和が続いた後で戦争が起きる場合、指揮者の大規模な移動がよく行なわれるのはこのためである。今次の大戦でスターリンが行った移動は、実に大規模であったが、同様の事例は史上に多く、その一つを挙げれば、イエナの会戦[二〇]後にプロイセンで行なわれた移動である。多くのことが、戦争の過酷性、敗北の切迫性、その結果の恐怖にかかっている。十八世紀のヨーロッパの専制君主によって行われた、また中国であらゆる時代に行われた、遊技としての戦争の場合には、指揮官は年老いた公爵や怠惰な廷臣、その他身分の高いお偉方で十分であった。したがって戦争はその激しさに応じた階層間の移動を生み出すと言うことができる。

軍隊内部における階層間の移動を生み出すもう一つの要因は、階級ごとに死亡率が異なることである。高い階級における高死亡率は、他の昇進を早める。それが存在するか否かは、戦術、装備あるいは戦闘に関する規定等々に依存する。通常は兵士から下級士官に昇るにしたがって死亡率は上昇するが、それ以降は低下し、将軍になると非常に低くなり、戦死せずに退役となる。軍隊が国民のごく小部分を含むのみで、その成員の補充は国民の階層構成にしたがって行われる場合、死亡した兵士のあとは他の農民で、士官のあとは貴族で、将軍のあとは王族によって埋められた。（それがナポレオン戦争以前のヨーロッパで行われた方法であった）。この場合には、死亡率が違うことは階層間の移動には何の関わりもない。軍事参与率が高い場合には、そのような補充の方法は不可能である。補充が常に最も低い階級に対して行なわれる場合には、階級ごとにその発生率が異なっていてもいなくても、死傷は昇進の速度を速める。（第二次大戦に参加した国はどこでもそうであった）。

戦士が社会の上層を形成している場合は、死傷率がその階層の再生産率を上回る場合にのみ階層的上昇が助長される。このことはバラ戦争(二)当時のイギリスのように、実際に起きる場合もあり、十二、三世紀のフランスやドイツのように、起こらない場合もある。読者は統計がないにもかかわらず何故このように言えるのか疑問に思うかもしれない。しかし当時の貴族が所領を求めて国内を徘徊して廻っていたことを知れば、彼らが過剰であったことを知るには十分である。十字軍(二二)が組織されたのは、主としてこの過剰の故である。もし継嗣のいない所領について語られることが多ければ、この反対のことが起こっていたに相違ない。

すでに若干触れたように、君主制は階層間の高い移動性と密接に関連している。独裁者の権力の主要な柱は、地位を昇降させる能力にある。原則として処罰は降格の前提である。彼がその能力を失うか彼の補助者が独自の存続を可能にしたとき、それが世襲のものであっても、互選で手に入れたものであっても、独裁者の権力には陰りが生ずる。寡頭制への移行を防ごうとする支配者はすべて、新しい協力者を出身階層の低い新人に求める。彼らは支配者の権力の拡大の中に自らの昇進を見出すのである。この例として、史料のあるものを二、三あげれば、フランスのブルボン王朝(二三)、ロシアのロマノフ王朝(二四)、アッバス朝(二五)のカリフ、インドのムガール(二六)帝国、西アフリカのダホメの諸王(二七)などである。これらはいずれも出来るだけこの政策によって権力を保持しようとした。これは国家のみでなくあらゆる組織について当てはまる。頂点に立つ者の権力は、他人の地位を昇降させる能力を基礎にしている。階層間の移動がその他の要因、なかんずく人口学的要因によっても決定されることは言うまでもない。しかし他の条件が等しければ、服従の程度は階層間の移動と共に変動する傾向がある。このことから、服従の程度の高い軍隊は階層間の移動が高いことになる。

民主主義もまた階層間の移動性を高めると言うことが可能である。なぜなら民主主義は大衆が指導者を選出する能力を持つことを意味するからである。それはその通りであるが、民主主義には社会的不平等を是正する傾向もあり、社会の階層化の程度は、そこにおける民主主義の不完全さの程度に相応している。階層が存在しない社会には、階層間の移動も存在しない。寡頭支配は高度の階層性と低い階層間の移動性を結合し、常に自らを閉鎖的にして、参入も排除も共に拒む性質がある。

以上に述べたことから結論を導く場合に忘れてはならないことは、階層間の移動性は軍事以外の経路を通じて起こることがあり、臨戦性の度合は社会ごとに異なるということである。国家がまさに行進しつつある軍隊のようであり、支配階層が完全に臨戦的であったオスマン人の社会では、階層間の移動は必然的に軍事的経路を通じて行われた。それに対してイギリスでは、クロムウェル[二八]政体の解体以降、軍隊は階層的上昇のためには役に立たなくなった。ホーエンツォレルン[二九]家支配下のドイツにおいても、企業の作用に比較すれば、その効果は大きくはない。軍事組織に起きた変化が階層間の移動全体にどのように影響を与えるかは、社会生活の他の局面に何が起こるかによって決定される。軍隊における階層間の移動性が強化されると、他の上昇的経路が閉ざされるために、全体としての階層間の移動性の低下と結びつく可能性がある。例えばローマ帝国では、商業を通じての階層間の移動の経路は、三世紀以降大いに減退したが、軍隊を通じての上昇の経路は大いに拡大した。したがって全体として拡大したか減少したかを確定するためには、大規模な歴史的研究が必要である。(本書補論所収の筆者の論文「垂直的移動と技術進歩」参照)。さらに臨戦性が拡大する過程が何を生み出すかは、それまで軍事権力とは無関係であった部門における状況に依存している。このことを心に留めながら、以下に軍事組織の形態が与える影響について検証する。

タレンシ型およびマサイ型の軍事組織は階層間の移動を助長することはほとんどない。そもそもこれらの型の組織は、階層を生み出さないのである。しかしこの型の軍事組織を持つ社会においても、それが非暴力支配的で非臨戦的である場合には、他の原因から階層構成が発達する可能性がある。騎士型およびスパルタ型の場合には、軍事参与率が低いために、階層を生み出す影響を持つが、服従性の度合が低いため、階層間の移動を助長することはない。それはむしろ寡頭支配を生み出す。

職業戦士型の組織は、軍事参与率が低いために急峻な階層構成を生み出す傾向があるが、服従性が高いため、階層間の移動性を例外的に高いものにする場合がある。オスマン帝国[三〇]の場合がそれである。(前掲の筆者の論文を参照)。しかし支配者の権力が減少し、軍事組織が半ばスパルタ型に近づく(例えばローマの執政制[三一]の発達のように) 場合には、階層間の移動性は低下する。執政制下ではすべての部隊が世襲化する傾向がある。(例えば、ストレルツィー制度[三二]やトルコのジャニサリー制度[三三]がそうであり、エジプトのマムルーク制度[三四]も最終的にはそうなったのである)。

一般徴兵型は服従性が高いために、階統構造を生み、他方において階層間の移動性を高める。この移動性は、高い軍事参与率が生み出す平坦化傾向によって一層強化される。

第10章　軍事組織の類型と社会構造の類型

1　予備的考察

これまで明らかにしてきた、社会構造の類型と軍事組織の類型との対応の問題について、事実に関する資料をより精査するに先立ち、軍事組織の形態の分類に用いた、三つの変数の結果について、ここで一瞥することにする。

まず第一に、軍事参与率は階層構成の急峻性に影響を与えるが、その効果は抑圧装置の存在によって緩和される。他の条件が等しければ、抑圧装置が大きければ大きいほど、階層構成は急峻になる。次に軍事参与率は政府の干渉の程度に影響を与える。第三に、軍事参与率は、他の二つの変数の影響が及ぶ範囲に影響を与える。

軍隊の凝集性は政治団体の凝集性を生み出す傾向がある。

軍隊における服従は政治団体全体における服従を生み出す傾向がある。服従は階統構造を結果するために、階層構成を発達させるが、他方ではそれを平坦にする傾向もある。階層間の移動を促進するからである。

以上の原則を再確認した上で、事実についての資料をより詳しく検討することができるが、ここで筆者はくり返しの誹りを恐れず読者の注意を再度喚起したいのは、社会が非暴力支配的、非臨戦的になればなるほど、軍事組織の特徴を反映しなくなるということである。

タレンシ型の軍事組織は、高い軍事参与率と低い凝集性と低い従属性によって特徴づけられる。それは、内部が部分に分かれておらず、組織的でない、平等な社会に見られると考えられる。軍事参与率が高いことは、武器を独占することによって特権を手にする可能性のある戦士階級が存在しないことを、また服従性が低いことは、その保有者を一般民衆の上にでることを可能にする命令権が存在しないことを意味している。そのような社会に存在する凝集性は、(タレンシ(一)族の場合のように)広範な親族としての結合から、あるいは(北アフリカの辺境地帯の住民や南アフリカの植民遊牧民のように)文化的類似の自覚から、あるいはその両者から生まれ、それにさらに別の要素が加わることもある。この類型の軍事組織は、真の意味での政府が存在しない所にだけ存在しうる。なぜなら有効な政府が行う最初の仕事は、つねに防衛の組織化であるからである。したがって、このような社会は、他の類型と混じり合って、小規模な社会にのみ存在しうることは明らかである。何となれば社会の成員が多数になれば、組織化した政府が必要になるからである。さらに、この種の社会は、激しい戦争がしばしば行なわれる条件の下では存続できない。その場合には統率と訓練とが不可欠であるからである。これは一見するとアメリカの開拓者の事例と矛盾するように見えるが、よく考えると矛盾してはいない。たしかに彼らはほとんど常にインディアンと戦っていたが、彼らは技術的に優れており、人数も多かったために、緊密に結合した集団を結成することを強制されなかった。その点でユーラシア大陸の草原地帯で、同様の立場にあったコサックとは異なっている。同様に、特殊な条件によって説明されるごく少数の例外を除けば、この類型の軍事組織は、通常山岳や砂漠といった、外部から接近しにくい地帯に存在する（タレンシ族、エスキモー、オーストラリア原住民など）、小規模な孤立した部族で発見される。そのような社会の一般的な特徴である階層の欠如と政治的非組織性とは、十九世紀初頭におけるアメリカのアパラチア山脈以西の諸州に特徴的であった。そこでは各人が自分の銃を所持し、常備軍は非常に弱体であった。これが開拓者の社会を形成した最も重要な条件の一つであり、今日にも及ぶアメリカ文明全体の特異な性格を形成している。社会構造の最高度の流動性、中央政府がもつ異常な重要性、粗野な個人主義、極度の平等主義、保安官が発揮する荒々しい正義とリンチなどは、強大な訓練された軍隊と組織の整った行政機構とを保持する政府の下では、生き残れなかったものである。この二者は、もし合衆国が深刻な外的脅威に不断に曝されていたならば、不可欠であったはずである。

マサイ型の軍事組織は、凝集性が高い点でタレンシ型とは異なっている。軍事参与率は同様に高く、従属性は低い。それは規模が小さく、階層化されていないが、非常に民主主義的なものであったとしても、明確な政治組織を持つ社会に見出される。そこにおける凝集性は、絶え間ない戦争の結果必要となった軍事的凝集性の結果である。この類型が規模の大きな社会には存在できない理由は明らかであり、それは大規模な軍隊の強固な凝集性は服従を通じてしか可能にならないからである。地理的に言えば、このような類型の軍事組織を持つ社会は、草原地帯や海岸など、外部から容易に接近できる場所にふさわしい（例えばマサイ族[二]であるとか、ロシア陸軍に編入される以前のコサック[三]、古代のクレタ島の海賊のように）。そのような社会を枚挙するのは単に煩わしいのみである。なぜなら、実際に規模が小さく好戦的な社会は、ユーラシア大陸においても、アフリカ、あるいはアメリカにおいても、すべてこの類型に属するからである。このような社会は頭目を持つ可能性があるが、それは原則としてカリスマ型で、その権力は限定されたものである。人口の規模が小さく、大規模な人口の場合のような大きな権力は生まれない。もしそのような権力が存在するとしたら、それはつねに神官の権力であり、したがって軍事組織とは結びつかない。この類型に不完全に類似する社会、または神官と軍事指導者との癒着が両者を分けがたくしている社会が数多く存在するのは当然である（南アフリカのバンツー族[四]の多くの社会がその例である）。

職業戦士型の軍事組織は、低い軍事参与率、高い凝集性と高い服従性によって特徴づけられる。したがってそれが階層構成が急峻で専制的に支配されている社会で見出されるのは当然である。このような社会において凝集性が高いことには、必然的ではないとしても、根深い理由がある。場合によると、それは支配階級だけの問題であり、その他の人民は、ほぼ自己完結的で孤立した村落共同体内部で生活していることがある。したがってこのような社会の構造は同等の構造を持ち同等の機能をはたす複数の部分からなっている可能性がある（中央アフリカのキタラ王国[五]がその例である）。この類型の軍事組織はローマ帝国、中国の満州のような巨大な社会にも、またスフォルツァ家[六]支配下のミラノや他の傭兵隊長に支配されたルネサンス期のイタリア諸都市のような、ごく小規模の社会にも存在した。しかし一般にはタレンシ型やマサイ型の軍事組織が存在する社会よりも規模が大きい社会で見出される。したがって職業戦士型の軍事組織が存在する社会の方が、タレンシ型やマサイ型の軍事組織が存在する社会よりも、変化に富んでいることは驚くに当たらない。

職業戦士型の軍事組織を持つ社会は、まず第一に、次の二つに大別される。

（1）その凝集性が軍事以外の、例えば経済的相互依存関係とか国民感情などの事情に起源するもの（その例としては、ルイ十四世統治下のフランスや秀吉時代の日本があげられる）。

（2）その凝集性が完全に、少なくともその出発点においては完全に、軍事的理由によるもの（その事例は存続をモルタジーと呼ばれる傭兵隊に依存したカリフ制下のアッバス朝のである）。(七)

第二に、これらの社会は、軍隊と支配的階層とが一致する（例えばオスマン帝国のように）(八)か否かによって分類される。この内後者については、

（1）すべての戦士が特権的階層に所属し、それにはその外の類型の人々例えば神官や文人とも所属している場合（例えばラムセス王治下のエジプト）(九)と、

（2）士官だけが特権階層に所属し、下士官兵は非特権階層から徴集される場合（例えばヨーロッパの啓蒙専制君主制度のように）との二種類がある。

後者については、支配階級の地位は、前者に比較して安定性が低いことは既に指摘した通りであるが、さらに言えば、支配階級が存在しうるのは暴力支配性が不完全である社会に限られる。つまり希求対象物の配分が裸の暴力のみによって決定されるのではない社会においてである。階層間の移動性は、職業戦士型の軍事組織を持つ社会においては、上昇する傾向があり、場合によると、オスマン帝国、ムガー

ル帝国、カリフ制下のアッバス朝のように、極端に高くなる。この点に関しては筆者の論文を参照されたい[一〇]（前掲本書補論参照）。

他の条件が等しければ、政府による規制の程度は、軍事参与率と一致して変化することは、既に見た通りである。そこで職業戦士型の軍事組織を持つ社会においては、規制の範囲はかなり限定されたものとなる。しかしこれは絶対的な法則というわけではない。なぜなら政府による規制の範囲は、非軍事的な要因の影響をも受けるからである。政治構造は独裁的であるが、それは表面にとどまり徹底したものではない。それを皮相的独裁制（crest-autocracy）と呼ぶことにする。イスラム社会は、ほとんど例外なくこの類型に属する。

スパルタ型の軍事組織は、低い軍事参与率と、高い凝集性と低い服従性とによって特徴づけられる。その典型は貴族共和国であり、階層構成が急峻で、高度の凝集性と支配階層内部における平等性という特徴をもっている。これらの内、第一に上げたものは、低い軍事参与率と関連しており、他の二者は関連する軍事組織の特徴を反映している。規模の大きな社会において、この種の軍事組織が純粋に近い形で発見されることはない。なぜならば高度の凝集性と階統構造の欠如とが両立するのは、それに含まれる個体の数が小さい場合に限るからである。大規模な社会においては、特に通信手段が未発達である場合には、服従関係のピラミッドが少しでも平坦になる場合には、政治的解体が、少なくとも部分的には、起こっているはずであるからである。このことから理解されるように、この類型の軍事組織は、貴族的都市（nobiliary polis）とでも呼ぶべき形態の社会でのみ発達した。そこでは特権を付与された戦士が互いに近接して生活し、彼らの農奴を集団的に支配した。その代表的な事例がスパルタとクレタ島に建設されたドーリア人の国家（一一）とであった。

騎士型の軍事組織は、低い軍事参与率、低い凝集性および低い服従性によって特徴づけられる。通常これに伴う政治形態は、貴族共和制である。場合によるとそれは名目的には独裁制であることもありうる。しかし貴族的都市とは反対に、ここでは貴族は広範囲に散らばっており、各自の臣下を集団的にではなく、個別的に支配している。この体系を領主的共和国 (seignorial republic) と呼ぶことにする。この社会は全体として、低い軍事参与率と結びついた急峻な階層構成、低い凝集性と支配階層内部での平等主義によって特徴づけられる。この種の社会の最も純粋な事例は、中世末期のポーランドおよびハンガリー、同時期のドイツで「自由貴紳」（一二）によって支配されていた地方、十三世紀前後のインドにおける戦士カーストのラジプート国家（一三）、およびペルシア王国であり、とくにポーランドである。これらの社会を封建的と呼ぶのは正しくない。なぜなら、封建的という用語は厳密には、主人と従者との結びつきから派生する法律的関係を意味しているからである。これは規律の問題でもあるとも言える。封建的階統構造の内部では、規律は原則として官僚制の場合よりも、緩やかである。そうして、規律がある限度をこえて強化された場合には、封建国家は官僚制的独裁になり、その軍事組織は職業戦士型（軍事参与率が同時に上昇する場合には一般徴兵型）に変化する。また規律が十分に弛緩した場合には、階統構造は実質的には解体し、国家は領主的共和国に、軍事組織は騎士型に変化し、これを理論的に究極にまで推し進めれば、国家は粉砕されてしまう。したがって、封建制度は、中央集権化された官僚制と半独立的な多数の領土の存在という、政治組織の両極端の間の移行領域であり、軍事的側面から言えば、職業戦士型と騎士型の軍事組織の中間に位置する。

戦士である貴族とその従者との間の関係、彼らの土地に対する権利をめぐる法律関係は、さまざまな形態を取りうる。土地はポーランドやハンガリーのように、貴族の完全な私有地 (allodial) である場合もあり、西ヨーロッパのように封土 (fiefs) と考えられた場合もあり、ロシアやインドのムガール帝国のように単なる世禄 (beneficia) と考えられた場合もある。農民は自治的な村落に居住し、インドの場合のように非常に高率ではあっても公租の支払のみを求められる場合もあり、西ヨーロッパの場合のように、領主の荘園に組み込まれて、自分の耕地の外に領主の私有地を耕作することを強制される場合もある。また単なる労働者である場合もあり、ブラジルの植民地のように奴隷である場合もある。領主の法的権限にも大きな差違がある。しかし軍事組織に関する限り、その差違が問題になるのは、それが戦士階層の内部構造に影響を与える場合だけであり、一方における貴族の法的権限の範囲および彼らの土地保有権の確実性と、他方における彼らの支配者への従属の度合いとの間には、大まかに言って逆の相関関係が存在する。封建的ピラミッドが平坦になるにしたがって、通常は封土は私有地に移行する。

封建的という語はしばしば意味が歪曲され、単に大衆を搾取するという意味に用いられる。そのような言葉の誤用の功罪を論ずるのは時間の無駄であるが、それを武器を独占する戦士階層が武器を持たない大衆を支配するすべての社会に適用するのは不適切であると考える。古い言葉の意味を歪曲して新しい概念を表現しようとするのは混乱のもとであり、危険である。それよりも新しく造語するほうがはるかに望ましい。戦士階層が武器を持たない大衆を支配している社会の類型は非常に多いから、これには武家型（bookayan）という名称を与え、支配している階層を武家と呼ぶことにする。この名称は戦士貴族をさす日本語の武家という言葉からきている。武家型社会は貴族的都市国家である場合もあり、領主的共和国である場合もあり、専制君主制度である場合もある。またその軍事組織は、職業戦士型である場合もあり、スパルタ型であることもあり、また騎士型である場合もある。

騎士型の軍事組織は、スパルタ型よりも大規模な社会で見出される。なぜならば、成員の数が大きい場合には、低い服従性が低い凝集性を生むからである。

一般徴兵型の軍事組織は高い軍事参与率、高い凝集性および高い服従性によって特徴づけられる。それは通常以下の特徴を持つ社会で見出される。

（1）高い軍事参与率と高い服従性との結びつきが、社会的不平等を平坦にする傾向がある。しかしそれは高い服従性が生み出す階層化的傾向によって均衡を保っている。

（2）軍事参与率が高いことと関連して全体主義化する傾向がある。

（3）政府は独裁主義的である。

（4）凝集性の高さは、インカ帝国のように単に政治的軍事的凝集性の高さの反映である場合もあるが、ナチス支配下のドイツのように、民族的自覚あるいは経済的依存に原因がある場合もある。

（5）独裁政治に関連する高い階層間の移動性。

このような社会の最も純粋な事例はソヴィエト帝国（Soviet Empire）である。この形態の軍事組織が最も適合的であるのが全体主義的、官僚制的専制主義であることは疑いを容れない。過去に存在した社会でこの種の軍事組織を持っていたものは、すべてこの類型に属する。秦王国、漢代および唐代の中国、インカ帝国、古代エジプト古王朝、大化改新後の日本、アユティア王朝時代のシャムがそれであるが、(一四)この内で秦とインカの二国が純粋に一般徴兵型の軍事組織を持ち、最も独裁的で全体主義的であった。

近代においては政治構造が民主的で自由主義的な国家が、一般徴兵型の軍事組織を持つという批判があろう。筆者がこの批判に答える前に、読者はこの自由民主主義と呼ばれる政治構造がいかに歴史の浅いものであり、不完全かつ脆弱なものであるかを想起して頂きたい。「自由」という形容詞は、市民の勝手であると考えられている市民生活のある領域に国家が介入することを嫌うことを意味することを付言する必要がある。また政治学的論争の中で、民主主義と自由主義とは混同されてはいるが、両者は決して同一のものではないことも想起されなければならない。多数決原理は、高度に独裁的になり人民の自由を完全に無視することがあり得る。古代ギリシアの民主主義がそれであり、そこでは奪うべからざる自由という観念は意識されなかった。軍務の拡大はある意味で民主主義を育てる可能性がある。それは確かに政治的権利の一定度の平等化を意味する。しかしそれが自由主義にとって適合的であると信じる理由は全くない。それが成長するのは全く別の原因による。しかし民主主義そのものに立ち返って論ずると、驚くべきことには、大規模な国家に関する限り、この政体は最近のものなのである。その中で、若い国にもかかわらず民主主義的な憲法の歴史が最も長いのはアメリカ合衆国である。イギリスの憲法は原則だけでも民主主義的になったのはようやく十九世紀の八〇年代になってからである。フランスは第三共和国の確立をもってやっと民主主義になった。それ以前の試みは失敗に終わっている。イタリアの国家はサヴォイ王家(一五)の支配が一般人民の蜂起から出発していたため、初めから議会制度をとったが、それは依怙贔屓と賄賂にまみれており、五〇年後にはムッソリーニに屈してしまった。ワイマール憲法は永続きしなかったので評判が悪い。ポーランドや他の東欧諸国では、議会制度を規定した民主主義的憲法が機能したのは僅か数年間だけであったし、ロシアでは全く機能しなかった。チェコスロヴァキアは例外的である。此処では元来の貴族は三〇〇年前にドイツ人によって根絶やしにされていた結果、チェコ人は武器や領主の高貴さに対して特別尊敬心を持たなくなっていた。地主や資本家は多くの場合国民の敵であったから、チェコ人の間では階級的対立感は希薄であった。さらに、東ヨーロッパの他の国々と比較すると、チェコスロヴァキアには独自の中間的階級が存在し、それが通常は議会主義の中心的支柱を形成していた。さらに例外的な繁栄を続けていたため、近隣諸国と違って、自暴自棄になっている人間が多数出現することもなかった。このことは、軍事的要因がすべてを決定するのではないことを示している。しかし、チェコスロヴァキアが極度に非軍事的であったこと、また民主主義が生命を保っており、中でも最も活発に活動しているのは、スイス、オランダおよびスカンディナヴィア諸国のような、脱軍事的で中立的な諸国であることは重要である。

アメリカ合衆国の民主主義的な憲法が創られたのは、筆者が既に指摘したように、軍事組織が基本的にタレンシ型であった時代であった。イギリスは実質的には脱軍事化し、その支配階級は非軍事的性格を持ったために、労働者階級と妥協したのである。一般徴兵型の軍事組織は、英米においては第一次世界大戦の最中に、半信半疑の内に採用されたが、そのことがもしこれらの国の政治生命に影響を与えたとすれば、それは第二次世界大戦後になってからである。フランス共和国は一般徴兵型の軍事組織が議会制民主主義と、かなり長期間にわたって共存した唯一の国家である。しかしこの事例も、この二者が本来適合的であるかどうかを立証するものではない。フランスでは一般に繁栄が続き、過剰人口の圧力も全くなく、民族的にも単一であったから、非暴力支配的な政治体系が生み出される条件は揃っていた。にもかかわらず第三共和制への最大の脅威は、共産主義政党が勢いを得る以前は、労働運動からではなく、軍隊から生まれたのであった。平等主義的な独裁制を主張するボナパルティズムの理想が大きな魅力を発揮した。ブーランジェ将軍（二六）が独裁者どしての地位を確立できなかったのは、彼にその勇気が欠けていたからである。したがってヨーロッパ史の中で最も平和な時代に、しかも人口学的特徴がフランスを非侵略的にしていたにもかかわらず、ブーランジェ事件が起きたことは、この場合にも、一般徴兵型の軍事組織が、その特徴を社会構造に注入する傾向があるからであると言える。

一般徴兵型の軍事組織が社会を全体主義的独裁制的な鋳型にはめ込む傾向があるということを立証する最も重要な証拠は、二回の世界大戦に参加した国家は、それが伝統として持っていた理想の如何にかかわらず、すべてこの方向に進んだということであり、また危機が去った後も、以前よりもさらにこれに接近しているということである。さらにソヴィエト帝国は先の大戦によっても、またそれに続く「冷戦」によっても、何の影響をも受けなかったことは、何よりも有力かつ驚嘆に値する証拠である。この事実は、この制度が近代戦の要求に完全に適合するものであることを示している。

2　変容の決定要因

人間が創り出す機構は、すべて不断の変化の過程にある。したがって軍事組織の形態の分類を提起した筆者は、その形態間の移行の問題を取り上げないわけにはいかない。その移行の諸相を検討する前に、推移を引き起こす要因を要約する必要がある。本書の前段はすべてその要因についての論議に宛てられたのであるから、ここで行うべきことはそれを我々が行った一般的分類と関係づけ、その基礎にある三つの変数の重さを決定することにある。軍事参与率は以下の要因によって決まる。

（1）最適の軍事参与率は、戦争の技術に影響を与える様々な条件によって決定されることは、既に述べた通りである。その中で最も重要であるのは、最も有効な武器の生産費用と生産能力との関係である。

（2）人間が持つ力を最高度に発揮させようとする傾向。人間の強さを決定するものは、軍事的努力の必要の緊急性であり、それはまた外敵の脅威の深刻さと人間の内に発生した好戦性の度合とである。

（3）支配階層がその地位を強固にするために武器を独占しようとする傾向。最適の軍事参与率が高い場合には、これが（2）で挙げた傾向に取って替わる。（2）と（3）の相互作用は階統構造間の変動に関連する。軍隊を強くするために軍務につく人の範囲を拡大しようとする支配者は、同時に戦士貴族に与えられた特権を制限する。階層が存在しない場合には内的征服への傾向が作用する。

（4）征服への傾向。征服が成功した場合は軍事参与率は低下する。なぜなら敵対的人民は服属するからである。例外は、被征服者が一団として軍事的に利用される場合である。しかし征服の過程が成功するためには、基本となる政治的単位において、より高い最適軍事参与率に近接することが要求される可能性がある。

服従性の程度は次の要因によって決定される。

（1）服従を生み出す戦争の激しさ。

（2）軍隊の規模。規模が大きくなればなるほど、高度の服従性が不可欠になる。

（3）警察力および行政技術等、使用可能な人民統制の手段。
（4）補給および給与について支配者が持つ統制力の強さ。
（5）戦争を未然に防ぐ手段の有効性。その領土的側面について言えば、攻撃力と防御力との相対的優位性。
（6）権力の中心の配置。それは服従度に対して、肯定的にも否定的にも影響する。その影響が否定的であったものが肯定的に変化する場合に、影響の大きさは拡大する。
凝集性の程度は主として以下の要因によって決定される。
（1）外部からの圧力。それが高まれば凝集性も高まる（シーレイの法則を見よ）。
（2）協働の必要性。これは勝利のために多少とも絶対的な条件となる戦術技術的条件に依存する。
（3）時間的距離で計った軍事単位の規模。他の条件が等しければ、規模が小さければ小さいほど凝集性は高くなる。
（4）服従性の程度。服従性は凝集性を意味する（しかし、その逆は正しくない）。服従性は独立変数とは考えられない。それを決定する要因はすでに指摘した通りである。服従性に影響を与えるすべての要因が凝集性にも影響を及ぼす。
（5）経済的依存性、文化的均一性およびその他の非軍事的な社会的紐帯。
（6）支配的な戦士階層である武家にたいする下からの圧力。それは場合によると武家内部での結束を固める。これは武家社会にのみ当てはまることであるのは言うまでもない。

3　移行の類型

軍事組織には六つの類型があるから、その内のある一つの類型から他の類型への移行には、三〇種類の類型が存在するはずである。静態的な類型が純粋な理念型であったと同様に、移行の類型も純粋な理念型であることを忘れてはならない。つまりそれが実際に起こるのではなく、現実にありうる移行は、他の類型に属する特徴を混交したものである。ここで挙げられた事例は、筆者が探し得た純粋な型に最も近い類似現象を示しているにすぎない。過去において現実に起こり、現在もまた起こりつつある極めて多種多様の軍事組織の変化は、これらの類型の内、複数のものの特徴を同時に含んでいるため、そのどれにも分類できない。しかしこの分類は、現実の持つ幻惑的な多様性を整序し、現実の事例を有限の要素の混合の程度に関連させて描写することを可能にするから、分析用具としては有用である。

以下に示すものが、移行の純粋な諸類型である。

I　タレンシ型（Ｍｓｃ）から騎士型（ｍｓｃ）へ

この類型に属する事例は発見できない。これが現実に起こるとは考えられないのは、以下の理由による。軍事参与率が低下するのは、（1）外部勢力か内部勢力（例えば政党のような）による征服の結果、あるいは（2）最も有効な軍事組織の採用を強制する環境が存在するために、最適軍事参与率が低下した結果、あるいは（3）国民の大部分が自発的に軍備縮小を行う場合、のいずれかである。この内（1）と（2）とは激しい闘争が行われることを意味しており、それは疑いもなく服従性と凝集性の程度を高め、職業戦士型に導かれる。（3）の可能性は、規模が大きく、平和が続き、外部からの侵略に対して安全である国家で実現されるが、それはタレンシ型や騎士型の軍事組織とは両立しない。

Ⅱ　タレンシ型（Ｍｓｃ）からマサイ型（ＭｓＣ）へ

この場合、含まれている変数は凝集性の程度であり、それは原則として戦争の苛烈さ、あるいは協働を不可欠にする条件の出現によって高められる。

例えばドニエプル河畔のコサックの出自は、逃亡した農奴や犯罪者が群れをなして草原をさまよっていたものであったが、周辺の国家からの圧力が加わるにつれて、自らを組織化し、凝集した団体を形成した。大草原北部のアメリカ・インディアンの社会は、馬が導入された結果、戦争の危険性が高まり、部族の組織はより緊密なものとなった。

Ⅲ　一般徴兵型（ＭＳＣ）から職業戦士型（ｍＳＣ）へ

この類型の移行は、征服の結果起こる場合がある。その結果、被征服者は武装解除され、征服者は軍務を自分たちだけの権利と義務であるとする。例えば中国を征服したモンゴル人（一七）がそれである。しかし軍事参与率の低下は、最適軍事参与率の変化によって、国民全体を軍事的目的に使用するのは得策ではないと判断された結果である可能性もある。これはエジプトやイスラエルに戦車（war-chariots）が導入された後に起こったことである。

Ⅳ　マサイ型（MsC）からスパルタ型（msC）へ

筆者はこの類型の事例を発見できない。この類型の移行がしばしば起こったとは考えられない理由は、Ⅰの場合と同じである。既存の社会構造が軍事参与率の低下に抵抗するのを排除するためには、一般的に言って、不撓不屈の軍事的努力を必要とする環境が必要である。それは服従を生みやすい。さらに外的にしろ内的にしろ、征服もまた服従を強化するからである。

Ⅴ　マサイ型（MsC）から一般徴兵型（MSC）へ

服従の度合を拡大する要因は数多く存在しうる。しかし、すでに激しい戦争を経験している未開社会にあっては、それは、原則として人口増加の結果である。人口の増加は単に出生数の拡大の結果でもありうるが、耕地がすべて占有されている場合には、それは大規模には起こりえない。征服が人口増加の通常の原因である。しかし征服が一般徴兵型の軍事組織の確立に結びつくのは、被征服者が征服者の政治団体に包摂される場合に限られる。もし被征服者が農奴もしくは奴隷にされる場合は、武装解除される必要がある。ズールー族（一八）やユーラシア大陸の幾つかの遊牧民の王国とモロッコのアルモハド王朝（一九）の建設がその例である。

Ⅵ　マサイ型（MsC）からタレンシ型（Msc）へ

軍事組織が凝集性を失うというのが、この類型の移行の本質であり、それは同時に政治的統合の解体を生み出す。これは通常は戦争状態の沈静化の結果発生する。例えば、フランスによって治安が回復した後の北アフリカのベルベル族（二〇）の共和国、宗主国によって服属させられた後の多くのバンツー族（二一）の部族、草原から永久凍土地帯に移住した後のチュクチ族（二二）がそれである。

Ⅶ　職業戦士型（ｍＳＣ）から一般徴兵型（ＭＳＣ）へ

この類型において、軍務の拡大は、戦争の圧力に結びついた最適軍事参与率の上昇の結果である場合がある。その例は一七五〇年から一九五〇年にかけてのヨーロッパ諸国である。この類型の移行は、外見上の独裁制から全体主義的独裁制への転換を促進する傾向がある。なぜなら軍事参与率の上昇は政府による規制の領域を拡大するからである。

Ⅷ　職業戦士型（ｍＳＣ）からスパルタ型（ｍｓＣ）へ

この類型の移行を引き起こすものは、経済の変化、権力の中心の配置の変化あるいは戦争状態の沈静化であり、それらは支配者の勢力を削減する方向に作用する。これが完全に実現するのは、小規模な国家においてのみである。なぜなら成員の数が少ない国家においてのみ低い服従性と高い凝集性とが両立するからである。その例はスパルタにおける事実上の共和制の発達である。規模の大きな国家においては、この類型の移行は中途までしか進行しない。それが親衛隊制度であり、その例はエジプトにおけるマムルーク朝（二三）である。なぜなら、服従性がさらに低下すると凝集性の喪失を生み、その結果は騎士型の類型に移行するからである。

IX　スパルタ型（msC）からマサイ型（MsC）へ

この類型の移行は最適軍事参与率の上昇の結果として起こる。その例はペルシア戦争（二四）の最中に起こったアテネの軍事組織の再編―大規模な海軍の建設―である。海軍には最も貧しい者でも勤務できるのである。その結果、平等主義的な水兵共和国が成立した。この事例は、奴隷および外国人居住者（metics）のことを考慮の外に置いているため、もちろん不十分なものである。

X　タレンシ型（Msc）から一般徴兵型（MSC）へ

この類型の直接的な移行として、筆者が発見しえた唯一のものは、複数の部族が連合して一国家を形成した場合に一般徴兵型の軍事組織をもった事例である。それはインカとズールー族（二五）による征服の場合であった。

XI　タレンシ型（Msc）からスパルタ型（msC）へ

この類型の移行の事例は、出自が中央アジアである諸部族（ラジプートの先祖にあたる）のインドでの定住である。強固な組織をもつ彼らの氏族は、緩やかに組織化されていた農民の間に軍事的植民地を形成して、農民たちを服属させた。その結果生まれた社会は、ドーリア人が形成した諸都市に酷似している。この場合、軍事参与率の低下は征服の結果であったが、闘争と戦闘の準備の必要から凝集性は強化された。

XII　マサイ型（MｓC）から職業戦士型（mSC）へ

XIII　タレンシ型（Mｓc）から職業戦士型（mSC）へ

この二つは非常にしばしば見られる移行の類型であり、征服による国家形成に関連するものである。それは当然軍事参与率の低下を生み、服従性の上昇は征服に先行あるいはその後から生まれる戦争の結果、すなわち政治的単位の拡大と反乱を鎮圧する準備の必要とである。例えばスーダンや東アフリカにおける多くの王国、南モロッコにおけるベルベル族の公国の建設がそれである。類似の事例は多いが、最も最近に起こったものである。

XIV　職業戦士型（mSC）からマサイ型（MｓC）へ

XV　職業戦士型（mSC）からタレンシ型（Mｓc）へ

これらの類型の移行は、初期的な征服王朝が統合を失い、再びもとの部族的単位に解体することにともなって起こる。これは多くのスーダンの王国に起こったことであり、ボーヌー[二六]のスーダンイスラム教カリフを中核にその周辺に取り巻いていた諸民族が、この類型の移行を行なった。またこの逆方向の移行は歴史上しばしば記録されている。その最も壮大な事例はインドシナ半島で起こったクメール帝国[二七]と、北アフリカのアルモハド王朝の崩壊である。

XVI　一般徴兵型（MSC）から騎士型（mｓc）へ

その典型的な事例は日本における封建制度の発達である。ここでは外敵の脅威がないという環境のために、凝集性と服従性とは衰退した。戦士階層はその内部で分化し、それ以外の人民を服属させた。その結果軍事参与率は低下した。

XVII　騎士型（msc）から一般徴兵型（MSC）へ

この類型は、「封建制度」が一般的徴兵制度に基づく中央集権国家に置き換わるのに関連した変化である。この過程は支配者の地位を強化する変化の結果であることもあり、また戦争の危機が拡大した結果である場合もあり、いずれの場合にも最適軍事参与率が高いというのが条件である。前四世紀、中国の秦代で商鞅[二八]が行なった改革および十八世紀初頭のエジプトでメヘメット・アリ[二九]が行なった改革がその例である。

XVIII　一般徴兵型（MSC）からマサイ型（MsC）へ

この類型の移行は大規模な国家では起こりえない。なぜならばマサイ型の軍事組織は規模が大きいことと両立しないからである。それに対して、一般徴兵型の軍事組織は、非常に小規模な社会には見られない。なぜなら、そのような社会では単独支配は永続しないからである。したがって、この類型は政治的分裂、つまり中央アジアにおける多くの遊牧民の王国の解体と相関する。

XIX　一般徴兵型（MSC）からタレンシ型（Msc）へ

XVIIIの類型について述べたことは、この類型についても当てはまる。ただ一つ違うのは政治的解体の程度がさらに進行し、遊牧民の戦士たちは草原地帯から森林地帯もしくは永久凍土地帯に追いやられて、これまでの生活様式を捨てざるを得なくなることである。

XX　スパルタ型（msC）からタレンシ型（Msc）へ

この類型は非常にめずらしい。なぜなら軍事参与率を高める要因（激しい戦争と単独支配）は凝集性の低下を許さないからである。さらにスパルタ型の軍事組織を持つ国家形態は必然的に規模が小さく、それ自体で解体することは考え難い。この変化を起こす原因として考えうるものは、侵略もしくは農奴の反乱による国家の滅亡のみである。その結果は未開の部族制度の復活であるが、筆者はその信頼するに足る事例を知らない。

XXI　騎士型（msc）からタレンシ型（Msc）へ

騎士型の軍事組織はかなり大規模な国家においてのみ見られるが、タレンシ型は小規模な国家においてのみ見られる。したがってこの類型の移行は、通常は政治的解体に付随してのみ実現する。しかしその過程は普通激しい闘争を伴うから、その結果、低い凝集性によって特徴づけられる軍事組織が生まれる可能性は低い。次に説明するマサイ型が生まれる可能性が高い。

XXII　騎士型（msc）からマサイ型（MsC）へ

この類型も非常にまれである。なぜなら大規模な国家の終焉は、通常は他の大規模国家による征服であるからである。自発的な解体はしばしば起こることではなく、原則として征服に限定される。騎士型の軍事組織が純粋に近い形で実現されることもまれである。なぜならこの型が最も一般的になるのは、緩慢に継続する戦争状態のもとにおいてであるからである。大規模な国家の場合、そのような状態になることはまれである。

XXIII　騎士型（msc）から職業戦士型（mSC）へ

この類型の移行は封建的徴兵もしくは貴族の義勇軍のかわりに忠実な専門的軍隊が成立する時に起こる。それは中央集権を強化するすべての要因、つまり封建制度に替わって、西ヨーロッパに職業的軍隊と絶対主義的専制君主制度が出現したことによって促進される。

XXIV　職業戦士型（mSC）から騎士型（msc）へ

この類型は征服国家の「封建化」の過程に関連して起こる。戦士たちは広い範囲に分散され、ことに被征服者との人種的融合が起こると、自分たちの団体精神を喪失し、臣下の忠誠を獲得して、支配者の羈絆から脱するようになる。その古典的な事例はカロリング朝を継承した国々の封建化の過程である。

XXV　マサイ型（MsC）から騎士型（msc）へ

この類型の移行が現実には起こらない理由は類型Iの説明で示した。この事例は発見できない。通常見られる中間的段階は職業戦士型である。これに最も近い事例は、カール大帝による北ドイツの封建化である。

XXVI　スパルタ型（ｍｓＣ）から職業戦士型（ｍＳＣ）へ

この類型の移行は寡頭制支配から単独支配制への移行に関連して起こる。それは非軍事的要因による場合もある。すなわちギリシア諸都市における独裁君主制の発生やマウルヤ朝(三〇)時代に北インドに存在した貴族制共和国の変化がそれである。

XXVII　騎士型（ｍｓｃ）からスパルタ型（ｍｓＣ）へ

この類型の移行の事例は存在しない。もしあるとすれば、それは政治的解体を伴っているに相違ない。なぜなら規模の大きな団体において凝集性が高まる場合、それに対応して服従性も強化しないことはないからである。

XXVIII　スパルタ型（ｍｓＣ）から一般徴兵型（ＭＳＣ）へ

これはすでに述べたように、専制君主もしくは専制君主たらんとする者と、寡頭制支配に対抗するために彼らを援助し軍事的に利用しようとする人民との間には同盟が生まれる傾向があることの結果である。その例は紀元前三世紀におけるスパルタのクレオメネスの改革(三一)である。

XXIX　一般徴兵型（ＭＳＣ）からスパルタ型（ｍｓＣ）へ

この移行はXXVIIIの類型の逆であって、支配者の権力を武装した寡頭制によって制限することに成功した場合に起こる。その例はクレオメネス王が没落した後のスパルタに起こった事件である。

XXX　スパルタ型（msC）から騎士型（msc）へ

筆者が発見したこの類型の最も純粋な事例は、マムルーク国家の脱中央集権化である。

上述した移行の諸類型がどの程度の頻度で起こるか、またどの程度の重要性を持っているのかは、それぞれ異なる。またそのどれもが逆方向の移行が可能であるわけでもない。すでに述べたように、タレンシ型、マサイ型およびスパルタ型の軍事組織は、非常に例外的な場合を除き、小規模の政治的単位としか両立しない。一般的な傾向として、社会は次第に規模が拡大し、複雑化していくことを考えると、上述の三類型から大規模な社会と両立しうる他の三類型への移行は、その逆方向の移行よりも、より頻繁に起こると考えるのが自然である。以下の記述を簡略化するために、規模の大きさと両立する軍事組織の類型を高次の類型、そうでないものを低次の類型と呼ぶことにする。高次の類型の軍事組織を持つ国家も低次の軍事組織をもつ国家と同様に、破壊される可能性がある点では違いがないが、それらは通常は同等の国によって併呑される。完全に解体され、より単純な形態に再編されることは非常にまれであり、例外なく一時的なことに過ぎない。

次に挙げる移行の類型は、最もしばしば起こるものである。タレンシ型から職業戦士型へ、およびマサイ型から職業戦士型への移行は、征服による第一次的国家形成の過程に関連している。その種の国家の解体による逆方向への移行もかなり頻繁にみられるが、前者ほどではない。職業戦士型から一般徴兵型への移行とその逆方向の移行とは、ともに非常に頻繁に行われ、その原因は多くの場合戦術的技術的なものであり、今後も起こる可能性がある。職業戦士型ないし職業戦士型－一般徴兵型と、騎士型－スパルタ型との間の運動は、独裁的中央集権制と「封建制」との間の往復運動に関連して起こる。それは大規模な農業国家の歴史に繰り返し出現する様相である。

第11章　革命

本章は革命の問題を全般的に扱おうとするものではない。それは筆者が現在準備中である著作「革命―その類型、原因および結果」の課題であり、ここでは幾つかの予備的考察をするにとどめる。

軍事組織の形態と革命との関係を論ずるに先立ち、革命の問題を正当的に取り扱う必要がある。慣例にしたがって、その定義から始めることにする。「革命」という言葉で筆者が意味しているのは、権力の暴力的で非合法的な転覆である。「非合法的」という場合、筆者自身がその過程を非難したいという意味を込めているのではない。権力の暴力的な転覆が、法律もしくは慣習によって許容されている場合と区別しようとしているにすぎない。古代のキタラ族(一)にあっては、王が病に倒れ、かつ自殺しない場合には、王国に不幸が及ぶのを防ぐために、王を殺すことがその息子に課せられた義務であった。このようにして行われる権力の転覆は、先に示した定義による革命には属さない。もちろんこのような概念の適用の限界は、他の社会学的用語がそうであるように、明確には確定できない。どのような場合に権力は確立していると考えられるのか、戦争と革命との境界をどこに画すか。例えばトンガでは、他のすべての部族を打ち破った部族が、慣習によって保証された優越性を獲得し、敗戦によって評価が覆るまではそれを保持し続けるのが普通であった。記憶されるべきことは、それが単に事実としての支配ではなかったことである。そのような優越性は、支配権もしくは権力と呼ぶべきであろうか。また明確な規則にしたがって戦われ、ある種の優越性の移動を生み出すような闘争は、戦争と呼ぶべきか、それとも革命と呼ぶべきであろうか。同様の質問は、隷属民によるアッシリア帝国の転覆についても、あるいは中世イタリヤの教皇党員と皇帝党員との闘争の多くの逸話に関しても、提起することができる。したがってこの場合も、我々はまず第一に明確な事例に注目しなければならない。

なぜ革命が起こるかという問題は二つに分けて考えられるべきである。第一の問題は、なぜ反乱が起こるのかということであり、第二の問題は、なぜそれが成功するかである。反乱の勃発とその成功との間には単純な関係があると前提してはならない。徳川時代の日本や中国北部の遼帝国(二)のように、一揆は年中行事のようにしばしば勃発したが、つねに鎮圧された例もある(三)。他方フランスのように、第一次世界大戦に先立つ一五〇年間に起こった深刻な四件の反乱のうち、三つは革命に発展した。

反乱の勃発は、かなりの程度まで暴力支配性に依存している。しかし同時にそれは、客観的な成功の見込みとは無関係な期待にも影響されている。成功を収めつつある反乱軍、あるいはそれに敵対する者にとって、彼らの希望をかきたてるイデオロギーが非常に重要であるのはこのためである。イデオロギー的要因は、革命が社会構造の変革を結果するか、あるいは単なる人の入れ替えに終わるか、を決定する重要な要素である。この点で、単に激しい変革を指して「革命」と呼ぶのは、非常な混乱を招く恐れがあると指摘しなければならない。

反乱の勃発は主として暴力支配性の結果であるが、それが暴力支配的な社会で成功するかどうかは、既存の秩序の支持者とそれへの敵対者との力のバランスに依存する。このバランスを決定する要因を指摘するためには、以下の質問にたいする解答を求めなければならない。それは、支配者集団の結合と活力とは何に依存しているか、意見の一致が存在するのは何故か、蜂起を消滅させる運動を組織しうる条件はなにか、これらの問題、あるいは同様に興味深い他の問題に対して、本書は解答を与えることはできない。したがって以下の説明は不十分である。

軍事的組織の形態は、かなりの程度まで権力の分布を決定し、それが反乱を成功させる能力の限界を規定する。さて革命は階層化された社会でのみ起こりうるから、タレンシ型もしくはマサイ型の軍事組織を持つ社会は、考察の対象外に置くことができる。なぜならこれらの類型の軍事組織は、階層化が未だ十分起こっていない社会においてのみ発見されるからである。数量的に明確にすることはできないが、大まかに言って、軍事参与率が高い社会においても、低い社会においても、大衆蜂起が発生する頻度は同じである。それは中世のヨーロッパや日本におけると同様の頻度で、中国にも起こっている。すでに見たように、中国では幾つかの農民一揆が成功したが、中世のヨーロッパと日本においては、それはすべて失敗に終わった。同様に筆者は近代のロシア、ドイツ、オーストリアにおける革命は、主として一般的徴兵制度の導入の結果発生したと述べた。そうでなければ敗戦が既存の階層の崩壊を招かなかったはずだからである。

軍事参与率が低い場合には、低い階層による騒乱の発生は、軍隊と支配的階層とが一致しているか否かにかかっている。一致していない場合には、騒乱は成功する可能性がある。フランス革命の例から明白なように、低階層から徴集された兵士は反乱に荷担する可能性があるからである。軍隊が支配階層を形成している場合―つまり武家型の社会では―、低階層の蜂起は、武家の数が減少しているか、意見の不一致のために分裂しているか、あるいは能力が衰えている場合を除いて、成功しない。モンゴル人が大衆蜂起によって中国から駆逐された時[四]、彼らはこれらの属性をすべて持っていた。

新しい支配者層を形成する革命の指導者たちが、どの階層の出身であるかという問題は、様々の革命を特徴づける非常に重要な要件である。上級階層の反乱は、その階層の中の一つの派閥が他に取って替わることを結果するにとどまる。それは支配的階層の交替に導かれるような反乱とは非常に異なったものである。後者は前者に比較して必然的により広範な撹拌作用を及ぼす。しかし支配的階層の交替が必然的に社会構造の全般的な変容を生み出すと考えるのは誤りである。中国における幾つかの革命が、そうではない証拠を示している。蜂起が成功するか否かは、反逆者たちが武器とその使い方についての知識とを所持しているか否かにかかっている。そこで軍事参与率が高ければ高いほど、反逆者が出現する可能性は大きくなる。これが武家社会でおこる革命が、原則として宮廷革命の性格をもつ理由である。その結果、武家の一つの派閥が、社会的ピラミッドの頂点に位置していた他の派閥に取って替わる。日本はすぐれてこの類型の革命の国である。それに対して中国は、軍事組織が常に一般徴兵型に近かったため、支配階層の全体が、低い階層の出身者によって置き換えられる種類の革命を、最もしばしば経験してきた国である。

職業戦士型の軍事組織を持つ国家で、非常に低い地位の出身者が最高の栄誉の地位についた革命が起きた例が数多く存在するという抗議がだされるかもしれない。そのような革命の例は後期ローマ帝国、ビザンチン帝国、東洋のイスラム教圏の歴史の中に多数見出される。デリーのスルタン国家には奴隷

(五)王朝すら存在した。マムルーク王朝(六)の何人かのスルタンは、奴隷身分から身を起こしている。このことは疑いもない事実であるが、忘れてならないことは、彼らが革命を起こしたのは、未だ非特権的な身分に属していた時ではなかったことであり、彼らに追随した者もそうではなかった。彼らは支配者によって軍人に抜擢され、権力の座に就けられていた。彼らが職業的戦士を率いて革命を起こしたのは、その身分になった後であった。兵士の反乱による革命は、原則として職業戦士型の軍事組織がある場合に起こる類型の革命であった。

騎士型の軍事組織を持つ国家に起こる反乱は、革命と呼ぶべきものかどうか、判定が難しい。封建社会もしくは封建制的な領主が支配する社会は、騎士型の軍事組織を持つが、そこでは、ほとんどすべての反乱が、最高の権力の獲得ではなく、領土的独立を目的としている。それは主として、このような社会およびその社会の軍事組織の凝集性が低いためである。この種の反乱については、むしろ「暴動」と言う用語をあてる方がよいかもしれない。暴動と革命とを分ける一線が明確なものでないことは言うまでもない。さらにある種の反乱(七)は合法化されている場合もある。そうなれば最早反乱とは呼べない。例えばポーランド王国のヤゲロ王朝の末期には、貴族は戦場に出るに先だって、国王と交渉して種々の特権を手に入れるのが慣習であった。

一般的に言って、暴力支配性がかなり強い社会が安定するのは、軍事的実力の分布と富および権力の配分との間に一致が存在する場合に限られる。したがって、軍事力の分布に変化が生じた場合に革命が起こるのは、次の二つの条件が満たされた場合である。

(1) 社会が暴力支配的であること。

（2）政治的権利と富との配分がそれ自身、元の状態を維持しようとする慣性を持っており、自らを自動的に状態に適応させないこと。

第12章　結　語

我々の考察は終末に近づきつつある。といっても問題が論じ尽くされたというわけではない。科学の研究は地平線を求めることに似ている。一歩進めばその都度新しい視界が開け、問題が一つ片づけば、同時に多くの問題がわき起こる。本書において筆者は幾つかの要素を変数として取り上げ、それらの間の関連を跡づけた。変数の選択は、全く本研究の目的に即してなされたものであり、それらに対して何らかの一般的優越性をもあたえることは少しも意図されていない。そのような一元論は、経済決定主義やその他の一元論と同様に、意味のないものである。忘れてはならないことは、我々が要因として選び出すものは、すべて心意的な構成物であり、経済的、政治的、宗教的、技術的、軍事的などの用語は、すべてレッテルに過ぎないということである。専門領域の境界が曖昧で、その適用範囲が重なり合っていることを考えると、これらの内のどれか一つを社会変動の主要な動因とすることは馬鹿げている。

一例を挙げれば、武装に要する費用と生産能力との関係は、軍事組織を決定する一つの要因である。しかしそれは別の要因、例えば技術的進歩、によって決定される。そこで人は当然次のような問に導かれる。技術的進歩を決定するものは何か、それは軍事的条件とどのように関連しているのか。筆者はとくにこの問題に対しては、何か解答を出したい気持ちに駆られる。なぜなら本書は筆者が数年にわたって準備してきた、技術的進歩の社会的条件に関する論考の産物であるからである。しかし問題の複雑性を考えると、以下のような簡単な指摘をするに止めなければならない。

人類が技術的進歩を達成した主要なからくりの一つは、技術的に遅れた社会を排除することであった。同様に技術的進歩に不可欠である規模の拡大は、戦争と征服とによって達成された。戦争と征服とはさらに、科学の発達のための必要となる有閑階級を生みだすのに役に立った。さらに、政治的対立と戦争とは、支配者を技術的進歩に向かわせる最大の条件であった。他方において、戦勝が技術的巧妙性の結果であることは疑問の余地はないが、この巧妙性は過去においては、多くの場合伝統的なものであった。それはしばしば魔術に包まれており、それを生み出した知性を自分の物にすることなくして獲得されたものであった。他方、軍人精神と野蛮な敢闘精神とは、軍事的優位性を確実にするためには、より直接的に有効であった。さらに無条件に服従する習慣と、創造性にとって基本的である批判的探求的態度とは、多くの場合両立しないものである。鐙の発明に始まり火器の発明をもって終わる遊牧民優位の時代を通じて、単純な社会の方が軍事的には有利であったが、それは技術的には袋小路に入っていた。さらに征服は、生産者の生み出す余剰の寄生的収奪を生み出し、それが技術的進歩の最大の障害となった。

以上の考察は本書の研究から生み出される成果の一例にすぎない。次に行うべきことは本書が行った一般化を再検証し、ことに変数を数量化することであろう。原則的に言えば、そのような数量化が可能になるのは、構造的変化を表現している変数のほとんどすべてが極限を示したものであり、これらの変数を計測する何らかの工夫がなされれば、理論全体は数学的に処理されうるからである。そうでない場合でも研究がさらに進めば、理論はより精密で洗練されたものになるであろう。特に西洋以外の社会に関する資料は、歴史叙述の方法が進んでいないために信頼度が低い。筆者は発展された理論が、今後開発されるより広い一般理論に包摂されることを期待する。

本書は、最重要地点を発見したにとどまる偵察飛行の報告に類似している。地勢学者の仕事はまだなされていないのである。そのような偵察が全く不可欠であることは、社会現象の世界は非常に流動的で変化に富み、それに影響を及ぼす要因が多いために、変数間の関連に関する研究は、どれほど注意深く精密であっても、最も重要な要因のすべてを考慮に入れなければ、有効なものにならないからである。筆者が本書で述べたことは資料の慎重な検討から生まれたものである。出発点で筆者が持っていた仮説の多くは、「なまの現実」の前に、捨てられるかあるいは修正された。それでもなお、展開された一般論の多くは、大胆であると評価されるに違いない。しかし仮説を展開するのに臆病になりすぎるのは誤りである。なぜなら、仮説が多すぎるということはありえないからである。さらに、もし社会学が過度の理論化のために被害を受けたとするならば、それは理論が曖昧かつ規範性を含んだものであり、実証できない命題を展開したからである。科学はすべて大胆な仮説に導かれた慎重な調査によって進歩したのであり、関連のない情報の切れ端を、大いに骨を折って無思想に積み上げることによって進歩したのではない。

結論を図式化して示すこと

多くの書物が巻末に結論ないしは要約を掲げているのは賢い方法と言えよう。読者に対しては最後に全体の見通しを示すことが望ましい。しかし本書はあまりにも圧縮されたものであるため、結論の要約を述べると、他の部分との均衡を欠いて、長大なものになる恐れがある。さらに諸変数の相互関係の多様性を要約するためには、異なる角度から同一の変数に繰り返し言及しなければならない。そこで筆者は要約を一つの図表で表現することにした（３００頁）。それが多相的な相互関係を簡潔に表現する唯一の方法である。さらに図表には、すべての変数を一つの複雑な相対的位置関係（constellation）を構成する個々の部分として、同時的に認識することを可能にするという利点がある。もちろんこのような表現は、多くの条件と説明の機微が省略されざるをえないために、本来の説明に比較して一層形式的にならざるをえないのは当然である。

記号の意味は以下の通りである。

Ａ──→Ｂ　ＡはＢを助長する。すなわち、Ａに起こった変化は、Ｂにおいて同一方向（増大であれ減少であれ）の変化を生み出す傾向がある。その逆の方向の、ＢからＡへの影響は意味しない。

Ａ- - -→Ｂ　ＡはＢを抑制する。すなわち、Ａに起こった変化は、Ｂにおいて逆方向の変化を生み出す傾向がある。その逆方向の影響は意味しない。

Ａ-·-·-→Ｂ　ＡはＢに様々な形で影響を与える。その逆は意味しない。

Ｂ──→Ｃ（←Ａ）　ＡはＢがＣに与える同一方向の影響を強化する。

Ｂ- - -→Ｃ（←Ａ）　ＡはＢがＣに与える抑制を強化する。

A←‐‐‐→B　AとBは構造的に相関関係がある。

第13章　未来はどうなるか

予想が困難な未来を推測しても、そこから得られるものは少ないのであるが、それはやはり魅力ある試みである。筆者もまた本書で展開してきた一般理論を拡張して、未来を推測しようとする誘惑を押さえきれない。しかし何が起こるかを予言するというのはあまりにも不謹慎であろう。論議できるのは単に可能性に関してだけである。

ここで指摘しておかなければならないことは、どんな場合にも確定的な予言をすることができない理由は、社会科学が遅れているからではないということである。仮に社会を動かす様々な力の強さと方向とを正確に測定することが可能であったとしても、なお限界状況における不確実性の問題は残る。また多くの場合社会構造を互いに反対方向に動かそうとする複数の力が均衡しているため、結果は過去に先例がなく、重要性も低い出来事によって決定されてしまうからである。

人類の未来に関する限り、幾つかの可能性を考えることができる。

（1）力の均衡が持続する結果、戦争は定期的に発生する。

（2）戦争がくりかえされる結果、文明が完全に破壊される可能性がある。場合によっては文明は全く消滅し、地球が分解してしまう可能性もある。
(3) 他のすべての国家を打倒することによって、ある一つの国の覇権が確立するかもしれない。
(4) ある種の国家連合が生まれ、世界平和が確立する可能性もある。
以下これらについて順番に考察する。

何らかの技術的ないし戦術的発達が起こる結果、今後軍隊の凝集性が低下することは考えられない。ホメロス時代の英雄や中世の騎士のような、個人単位の戦闘形態が復活することは考えられない。それとは逆に、技術が発達するにしたがって組織的戦闘が支配的になって行く。将来陸軍が現在よりも凝集性の低い集団になるとは考えられないし、またその練度が、最上層を除いて、低下することはないであろう。軍隊指揮の技術的発達の結果、陸軍の最上層には個人の指揮官ではなく、委員会が置かれるようになるであろう。その外にも組織、コミュニケーション、検索などの技術の発達は、すべて練度の向上に結びつく。ただ未来の軍事参与率のみは検討の対象となる。既に述べた定義に従って、戦時体制にある未来国家の軍事組織は、職業戦士型か一般徴兵型かのどちらかである。さらにボタン戦争は大規模な軍隊を不必要にする。にもかかわらず軍事組織は恐らく基本的に一般徴兵型に止まるであろう。なぜならば、戦争の要請は国内の全労働力を挙げて動員し、国家を一個の巨大な兵器庫のようなものにするからである。国民はその大半が直接戦闘に参加しないまでも、軍事には従事するようになる。これは現在ある傾向をそのまま拡大したものにすぎないとも言える。現代の陸軍においても、戦闘を行うのは兵士の一部に限られている。このような国家にあっては、すべての組織が一般徴兵型の軍事組織の特徴を持っていることは疑う余地がない。それは全体主義的独裁政治体制に類似しており、ソ連がその適例である。

これらの国家は、どれもがよく似かよっていると言うのではない。しかしこれらの国家は皆一様に、疑いもなく社会の隅々まで行き渡る政府の統制、最高指導者もしくは委員会への権威の集中、一定度の、しかし他の形態の国家に比較して程度の軽い、社会的不平等によって特徴づけられている。このような国家には西洋諸国のような議会制民主主義や、譲ることのできない個人の自由が存在する余地はない。自由の伝統が深く根づいている国にあっても、環境の圧力は圧倒的である。世界は皆殺し戦争としての次の一戦を常に準備する、軍人国家によって完全に覆われる。

そのような環境では西洋文明を性格づける諸特徴が生き残れないことは明らかである。それらの内で最も目立つのは個人の自由、言い換えれば自由主義である。自由主義は西洋社会の興隆の原因でもあり同時にその結果でもあった。その原因であるというのは、思想と企業との自由が、西洋における科学と技術との、前例のない急成長の主要原因であったからである。またその結果であるというのは、西洋諸国の産業的優位性がその繁栄と安定とをもたらし、自由主義の理想の実現に適合的な基盤を形成したからである。その場合、内部的な葛藤は必ずしも激しいものではなかった（フランス革命ですら比較的穏和な事件であった）し、国家も生死を賭けた争いに全力を尽す必要はなかった。西洋文明が他の文明と異なる独自性を確立し、技術面で他の文明を追い越した時代、すなわち三十年戦争から第一次世界大戦の間は、ナポレオン戦争期を除いて、例外的に穏やかな戦争が戦われた時代であった。

自由主義の光は、主として西洋社会の軍事的技術的な興隆の余光として、非西洋社会に射し込んだ。西洋社会の技術を求めたロシア、日本、その他の国々の支配者たちは、西洋流の工業を育成するためには西洋流の社会的政治的制度を模倣する必要があると考えた。自由主義が彼らを魅了したのは軍事力のために他ならない。その後ロシアのボルシェヴィキ党が大工業を建設することに成功(二)して強力な軍隊を維持できるようになったのが一つの転換点であった。その結果、強力な軍隊を創るには経済的自由主義よりも専制主義的計画の方が遙かに迅速かつ確実であることが立証された。

今後西洋の文明社会がその特権的地位をうしなっても、産児制限と技術の進歩とによって、生活水準を維持できるかもしれない。しかし、もし西洋社会が同等の技術水準をもつ敵からの攻撃に対して常に準備しなければならないとすると、完全に軍事化する必要がある。

市民が思想の自由を享受している自由主義社会は、技術水準が高いために全体主義社会よりも強力であると言われてきた。しかしこの意見は全く説得力を欠いている。思想の自由が科学の発達のための条件であるのは、科学の有効性が明白でない場合に限られる。しかし最も反啓蒙主義的な政府でさえ、自然科学の有用性を認識している今日にあっては、科学的研究はどのような専制国家においても奨励されている。物理や化学の研究を進めるためには、その社会の信条の根本について疑問を抱く自由がなければならないというわけではない。ことに人間には知識を心の底に密閉しておく能力がある。また専門領域においては批判的で独創的な態度の持ち主が、自分の専門以外の分野では、手放しに妄信的である場合もある。したがって、常に戦争の準備を整えておかなければならないという条件の下では、科学という要因がすべての国家が「ソヴィエト化」するのを防ぐとは到底考えられない。

「ソヴィエト化」は、非軍事的な多くの他の要因、特に経済的要因を同一の方向に作用させるために、一層起こりやすくなる。政府による統制の強化にともなって、経済的単位が成長し官僚制化することは、疑いもなく個人の自由の砦の基礎を掘り崩す。筆者はすでにそれがなぜある程度までは不可避的であるかを指摘した。野放しの資本主義の時代は確かに終わり、その後にはある種の共同社会が成立しているといえるかもしれない。そこでは中央政府の官僚制度と、政党、労働組合、商人や手工業者の組合、教会などの対抗勢力とが連合し、均衡を保っている。しかし戦争がしばしばくりかえされる状況の下では、連帯を形成する方向の必要性は、均衡を中央政府の官僚制の側にとって有利なものにする。さらに、戦争を成功裡に遂行するためには、たとえそれが「冷たい戦争」であっても、滅び行く協同に対する抑圧、思想の伝搬を抑圧する統制、活発な宣伝が不可欠である。そしてこれらのすべてが「ソヴィエト化」への道を推し進める。したがって近代戦を繰り返す国家、また常にそれに向かって準備している国家は、個人の自由を保護するために戦っていると主張する場合であっても、遅かれ早かれ「ソヴィエト化」することは避けられない。

このことは、西洋社会の人の目に奇妙に野蛮で野卑に写るソヴィエト国家の特徴が、必然的に消滅することを意味しない。このような特徴は、ある点までは強度に全体主義的で専制的な政治構造の必然的な帰結であるが、主としてソヴィエト政権が生まれた特殊な環境の産物である。ロシアでは教育を受けていたのは上流階級だけであり、大衆は文字を持たない文明の水準で生きていた。洗練された上流階級の薄皮がひとたび剥がされると、未開人の心性が顔を出さざるをえない。さらにヒトラーやスターリンの政治体制が我々に特に野蛮に見える理由の一つは、それを造った人々が、権力を得る以前には、社会の下層と見られていたからである。イタリアにおけるファシスト政権の場合は、権力掌握の過程において既存の支配階級の関与が大きかったために、はるかに洗練されたものに見えたのであった。もちろんこのことは、これらの政治体制の特徴のすべてを説明するものではない。その特徴のある部分は、明らかにこの体制が分派運動の結果成立したことに起因している。純粋な軍事的独裁であれば、人間の心の隅々まで魅了し尽くそうとして、あれほどまでに気を遣うことはなかったであろう。

以上に概略を示した状況は無限に継続するものではない。武器の性能は不断に高まり、運輸通信の発達のために地球はますます狭くなり、いずれ文明（あるいは地球そのもの）の壊滅か、あるいは一国による世界征服か、どちらかが起こる。前者が起こる場合については考察する必要はあるまい。破壊がより緩やかに起きた場合には、再び未開状態に還ることになる。人類が出発点に立ち戻り、どのような経路をたどって進化して行くか、予測することは不可能である。もし生命そのものが消滅してしまえば、もちろん問題は終わりである。したがって、前者の可能性が高い、あるいは非常に高いとしても、後者の可能性について論ずる方が有益である。

軍事技術の状況は、世界制覇が十分可能な段階に達している。運輸通信手段の発達、武器を持たない人々に対する組織的な武装勢力（我々はそれを抑圧装置と呼んだ）がもつ優位性の拡大は、世界の人口を低い水準に保つことを容易にする。同じ要因は、防御に対する攻撃の優位性と結びついて、戦争の蓋然性を高め、最終的には敗者の側の完全な服従を生み出す。

世界制覇の確立は、一つを除くすべての国家における武装解除を意味し、それが新しい国家の支配階層を形成する。その際に、あらゆる場合に社会的不平等が尖鋭化するかどうかは確かではない。たとえば外国人によるエジプト征服の場合、尖鋭化はほとんどなかった。なぜならエジプト社会の階層構成は既に十分に急峻であったため、行なわれたのは頂上の人物の入れ替えだけであった。多くのことは征服国家のイデオロギーと構造とにかかっていることはもちろんである。ソヴィエトによる東ヨーロッパの征服は、ある程度の社会的平等化を生み出したから、将来においても同様の結果が起こる可能性がある。国家の独立が必ず社会的平等に繋がると考えてはならない。外国の支配からの解放は、しばしばその国の支配階級による大衆への抑圧の自由を意味する。同様の事例は多いが、一例を挙げれば、シリア農民の利益は、今日よりもフランスの統治下[三]での方が、よりよく保護されていた。しかし世界制覇の確立は、あらゆる社会的不平等の解消を排除し、寡頭支配的傾向を強化する。軍隊によって支えられた外国人支配者が大衆から歓迎されることに依存する度合いは、国防のために大衆の協力をあてにしなければならない自国の政府の場合よりも、はるかに低い。また外国からの侵略の危険性がないため軍事への参与を拡大する要因はない。そこで現在の社会において作用している平等化の要因の一つが取り除かれることになる。

想像されることは、支配国家が自国の軍隊を戦略的観点から不動のものとし、他の諸国家を武装解除して自治を許し、その国々は民主的で平等主義的な政治を追求するであろうということである。しかしそうした状況は生まれそうもない。なぜなら、栄光ある孤立状態で行われるそのような支配は、不安定であるからである。被征服国家が孤立状態に置かれた場合には、彼らは征服国家の制覇を危ういものにする可能性がある。軍事にも応用可能な工業において支配国家を追い越すかも知れない。若者に反逆と復讐の精神を吹き込むかも知れない。密かに武器を製造する可能性もある。征服を成功させるためには諜報機関などの有効な網の目が必要であり、それには現地人の協力がなければならない。高度に発達した文明の下では、何人かの金で雇われたスパイを持つだけでは不十分である。統治を成功させるためには、一群の協力者が必要である。最近起こった数多くの事件がこのことを裏づけている。ナチスはそうした協力者の一群を見つけることができた場合には、支配上に問題が少ないことを悟った。ポーランドにおいてのように、住民に対して野蛮かつ傲慢に暴行を加えた所では、現地の協力者は非常に少なく、地下組織との戦いに最も苦労したのであった。ソヴィエトのやり方の優れていた点は、人種的イデオロギーにとらわれずに、現地で協力者を発見しようとする決断にあった。ポーランドの例は、その優秀性の見事な例証である。共産党はすべてのレジスタンス組織を摘発することに成功した。それは、より多くのエネルギーを費やし、より無差別なテロを用いても、ナチスには達成できなかった。

しかし……なぜ征服国家は、民主的で平等主義的な政党の支持を土台にして被征服国家の支配を行わないのであろうか。その答えは、そのような支持が全く頼りにならないからである。支配しようとする国において、不満を抱く大衆の支持を得るのは非常に有効である。歴史に残る多くの征服は、まさにそのような支持の結果である。オスマン人(四)によるバルカンおよびヴェネツィア領のギリシア諸島の征服、ミトリダテスによるローマ領アジアの征服(五)はその顕著な事例であり、やや程度は低いが、アラブ人(六)によるビザンチン領や満州人による中国の征服(七)もその例である。この方法はクレムリンが発明したわけではないが、彼らはその技術を前例がないほど完全なものに仕上げ、かつそれを実際に用いたのであった。

しかし支配が多数者の支持によって確実なものになったという事例は一件もない。すべての帝国は被征服者のなかの少数者に特権を与え、彼らの忠誠を求め、それを勝ち得たことによって永続した。その適例はローマ人の政策であり、それには十分の根拠があった。

まず第一に、すべての人、あるいは多くの人に対して何かを与えることは、少数者に対して与えるものを制限するよりも一層難しい。富者のすべてを略奪したとしても、それを多数の貧者に分配する時は、一人当たりの分け前は少額にならざるをえない。生物的な再生産力が完全に発揮された場合には、人口のすべてを養うことは不可能となる。いずれにしても、多数者が外国人の支配によって酷く苦しめられつつも、なおその支配を支持し続けるということはあり得ない。なぜなら生命に関わる最低限度の欲求が満足されると、それ以上は相対的地位の問題となるからである。ひとは、良い生活条件にはすぐに慣れてしまい、それを当然のことと考えるようになり、その後は自分が他人よりも好い生活をしているか否かが判断の基準になる。現在の秩序を守ろうとする努力は、付与された利権、即ち守るべき特権を持つという自覚から生まれる。大衆は情熱的に、特に征服者によって地位を下げられる危険がある場合には、自国を守ろうとする。しかし、他の征服者による、より過酷な統治の直接的脅威がある場合を除いて、かれらに外国人による支配の支持を期待することはできない。大衆はしかし、自分自身の政府を樹立できる場合には、外国人のいわれない欠点を指摘し、その支配に抵抗する政党を支持することも厭わない。何れの場合にも、大多数の者を永遠に満足させることは不可能であるから、議会制民主主義は支配者の定期的な入れ替えをしなければならない。これは、外国人支配者が、その命令の執行者を選ぶことはできないことを意味し、そのことが不可避的に支配を弱体化する。

外国による支配に協力する一群の人々は、自己の地位は支配勢力に負っていることを自覚する少数者でなければならず、できれば社会の底辺から引き上げられ、貧困の苦痛もしくは監獄から解放されたことを感謝している人々の集団であることが望ましい。クレムリンの政策は、その支配領域の外からの一般的支持を求めているが、正にこの方針に従っている。外国人支配者は、既存の特権階層が革命の危機を感ずる場合には、その支持をも得ることもあり得る。アジアにおけるローマ人の立場がそれであり、またその程度は低いものの、近代の例としては、フランスにおけるナチの支配を挙げることができる。どの条件が自覚されるとしても、どの社会にも通用する一般論は、支配しようとする国家の大衆の支持をえるのが有利であることとである。しかしひとたびこの支配が確立した場合には、新たに建てられた民主的勢力が外部からの侵略によって直ちに転覆される恐れがある場合を除いて、支配は少数者の支持を基礎にすべきである。ペロポネソス戦争中のギリシアの幾つかの都市での状況がそれであった。アメリカの統治下における日本の「民主化」は、この一般論への反証としてはほとんど役に立たない。その理由は、第一にそれが真実のものであるというよりはむしろ見せかけのものであり、第二には、アメリカの統治は永遠に続くことを目的としたものではないからである。[1] 結論を言うならば、世界制覇の確立は民主制と社会的平等を志向した動きを繰り返し生み出すということである。これは十九世紀において多くの国家において、……少なくとも支配されていた国家において、起こったことであった。

しかし政府による規制の限界はどこにあるか。それに影響を与えるには、どのようにすればよいか。すでに見たように、軍事参与率を上昇させる環境の下では、すなわち国家権力が国民全体を働かせることによって高揚された状況の下では、全体主義は通常、臨戦性の結果である。この要因は、それに対して誰も戦争の準備をしない場合には、作用を停止する。しかしこのことを根拠にして世界が自由放任の社会になると予言するのは性急である。全体主義は軍事以外の理由からも発生することが知られている。

その発達の顕著な例は古代エジプトの古王国である。そこでは外部からの危険がほとんど全くなかったにもかかわらず、国民のすべてが軍事的に編成され、ピラミッドを建設してファラオの栄光を増すために動員された。未来社会においても、さらに巨大な建造物によって地球を覆うことによって、自己の不滅の栄光を確立しようとする絶対的支配者が生まれるかもしれない。あるいは単に官僚の管理欲、支配欲のために、政府の統制の拡大が起こる可能性もある。これはある程度までは経済の複雑化のために必然的である。他方において大抵の人間が持っている怠惰な傾向、人間が一般に楽な仕事について気楽に暮らすことを望む傾向は、役所の仕事を必要最小限度のものにする。そうなれば、ヨーロッパ人と日本人とが開国させた以前の朝鮮王国の状況に類似した社会が生まれる。そこでは名目的に専制的であった王宮の衛士までが、勤務中に居眠りをすることが許されていたのである。

多くのことが、世界を統一するのが誰であるにかかっているのは当然である。それが全体主義イデオロギーに結びついた国家による場合は、当然世界国家は、他の場合に比較して全体主義的になる。しかし世界制覇がソヴィエトによってなされる場合でも、長い目で見れば、結果は必ずしも全体主義的な世界国家になるとは限らない。新たに征服された東ヨーロッパで起こったことが、どこにおいてでも起こると考えてはならない。なぜならば、第一に支配される地域が非常に広大になるために、監視ができなくなる。第二に、東ヨーロッパをソヴィエト化した目的は、それを古いソヴィエトと一体化させ、さらなる征服のための頼りがいのある道具にするためであった。この動機は地球全体が支配下に置かれた場合には消滅する。さらにソヴィエトのエリートたちが、簡単な任務と安楽な生活とから生まれる怠惰という、どの国のエリートも罹る病気に罹らないという保証はない。現在のロシアのエリートが新たに獲得した権力に幻惑され、それを行使することに喜びを覚える「下層からはい上がった成功者」であることを忘れてはならない。彼らは前半生の惨めな生活を記憶しており、一部の者は、農奴監督者が振るう鞭の痛みをも記憶している。しかし彼らの孫たちがどうなるかは未知数である。その世代は自分たちの権力、富、栄誉を、当然のものとして受け止め、おそらくは熱心に働いた彼らの祖父の世代にはなかった、怠惰で安楽な生活を送る方法を身につけているであろう。

結論として言えることは、戦時下にある国々は、不可避的に全体主義的傾向を帯びる。また成立した世界国家においても、その可能性はあるものの、それを避けることは不可能であるというわけではないということである。

筆者はこれまで主として被征服国について考えてきた。しかし覇権を握った国家の内部構造はどのようになるか。そうした国になにが起こるかは、当然それが出発点においてどうであったかにかかっている。自由主義と民主主義が深く根づいているアメリカのような国が、世界の覇権を握った場合について考えてみよう。その国は伝統に固執し続けるであろうか。そうは考えられない。

伝統の力が存続することを否定するものではないが、伝統は、現実に存在する権力配置が及ぼす圧力を、永遠に否定し続けることはできない。最も保守的で伝統を重んじた民族であったローマ人の場合も、外国を征服したことで内部構成が崩壊した。共和国が最盛期を迎えていた時代には、軍隊指揮官は元老院による厳しい統制の下にあった。しかし彼らが拡大していく地域の独立した支配者になった時、彼らが指揮したのは、かつてのようなローマの古い伝統にしたがって、その時々に招集された市民からなる軍団ではなく、将軍に個人的に忠誠を誓う職業的戦士であり、指揮官たちは自分の意志を元老院に押しつけることが可能であった。

もしアメリカが世界を征服すれば、同様のことが起こるであろう。将軍たちは警察力としては最適である職業的戦士の力によって、多くの国々を専制的に支配するであろう。市民の政府が今日マッカーサー[八]を統御している以上に、将軍たちを統御しうるか否かは疑問である。[2]未来の将軍たちは数も多いし、配下の軍隊も大きくならざるをえないことを考えれば、統御できないと考える方が正しい。日本に駐留するアメリカ軍部隊の規模が、必要な守備兵の規模として適当であるかどうかは解らない。アメリカによる日本の占領は、それが短期間のものであると表明されていることによって、またアメリカの支配におとなしく従っていれば、それだけ早く自由になれるという日本側の希望によって、さらにまた日本が征服者から受けている破格の経済的援助の結果、容易なものになっている。世界を永久に屈服させるには、絶対的にも相対的にも、はるかに大規模の軍事力が必要である。幾つかの核兵器の基地を支配すればそれで十分だとしても、議会制民主主義が生き残るための条件は一層厳しいものになる。モスクワやバンコックに対すると同様の脅威が、ワシントンに対しても存在する。そのような状況のもとでは、軍事的機密の存在は陰謀のための格好な基礎となる。市民としての指導者が自分自身、軍隊に身を投ずることをしなければ、国は全く将軍たちの言いなりになってしまう。元帥に就任するロシア共産党の書記長の場合のように、市民の軍人化が行われたとしても、結果は同じである。筆者が再び強調したいのは、単なる伝統の重みは、ヨーロッパの独裁者の複製品がアメリカにも生まれるのを阻止できないということである。アメリカ民主主義の基本的特徴は、軍人の役割が押さえ込まれているところにある。これは市民がすべて武装し、軍隊の規模が小さかった時代に形成された。かりに軍全体が支持したとしても、クーデターを起こして市民の抵抗を克服できると信じた将軍は、今日までアメリカには一人も存在しなかった。

考慮すべきもう一つの点は、こうした植民地支配者とその部下は、征服という権限に基づいて、非常に大きな人口を専制的に支配しているということである。そのような権限を行使した経験が生み出す人間の心性は、市民、ことに選挙で選ばれた団体による支配のように、柔和で博愛的なものにはなれず、多数の意見を無視しがちになる。

したがって民主主義と自由主義が生き残れる可能性は非常に小さくなる。もしそうしたアメリカが世界覇権を求める戦における勝利の中から登場し、しかも憲法の改正を行わなかったとしてもである。しかしこのように想像することは誤りであろう。すでに見たように、戦争状態が長引けば、それに参加する国はいずれも不可避的に全体主義的独裁制に移行する。したがって名目的には憲法の改正がなかったとしても、現実の権力のありかたは、それを無効なものにしているであろう。このことを考慮すれば、自由な民主主義は、これまで考察した以上に生き延びる可能性が少ないと結論せざるをえない。

ロシアのような全体主義国家は、世界の覇権を握っても、恐らく大した変化はしないであろう。なぜなら全面的戦争と地球支配とに、より適合的であるからである。しかしそれが一旦実現された後は、軍事力を最大にしておく必要がなくなるので、全体主義的傾向は弱まると考えられる。戦争状態が継続する間は持続し発展する平等化傾向もまた消滅するであろう。なぜなら一般大衆の軍事参与とその忠誠心とは、意味を失うからである。社会的不平等は恐らく尖鋭化し、寡頭制支配の傾向が強化されるであろう。独裁政治にかわってこうした傾向が強まる理由は、指揮の統一性の重要度が低くなるからである。その結果階層間の移動は減少するであろう。階層構成が尖鋭化するもう一つの理由は、階層間の敵対意識が外敵に対する協同の対抗によって希薄になることがないからである。

一般に世界国家の存在は自動的に平和を保証すると考えられているが、この仮定は全く正しくない。なぜならばローマ帝国の場合のように、国家間の戦争に替わって国内戦が起こるからである。既に説明したように、政治から暴力が排除されるのは、正統的な権威の行使と継承とに関して、一般的な意見の一致がある場合に限られる。そうして、征服によって成立した国家には、そのような一致が存在するとは考えられない。ことに勝利した国家は、勝利の結果として、徹底した変革を経験し、その結果エートスの変化を起こしているに相違ないからである。これはローマで起こった現象である。ここから生まれる紛糾は、勝利した国家が元来は民主主義的で自由な国家であった場合には、とくに深刻である。

暴力の排除（本書ではそれを非暴力支配性と呼ぶ）のもう一つの条件は、資源に対する人口の調和である。支配階層が一致団結している場合には、苦役に従事する大衆を押さえ込むことは可能である。しかし支配階層の人口が増大し、地位を希求し階層的下落を免れようとする争いが恒常的に存在する場合には、そこから暴力が派生せざるをえない。しかし世界国家の指導者は、戦時下の国家指導者ほどには産児制限に反対しないであろう。なぜなら彼らの権力は、大砲の砲撃に対して人間の盾となる犠牲の豊富な供給に依存していないからである。彼らはそれを通じて不満が爆発する要因を除去出来ると悟れば、産児制限を積極的に推奨することもありうる。したがって彼らの支配は過去のあらゆる権力に比較して、最も安定したものになりうる。大衆が政策や上から与えられる栄誉に対して影響を及ぼすことはないが、大衆が生命を維持していくための必要条件は、それに大きな影響を及ぼす。

あり得る選択肢の最後は世界連邦の創設である。一国による世界制覇にくらべて可能性は低いが、あり得ることである。過去における連盟や連合は、つねに何かに対抗して結成されてきた。しかし世界連邦の場合は、対抗すべき何ものも存在しない。この場合部分的にでも共通の敵に替わるものは、恐らく永く続く戦乱の代償として、人類が絶滅の危機に曝されるということであろう。国が戦争を予期して存続しなければならないという、究極の必然性は存在しない。カナダはアメリカの侵攻を恐れてはいないし、ベルギーはフランスを恐れてはいない。この種の関係は何処にでも拡張して考えることができるのである。……しかしそれが可能になるのはある種の条件が満たされた場合にのみ限られる。

この条件とは何かを考える前に、現在の人間は先祖に比較して、より残酷で好戦的であると考えるのは全くの誤りであることを強調する必要がある。十九世紀のヨーロッパは全く独自の存在であり、その状況を正常さの基準にすることはできない(3)。その反対で現代の人間性の顕著な特徴は、戦争が罪悪であるということが広く一般に受け容れられていることである。侵略をしながらそれを平和の擁護のためであると誤魔化す策略が次第に広く行われるようになったのは、その証拠である。機械化の進展に伴って、人間が手を下す殺人が機械による殺人に替わったのは当然であるが、それはまことに能率的であった。それに関わる人間の数に比較して、機械化された戦争は、これまでの限りでは、過去に比較して流血の度合は決定的に低い。ソローキンが『社会および文化的変動論』で行なった計算は全く誤っている。誤謬はそれが歴史にほとんど記録されていない、古代・中世に戦われた無数の小規模な戦闘を無視していることによる。未開社会における戦争は、しばしば皆殺しによって終結する。この点に関しては、近代の民族誌家がすでに西洋流の武器に屈服している部族の研究から引き出した意見に、同調することはできない。その点では古い時代の旅行者による記述の方がより信憑性が高い[4]し、最近の戦争が変わった原因は、伝統的宗教が弱体化したからであるというのも厳密には正しくない。宗教は何千年も続いているが、戦争を廃絶することはおろか、その回数を減らすこともできなかったし、将来においてできる可能性は少しもない。

戦争への最も強い動機は、指導者が持つ権力への欲求と、それに従う人々の中にある富への欲求である。前者の危険は、部分的には代議政治によって取り除くことが可能である。この制度の下では、支配者が大衆の希望を全く無視し、彼らを自分の権力と栄光のための道具として使うことはできないからである。しかしその可能性を取り除くだけでは、平和を確実なものにすることはできない。本書がすでに明らかにしたように、直接民主制も繁栄と結びついた場合にのみ、平和を推進する働きをするのである。飢えにさらされた人々、あるいは階級からはみ出した人々は何でもする用意があり、戦利品の分け前を約束する指導者の前には、政治的権利と自由とを喜んで投げ出す。したがって真の世界連邦は、世界規模での繁栄を前提として初めて実現可能である。それは大変な仕事であり、産児制限が一般的に受け容れられている場合でなければ、不可能であることは、ここで繰り返して述べる必要はあるまい。これを確実に受け容れることは容易なことではない。なぜならそれを実行することは、人々の心に深く染みこんだ数多くの伝統に背馳するものであるからである。民が地に満ちるというのは、多くの宗教が命ずるところである。カトリックは過度の放縦につながるという理由からこれに反対したが、それは独身の聖職者の考えとしては肯綮にあたる。それにも増して政府は、戦場で大砲の餌食になる十分な兵員数を確保したいと常に考える。これは必ずしも彼らの思想の邪悪さ（人道主義的観点から見た場合の）を示すものではない。マルサスがすでに説明しているように、人口の圧力によって戦争が恒常的に継続する状況では、国家や部族にとって望ましいのは、出来るだけ人口を多くしておくことである。なぜなら戦に強く、勝つことが繁栄をもたらし、弱くなれば絶滅してしまうからである。そこに否定しがたい人口による「軍備競争」の環が成立する。

もう一つの問題は、ぎりぎりの水準で生きている人々には、産児制限は自発的には受け容れられないという事実から発生する。その一方で彼らは生殖力（それは生物的に最大限度に発揮される）が生産力に等しい間は、貧困から抜け出せない。なぜなら増大した富は、増加した人口によって消費し尽くされてしまうからである。西ヨーロッパにおいて富の増大が人口の増加を凌駕した事実を、何処にでも起こりうることと考えるのは誤りである。西ヨーロッパ（および北アメリカ）の事例は前例のないものであり、恐らく今後もそれに匹敵する現象は起こらないであろう。工業技術を独占したヨーロッパは、海外に広大な地域を支配し、それを原料の供給地と過剰人口の受け容れ基盤にすることができた。多くの国々が同時にそのような地位を獲得することは、火星か金星でも植民地にできるのでなければ不可能である。しかし、もし世界の食料生産を、現時点における人口増加を上回る速度で増大させることが可能であれば、この問題は解決できると考えるのも誤りである。出生率の低下がなければ、福利の増大はすべて人口の増大を加速させることに使われてしまう。大雑把に言って、もしインドの死亡率が西ヨーロッパの水準にまで低下したならば、人口は二〇年ごとに二倍になるであろう。インドの食料生産を一〇〇年間に六四倍（貧困を駆逐するためには一人あたりの食料生産を現在の二倍にすればよいと仮定して）に拡大できるような発明は、これまでにはなかった。過剰人口を抱える国の生活水準を実質的に向上させるためには、産児制限の普及が先行しなければならないことは明らかである。生活水準の向上のためには産児制限の組織的な宣伝が必要である。ここで我々は再び困難に行き当たる。この種の宣伝を行っても政治家の票には結びつかないのである。それよりは政府の非を挙げて攻撃するほうがよほど役に立つ。政府がこの宣伝を始めれば、国の内外で反対論が爆発すると考えるであろう。

結論を言えば、革命と戦争の火種を絶やすことを目的とした「開発途上地域」に対する援助の目的を達成するためには、産児制限を受け容れさせることが不可欠である。それはこの方向に向かって積極的に一歩を踏み出す政府によってのみ達成可能である。そうでなければ援助は無益に終わり、場合によっては状況を悪化させ、将来自国の工業化に強く反対する者を助けることになろう。急激な工業化は社会の階層構成を混乱させ、伝統を弱体化し、ことにそれが貧困の中で起こった場合には、革命的運動を助長する。確実で快適な受胎調節の用具を完成させることに使用される資金は、相互訪問などによって国際理解を推進するのに使われる多額の資金よりも、平和のために、より大きな貢献をする。したがって人口過剰に苦しむ国々に対する援助として第一に行われるべきは、そのための用具の十分な供給である。低い死亡率が低い出生率と結びついた場合には、一時的に自然淘汰が行われなくなり、退化に結びつくことは確かである。しかし自然淘汰はすでに文明の進歩によって歪められており、現代の戦争が人間の遺伝的要素に悪影響を及ぼすことは確かである。自然淘汰を完全に復活させるためには、我々は完全に未開の生活に戻る以外に方法はない。退化は優生学的方法によって防ぐことができると考える。

国際理解について注意しなければならないことは、交際を密にしさえすれば、より親密な関係が生まれると考えるのは全く馬鹿げていることである。全く反対の現象がしばしば起こる。お互いに知らないひと同士の間には憎しみは生まれない。逆に最も強い憎悪は、親密に交際するひとや集団の間に存在する。したがって、その他の理由から国際交流が望ましいことはありうるが、そのこと自体が平和を促進するのではない。

暴虐政治の排除は、それと同時に広範な貧困の克服が行われない場合には、単に一時的なものに止まる。暴政は武力によって一度は排除されても、再び暴力によって君臨してしまうからである。しかし自由で民主的な政治が、外国軍隊の力によって維持されることはありえない。またそれは繁栄の中でなければ自力で生き続けることはできない。なぜならひとは、力による飢餓からの救済を約束する人物には、常に追従してしまうからである。他方、圧政的で侵略的な政府は、繁栄への道の主たる障害物となる。そのような政府は、軍事的目的のために経済的に考えられる限度を超えた人口増大をもたらし、富の多くの部分を兵器生産に振り向け、強制によって経済発展の息の根を止めてしまう。無能で堕落した身内に権力を与え、経済生活の基礎を破壊する。それは貧困、人口圧力および憤激の種をまき、侵略と圧政とへの道を突き進む。そのような政府は国家の繁栄のために、何よりも先に廃絶されなければならない。

この世界にどれほどの貧困と暴政とが存在するかを知るとき、ひとは安定した世界連邦の成立への見通しに絶望しそうになる。疑いもなく「世界制覇」の可能性の方が大きい。にもかかわらず、チャンスは唯一つだけ残されている。自由で民主主義的であり、かつ繁栄を続け、同時に強力でもある国家が、巧妙かつ決然たる努力をすれば、安定的な世界連邦を実現しうる。そのために必要な知識、外交技術、遠大な計画、忍耐と努力の量は、確かに厖大なものである。それはプラトンが理想とした、哲人が国王である国家であれば、あるいは可能かもしれない。しかし、非良心的で反啓蒙主義的であり、どの国にも多勢いる、無知と盲目的嫌悪とを利用して票を集めることにのみ専心している政治家に、それを求めても無駄である。そこで筆者はそのような試みが成功するかどうか、あえて予言することはしないし、それに向かって努力しようとするひとに忠告することもしない。あまりにも多くのことが予知しがたい条件に掛かっているからである。いずれにしてもこの問題に関して役に立つ論議を行うためには、ここで許された字数では不十分である。しかし将来を予測する場合、問題を単にアメリカとロシアとの間の覇権競争に限定するのは正しくないように思える。数十年の内にはすべての条件が簡単に変わってしまうからである。西ヨーロッパは、もし統一されれば、相当の勢力として、舞台に登場する可能性がある。中国は必ずや大勢力となり、巨大な人口の土地に対する要求に押されて、ロシアの最大の敵となるであろう。もっともそれは西側の外交が共産主義国家の連帯を乱す種を播く智恵と技量とを持っていた場合の話であるが。補足すれば、議会制民主主義国家の外交は、メッテルニヒやリシュリューのような人物の外交と比較した場合、くらべものにならないほど近視眼的で不器用であると言わざるをえない。信義に基づく共同が友情を保証するものではないことは、数え切れない史実が雄弁に物語っている。カトリック教徒であったフランス歴代の王は、自国内ではプロテスタントを迫害しつつ、ドイツやスウェーデンのプロテスタントやトルコ人と手を結んで、カソリックであるハプスブルク家に対抗した。ハプスブルク家の方もまた、トルコ人と同じ宗教を持つペルシア人と同盟している。中国人がヨーロッパ人やアメリカ人を憎んでいることは、もし憎んでいなければその方が驚きであるほどであるが、それで何かが説明できるわけではない。(5) インドもまた大きな力を持つようになり、帝国主義的膨張主義の中心になるかもしれない。日本、インドネシア、南アメリカ、さらに将来においては、アフリカが世界における力の配置をさらに複雑なものにするであろう。これらの国々は早晩核ミサイルを保有するようになるであろう。

しかし、世界連邦が実現すると想像すると、どのような社会が生まれるか。定義に従えば、それは繁栄した社会であるはずである。そうでなければその社会は存続できない。そうしてそれは力による支配から自由になっているはずである。そこにおける階層構成の特徴を想像することはさらに難しい。とくに相当程度の地域的差違が同時にありうるからである。国によっては、英雄による政治もしくは技術者による政権が成立するかもしれない。またある国では平等主義が支配的になるかもしれない。平和を維持するために必要な、超国家的な警察力が権力を握る可能性も否定できない。その場合には一国による世界制覇が確立した場合と同じ結果になる。いずれの場合にも、進化の結果、オールダス・ハクスリー(九)の『すばらしい新世界』に描かれたような社会が生み出されるであろう。確かに言えることは、こうした社会は、他の社会に比較して変化に乏しいということである。技術が劇的に進歩しつつある社会で生きると言うよりも、むしろ急激な進歩が終息しつつある時代に生きているようにみえる。より高度な技術が最高の脅威をあたえる兵器を作り続ける間は、国家間の紛争状況が継続するであろう。しかし世界平和の時代が始まるとともに、この刺激は消滅する。筆者が現在準備中である技術進歩の社会的条件にかんする著作で明らかにするように、技術の進歩に従って西洋文明を推進してきた力の多くがすでに減退しつつある。(6) 筆者はそれを構成している要素が何であるかここで論議することはできないが、それでも幾つかのことは確実である。第一に、人口と資源との間の均衡を妨げてきた要因、人口を増大させてきた自然的傾向、が消滅することである。第二に、戦争がなくなる結果、技術革新の速度に追いつけない社会が解体することもなくなることである。しかしそのためには世界連邦の専門機関が、ある一国の技術革新が他国を凌駕して脅威にならないように、常に監視する必要がある。自然科学の非常に多くの分野を包含する軍備に関連するあらゆる分野の研究が、統制下に置かれる必要が生ずる。官僚と議員による統制は、その抑圧に繋がる。第三に、全体を包含する政治組織は、不可避的に、相当程度の文化の標準化を生み出す。国民同士の怨恨の減少と旅行の自由の拡大とが、この効果をさらに拡大させる。他方において、文化的威信の平等化は一方的優位を消滅させ、地域的な独自性を強化させるのであるが、ひとが生き方をどう考えるかに関しては、差違は余り深いものにはなりえない。なぜなら、共通の政治組織が存在するために、政治的行動はどうあるべきかについて、ある種の規範が一般的に受け容れられるようになり、攻撃性を涵養するような伝統と育児方法とは、排除されるようになるからである。この局面における斉一性があることは、他の多くの局面にもそれがあることを意味する。しかし、精神的進歩は異文化との接触によって刺激され、また差違が発達するためには一定度の孤立が必要であるから、このような標準化は精神の多様性を消滅させる。このことはいかなる変化も生まれないということを意味するものでないことは言うまでもない。そのようなことは非人間的で、起こりうることではない。しかし変化の速度は今日の世界というよりは、むしろ古代エジプトや中国の変化の速度に近いといえよう。その方が良いのか悪いのかは価値判断の問題であり、社会学が単独で判定することはできない。しかしそのような状況の下では、人間は、無我夢中になって狂ったように走り回り、胃潰瘍に罹り、また変転常ならず両立しがたい信念と規範との故に、精神的葛藤に苦しんでいる現在においてよりも、不幸であるに決まっていると考える理由も存在しない。貧困が克服されている限り、古代中国の大官のような安逸な生活も、それに浸ってみれば、案外快適であるかもしれない。

能率と進歩の観念にどっぷり漬かっている我々の多くは、そうした人々の哲学と生き方に魅力を感じないわけではない。あるいは世界は南海の小島を描いた牧歌的な絵画に似てくるのかもしれない。そこでは人々は労働しながら遊び、恋愛、料理、会話の技術を養い、歌い、踊り、冗談を言い合って、闘争、苦悩、英雄主義などとは無縁の、快適で憂いのない生涯を送る。……これこそ天国の再現である。

注

(1)　本書が執筆されたのは一九五〇年である。

(2)　本書が執筆された後、マッカーサーは解任され、大統領がその権威を世間に示した。にもかかわらず、この事件は全体として、地方に派遣された総督が市民政府の中に同盟者を見いだした際の危険性を浮き彫りにして見せた。しかしローマとアメリカでは共和国の性質が非常に異なっている。アメリカの場合、貧困で絶望的な大量の無産者がいるわけではない。ローマの独裁制（筆者の定義した意味での）は、富裕な階層と貧者との鋭い闘争から発生した。金持ちに虐げられた無産者は、唯一の希望であったマリウスやカエサルの旗印の下に結集した。

(3)　歴史を近視眼的に見ると、根拠のない結論にみちびかれることになる。例えばJ・U・ネフはユーラシア大陸の西端の最近世の歴史に関する知識のみを根拠にして、戦争に関する一般理論を展開した（彼の *War and Human Progress*, London 1950 を見よ）。彼が現代国家の好戦性は前例がないほどであるという、全く誤った結論に達したのは不思議ではない(この考えはその他の陳腐な誤謬とともに、一般に受け容れられている)。同様に彼は何らの根拠もなしに、最近における好戦性の増大の原因を、伝統的な宗教の規制の弱体化に求めている。実際にはヨーロッパの支配階層は十八世紀ほど非宗教的であったことはなかったにもかかわらず、彼はそれを戦争の抑止力として賞賛しているのである。人類史の観点からすれば、二世紀にわたってヨーロッパに続いた戦争の緩和状態は、喜ばしい一時休止と考える以外にはない。今や我々はより通常の状況に戻ったわけである。

(4) この点に関して最も優れた論議は **R.S.Steinmetz,** ***De Vredelievendheid der Laagste Volkstammen,*** **Mensch en Maatschappij, 1931.** に見いだされる。

(5) 本書が書かれた段階では朝鮮事変は未だ起こっていなかった。しかし筆者は今日でもここに述べた意見を修正する必要があるとは考えない。これらの事件は従来にもまして、議会制国家の外交の不手際を明るみに出すことになったと思われる。ロシア政府と中国政府との間の亀裂を考えるのに、そのどちらかが、自己の信条を捨てることを想像する必要はない。独裁国の指導者は、常に妥協を強いられる国の指導者に比較して、平等の条件で協力することは不得手である。

そのような亀裂が拡大するか否か、予測はできない。それは共産主義国家同士が、お互いに相手をどれだけ恐れているか、他国を共同で襲撃することによりどれだけの獲得物を望むか、また一方が他方を従属させうるかに掛かっている。もし西側諸国がこの二国を分裂させておきたいと望むなら、西側の政府は全力を挙げて共産主義国の侵略の希望に水を掛け、西側諸国よりもお互いの協力者の方が危険であると説得する必要がある。このことは特に中国の場合にそうである。もし二国が堅く結ばれた場合には、西ヨーロッパは圧倒され、アメリカ大陸は包囲攻撃される危険がある。インドでは議会主義の基礎は脆弱であり、アジアはどこの国でもその基礎は全くない。したがって将来の戦争が純粋にイデオロギーの相違によって起こるとすれば、大西洋同盟側には勝利の機会は少ない。しかし先の大戦では独裁者間の不一致が西ヨーロッパとアメリカとを救った。同様のことが再び起こるかも知れない。

（6）　ここで筆者は百年を単位にして考察している。また社会構造に何の影響力をも及ぼさず、また兵器の生産にも無関係な哲学や科学が繁栄することは可能である。

文献目録

本書の完成のために参考にされた単行書および論文のすべてを列挙することは不可能であるから、直接に関係するもののみを挙げることにする。

権力に関するBertrand Russelの啓発的な著作、*Power* (London 1936)（東宮隆訳『権力』一九九二、みすず書房）は、筆者の志向を本書に到達する軌道に導いたものであった。

社会現象の概念的分析に関しては、旧師Czeslaw Znamierowskiから大きな影響を受けた。師の著作物は筆者にとって明晰性と精密性との模範であり、形式社会学の最高傑作であると考えられる。なかでも最も重要なものは*Prolegomena do Nauki o Panstwe* (Warsaw 1930)である。

筆者はMax Weberに多くのものを負っている。彼から与えられたものを基礎にしなければ、本書の執筆は不可能であった。彼は軍事組織の社会学的重要性を十分認識しており、*Gesammelte Aufsäize zur Religionssoziologie* (3 Bde, Tuebingen 1920-21, 5 Aufl. 1963)（部分訳、大塚久雄・生松敬三訳『宗教社会学論選』一九七二、大塚久雄訳『プロテスタンティズムの倫理と資本主義の精神』一九八八、森岡弘道訳『儒教と道教』一九七〇、木全徳雄訳『儒教と道教』一九七一、杉浦宏訳『世界宗教の経済倫理』2、一九五三、深沢宏訳『ヒンドゥー教と仏教』一九八三、内田芳明訳『古代ユダヤ教』1、2、一九六二、六四、合本一九八五）でもそれに言及している。この問題に関する彼の見解が最も明確に示されているのは、驚異的かつ記念碑的な著作*Wirtschaft und Gesellschaft* (Tuebingen 1922, 5 Aufl. 1972)（部分訳、阿閉吉男・内藤莞爾訳『社会学の基礎概念』一九八七、清水幾太郎訳『社会学の根本概念』一九七二、世良晃志郎訳『支配の諸類型』一九七〇、武藤一雄・薗田宗人・薗田担訳『宗教社会学』一九七六、小野木常編訳『法社会学』一九五九、世良晃志郎訳『法社会学』一九七四、同訳『支配の社会学』1、2、一九六〇、六二、同訳『都市の類型学』一九六四、安藤英治・池宮英才・角倉一朗訳『音楽社会学』一九六七）と、*Gesammelte Aufsaetze zur Sozial-und Wirtschaftsgeschichte* (Tuebingen 1924)（部分訳、渡辺金一・

弓削達訳『古代社会経済史—古代農業事情』一九五九、山口和男訳『農業労働制度』一九五九）に採録された名論文 Zur ökonomischen Theorie der Antiken Staatenwelt とにおいてである。

筆者は非常に多くの概念を Herbert Spencer の *Principles of Sociology* (3vols., London 1876-96)（部分訳、乗竹孝太郎訳『社会学之原理』一八八二、浜野定四郎・渡辺治訳『政治哲学』一八八四）から借りている。政治制度に関する彼の論究は非常に有効である。Gaston Bouthoul の *Huit Mille Traités de Paix* (Paris 1948) と *Cent Millions des Morts* (Paris 1946) とは、ある段階で陥った明瞭な矛盾の迷路から本研究を救出してくれた。この両書は、社会的葛藤における人口学的要因の役割について、驚くほど透徹した検証を行なっている(1)。これと同じ問題をあつかっており、落とすことができない傑作は、A & E. Kulischer, *Kriegs-und Wanderzüge* (Berlin 1932) である。筆者にとって戦争の原因に関する諸学説を注意深く丹念に調査した Q. Wright による *A Study of War* (2vols., Chicago 1942) と、闘争に関する様々な学説を克明に検討した J. Wisse, *De Strijdende Maatśchappij* (The Hague 1948) とは非常に有用であった。R. S. Steinmetz, *Soziologie des Krieges* (Leipzig 1929) は、書名はやや大げさにすぎるが、とくに生物学的な選択と凶暴性の決定素に関する、幾つかの啓発的な見解を示している。

未開社会の戦争に関する資料の多くは、T. S. Van der Bij, *Ontstaan en Eerste Ontwikkeling van den Oorlog* (The Hague 1929) に求めることができる。

Franz Oppenheimer の *System der Soziologie* の第二巻 *Der Staat* (Frankfurt 1929) は、支持できない理論も含んでいるが、非常に重要である。

筆者は Pitirim Sorokin の後期の著作に含まれている、不思議な夾雑物を是認する者ではないことは言うまでもないが、彼から多くの点で学んできたことは事実である。問題になる著書は *Contemporary Sociological Theories* (New York 1928), *Social Mobility* (New York 1927), *Man and Society in Calamity* (New York 1942)（大矢根淳訳『災害における人と社会』）、*Social and Cultural Dynamics* (4vols., New York 1937-41) の第三巻、*Society, Culture and Personality* (New York 1947) である。叙述が混乱してはいるが、人類学の文献として視野の広さと見解の独創性においてユニークであるのは、Richard Thurnwald の *Die menschliche Gesellschaft in ihren ethnosoziologischen Grundlagen* (5vols.,

Berlin 1930-35) である。この書は特に征服現象に関して示唆に富んでいる。筆者は幾つかのデーターをこの書から得ている。

筆者は Gaetano Mosca に非常に多くのものを、特に *The Ruling Class* (New York 1939)（志水速雄訳『支配する階級』、一九七三）に含まれている、軍事が政治にあたえる影響の大きさを決定する要素についての論議に、負っている。これは政治学の分野でこれまでに書かれたものの内で、最も光彩を放つものであると考えられる。筆者はまたモスカの *Histoire des Doctrines Politiques* (Paris 1936) および論文のリプリントである *Partiti e Sindicati* (Bali 1949) をも使用している。Bertrand de Jouvenel の見事な *Du Pouvoir* (Geneva 1947) は、多くの点で、特に諸階統の内部構造とその相互関係の問題に関して、筆者を啓発した。Alexander Rüstov の、支配の現象に関する透徹した分析、*Ortsbestimmung der Genenart* (Türiz 1950) は、いくつかの点で草稿を手直しすることを可能にした。

本書の各頁には以下にあげる文献の影響が見て取れるであろう。V. Pareto, *Traité de Sociologie Generale* (Paris 1917)（部分訳、井伊玄太郎訳『社会学大綱』一九三九、戸田武雄訳『歴史と社会均衡』一九三九、北川隆吉・広田明・板倉達文訳『パレート社会学大綱』一九八七）および *Les Systemes Socialistes* (2nd ed., Paris 1926); R. Michels, *Political Parties* (London 1916)（森博・樋口晟子訳『現代民主主義における政党の社会学』一九九六）; G. Simmel, *Soziologie* (Leipzig 1908)（部分訳、居安正訳『ジンメル社会分化論』一九七〇、堀喜望・居安正訳『闘争の社会学』一九六六、同訳『集団の社会学』一九七二、居安正訳『秘密の社会学』一九七九）; J. M. Robertson, *The Evolution of States* (London 1912); R. A. Orgaz, *Ensayo sobre las Revoluciones* (Cordoba 1945); R. M. MacIver, *The Web of Government* (New York 1947)（秋永肇訳『政府論』二巻　一九五四）。

過去の巨匠の作品の中で、筆者を特に啓発したのは、Aristotle の *Politics*（山本光雄・村川堅太郎訳『政治学』『アリストテレス全集一五』）、Ibn Khaldun の *Prolegomenes Historiques* (de Slane 訳、Paris 1934-8、森本公誠訳『歴史序説』二〇〇一）、Montesquieu の *De l'Esprit des Lois*（野田良之他訳『法の精神』上、中、下）、Machiavelli の *Prince*（池田廉訳『君主論』世界の名著一六　一九六六）、商子の *The Book of Lord Shang* (Duyvendak 訳　London 1928)、Kautilya の *Arthasastra* (Shamasastry 訳、Mysore 1929), Malthus の *Essay on the Principle of Population*（寺尾

琢磨訳『人口論』一九四一、吉田秀夫・佐藤昇訳『初版人口論』一九五五)。

本書で提起された命題の多くは、何人かの歴史家によって与えられた個々の事象に関する解釈を、一般化し修正することによって得られたものである。したがって、貨幣の流通が社会構造にあたえる影響についての筆者の理論は、Henri Pirenne のヨーロッパ中世史の解釈を基礎にして形成されたものである。同様に筆者は、Rostovzeff、Gordon Childe、および Fustel de Coulanges にも負っている。Jacque Pirenne の輝かしい歴史解釈である *Les Grands Courants de l'Histoire Universelle* (Geneva 1944-8 既刊三巻) は、社会学的発想の宝庫である。R. Turner の *The Great Cultural Traditions* (2vols., New York 1941) は同様の性格の名著であり、視野はより狭いが信頼性はより高い。

筆者は A. J. Toynbee から幾つかの示唆を得ている。彼の *Study of History* (6vols., London 1935、同刊行会訳『歴史の研究』一九三四—六一) の理論的枠組みは、同義反復的であり、筆者が発見した限りにおいては、非常に不透明で、史実は多くの場合表面的であり、時には誤解を招くものもある。しかし読者は多くの興味深い示唆と情報の断片とを見出すことができる。

軍事組織が社会に与える影響を、明確なかたちで問題にしている唯一の書物は、Max Jähns, *Heersverfassungen und Völkerleben* (Berlin 1885) であるが、社会学的な問題には深く立ち入ってはいない。標準的な軍事史として筆者が利用したのは、Rola-Arciszewski, *Sztuka Dowodzenia* (Warsaw 1936); J. Ulrich, *Kriegswesen im Wandel der Zeiten* (Potsdam 1940), Hans Delbrück, *Geschichte des Kriegkunst* (3vols., Berlin 1900ff) (Delbrück 以外の人の手になる第三巻以降は価値が低い) である。社会学的志向が最も強い一般的軍事史は、筆者の知る限り、P. Schmitthenner, *Krieg und Kriegführung im Wandel der Weltgeschichte* (Potsdam 1930) であるが、この書には、幾つかの新しい概念が用いられている。ロシア、モンゴル、イスラム諸国に関する情報は Ferdinand Lot, *L'Art Militaire et les Armées au Moyen-Age* (2vols., Paris 1946) に見出される。Pawlikowski-Cholewa, *Die Heere des Morgenlandes* (Berlin 1940) はアジアの諸国全体を対象とした唯一の文献である。この書以外には、これらの諸国の軍事史を語るヨーロッパの言語による書物は一冊も存在しない。断片的ではあるが有用な情報は B. Laufer, *Chinese Clay Figure* (Chicago 1914); P. Horn, *Das Herr-und Kriegwesen der Grossmoghuls* (Leiden 1894); G. Oppert, *Weapons, Army Organization and*

Political Maxims of the Ancient Hindus (London 1880) に見出される。文献としての価値は高くはないが、他では見ることのできない情報を載せているのは、Leo Frobenius, *Weltgeschichte des Krieges* (Hanover 1903) である。近代ヨーロッパの問題は、A. Vagts, *A History of Militarism* (New York 1937) で取り上げられている。歴史一般、あるいは法制史、経済史、社会史に関する何冊かの書物は、軍事史の書物よりも、軍事組織の社会学的特徴について情報を与えてくれる。

筆者が使用した西ヨーロッパおよびギリシア・ローマ社会に関する資料は、*Peuples et Civilisations*、*Cambridge Histories*（古代、中世、近代篇）、あるいは、*Propylaen Weltgeschichte* など、どの叢書によってでも確認できる。そこで筆者が、社会学的な視点から特に啓発を受けた書物のみを列挙することにする。それは、C. Seignobos, *Essai d'une Histoire Comparée des Peuples de l'Europe* (Paris 1938) と、Fustel de Coulanges, *La Cité Antique*（28th ed., Paris 1922, 田辺貞之助訳『古代都市』）である。軍事的要素の役割が強調されているのは、J. Hasebroek, *Griechische Gesellschaft-und-Wirtschaftsgeschichte* (1931); R. V. Pöhlman, *Geschichte der sozialen Frage und des Sozialismus in der antiken Welt* (3rd ed., Munich 1925); G. Glotz, *La Cité Grecque* (Paris 1928, 英訳 *Greek City* 1931); Gordon Childe, *What Happened in History* (Harmondsworth 1942); W. W. Tarn, *Hellenistic Civilization* (2nd ed., London 1930); M. Rostovzeff, *The Social and Economic History of the Roman Empire* (Oxford 1926), および *Soc. and Ec. His. of the Hellenistic World* (Oxford 1941); L. Homo, *Roman Political Institutions* (London 1929); F. Lot, *La fin du Monde Antique* (Paris 1927, 英訳 *The End of the Ancient World* 1929); Marc Bloch, *La Société Féodale* (Paris 1939)（新村猛他訳『封建社会』1、2）、H. Mitteis, *Der Staat des Hohen Millelalters* (3rd ed., Weimar 1948); Henri Pirenne, *A History of Europe* (London 1933); Werner Näf, *Die Epochen der neuren Geschichte* (2vols., Aarau 1945) である。

ビザンチンの歴史については、Charles Diehl, *Byzance* (Paris 1919) および *Les Grands Problémes de l'Histoire Byzantine* (Paris 1943); G. Ostrogorsky, *Geschichte des Byzantinischen Staates* (Munich 1940) を参照した。ビザンチン社会と文化の最も包括的な描写は、L. Brehier, *Le Monde Byzantin* (3vols., Paris 1947-51) に見られる。非常に興味深いのは、W. E. D. Allen, *A History of Georgian People* (London 1932) と H. Pasdermadjian, *Hisoire de l'Armenie* (Paris

1949) である。

ポーランドとその他のスラブ諸国の歴史に関しては、筆者はスラブ系言語の文献のみを使用した。

スペイン史に関する簡単な文献の中では、A. Palomeque, *Hisoria de la Civilizacion e Instituciones Hispanicas* (Barcelona 1946) が最も役にたったが、Rafael Altamira の *Hisoria de España* (4th ed., 4vols., Barcelona 1928) には比肩すべくもなかった。

筆者がアジア諸国についての情報を得た文献については、より詳細に挙げる必要がある。なぜなら東洋史に関する文献の多くは全く偶然に所蔵されていたものであり、その数も非常に少ないからである。

近東の古代史に関して最も役にたったのは、C. Dawson, *The Age of Gods* (London 1928); A. Moret, *Le Nile et la Civilisation Égypteinne* (Paris 1926) (英訳 *The Nile and Egyptian Civilisation*); Kees, *Aegypten* (Munich 1933); Arthur Christensen, *Die Iranier* (Munich 1933) および *L'Iran sous les Sassanides* (Copenhagen 1944); C. Huart et X. Delaporte, *L'Iran Antique* (Paris 1943); L. Delaporte, *La Mésopotamie* (Paris 1923); Gordon Childe の前掲書、G. Furlani, *La civilta Babilonese e Assira* (Roma 1929) であった。

イスラム諸国については、A. V. Kremer, *Culturgeschichte des Orients* (Veinna 1875); Gaudfroy-Demombynes, *Le Monde Musulman* (Paris 1931); A. Mez, *Die Renaissance des Islams* (Heidelberg 1922); A. H. Lybyer, *The Government of the Ottoman Empire* (Cambridge, Mass. 1913); Gibb and Bowen, *Islamic Society and the West* (London 1950); A. Bonne, *State and Economics in the Middle East* (London 1948); J.Weulersse, *Paysans de Syrie et du Proche-Orient* (Paris 1946); W. Hinz, *Iran* (Leipzig 1936) を参照した。Fernand Braudel の *La Méditerranée* (Paris 1949)（浜名優美訳『地中海』I～V）は多くの地域と時代に光を当てる名著である。R. Brunschvig の *La Berberie orientale sous les Hafsides* (2vols., Paris 1940-7) は、イスラム国家を最も的確に表現している。イスラム社会の歴史についての非常に透徹した素描は、素描であるのが残念であるが、C. H. Becker の *Islamstudien* (2vols., Leipzig 1924-32) および *Beitrage zur Geschichte Aegyptens* (2vols., Strassburg 1902-3) に含まれている。Henri Terasse の *Hisoire du Maroc* は疑いもなくイスラム国家の歴史の最高傑作である。Bertold Spuler の *Die Goldene Horde* (Leipzig 1943) および *Die Mongolen in Iran*

(Leipzig 1938) は非常に有益であった。

東アジア全般については、E. Eickstedt, *Rassendynamik von Ostasien* (Berlin 1944)、中央アジアについては、Rene Grousset, *L'Empire des Steppes* (Paris 1939); W. Barthold, *Histoire des Turcs d'Asie Centrale* (Paris 1945); B. Vladimirtsov, *Le Regime Social des Mongols* (Paris 1948)。

インドについては、Masson-Oursel, *L'Inde Antique* (Paris 1933) (英訳 *Ancient India*): H. G. Rawlinson, *India* (London 1943); R. C. Majumdar, *An Advanced History of India* (London 1946); H. Goetz, *Die Epochen der indischen Kultur* (Leipzig 1929); G. S. Churye, *Caste and Race in India* (London 1932); J. H. Hutton, *Caste in India* (Cambridge 1946): N. K. Sidhanta, *The Heroic Age in India* (London 1929); R. Mookerji, *Local Government in Anceint India* (Oxford 1919)。

中国については、W. Eberhard, *Chinas Geschichte* (Berlin 1948) (英訳 *History of China*, London 1950) が最も優れている。H. Wilhelm, *Gesellschaft und Staat in China* (Peking 1944) も同様にすばらしい。その外に R. Grousset, *Histoire de la Chine* (Paris 1942); O. Franke, *Geschichte des chinesichen Reiches* (4vols., Berlin 1930-48); M. Granet, *La Civilisation Chinoise* (Paris 1929) (英訳 *Chinese Civilisation*); H. G. Creel, *The Birth of China* (London 1936); R. Wilhelm, *A Short History of Chinese Civilization* (London 1929); C. M. Wilbur, *Slavery in China during the Former Han Dynasty* (Chicago 1943); Ch'ao Ting Chi, *Key Economic Areas in Chinese History* (London 1936); O. Lattimore, *Inner Asian Frontiers of China* (New York 1940); O. Franke, *Staatssozialistische Versuche in China* (Berlin 1931); W. Eberhard, *Das Toba Reich Nord Chinas* (Leiden 1949); F.Michael, *The Origin of Manchu Rule in China* (Baltimore 1942); Wittfogel and Feng, *History of Chinese Society -Liao* (New York 1949)。

日本については、G. B. Sansom, *Japan* (2nd ed., London 1946) (和訳『日本文化小史』一九五一); O.Nachod, *Geschichte von Japan* (3vols., Leipzig 1908-30); M.Yoshitomi, *Étude sur l'Histoire Économique de l'ancien Japon* (Paris 1927); 本庄栄治郎、*The Social and Economic History of Japan* (Kyoto 1935); 土屋喬雄、*An Economic History of Japan* (Tokyo 1937)。

東南アジアについては、J. Norder, *Inleiding tot de Oude Geschiedenis van den Indischen Archipel* (The Hague 1948); G. Coedes, *Les États Hinduises d'Indochine et d'Indonésie* (Paris 1948); H. G. Quaritch Wales, *Ancient Siamese Government and Administration* (London 1934)。

ラテンアメリカについては、R. A. Humphreys, *The Evolution of Modern Latin America* (Oxford 1946); H. M. Ots Capdequi, *El Estado Espagnol en las Indias* (Mexico 1941); J. Ingenieros, *Sociologia Argentina* (Buenos Aires 1946); G. Freyre, *The Masters and the Slaves* (New York 1946)。

古代アメリカ文明については、S. Morley, *The Ancient Maya* (Stanford 1946); G. C. Vailliant, *Aztecs of Mexico* (Garden City 1941); L. Baudin, *L'Empire Socialiste des Inka* (Paris 1928); H. Cunow, *Geschichte und Kultur des Inkareiches* (Amsterdam 1937); J. Bram, *An Analysis of Inca Militarism* (New York 1941)。

未開民族に関する筆者のデーターは、主として G. Buschan (ed.), *Illustrierte Völkerkunde* (3vols.,Stuttgart 1922-24); H. A. Bernatzik (ed.), *Die Grosse Völkerkunde* (3vols., Leipzig 1939); Kaj Birket-Smith, *Geschichte der Kultur—Eine allgemeine Ethnologie* (Zürich 1946); H. Baumann, R. Thurnwald and D. Westermann, *Völkerkunde von Afrika* (Essen 1940); M. Fortes (ed.), *African Political Systems* (London 1940); P. Werder, *Staatgefüge in Westafrika* (Stuttgart 1938); S. N. Nadel, *A Black Byzantium* (London 1942); I. Schapera, (ed.), *The Bantu-speaking Tribes of South Africa* (London 1937); G. P. Murdock, *Our Primitive Contemporaries* (New York 1934); R. Benedict, *Patterns of Culture* (London 1935); C. D. Forde, *Habitat, Economy and Society* (London 1934); M. J. Herskovits, *The Economic Life of Primitive Peoples* (New York 1940); C. G. and B. Z. Seligman, *Pagan Tribes of the Nilotic Sudan* (London 1932); B. Malinowski, *Argonauts of the Western Pacific* (London 1922); N. de Cleene, *Inleiding tot de Congoleesche Volkenkunde* (Antwerp 1943); H. Labouret, *Histoire de Noirs d'Afrique*; R. H. Lowie, *Primitive Society* (London 1929 河村只雄、河村望訳『未開社会』一九七九) および *Social Organization* (London 1950) に拠った。

J. Stewart (ed.), *Handbook of South American Indians* (5vols., Washington 1946-9) は、現在最も優れた民族誌的調査である。J. C. Van Eerde (ed.), *De volken van Nederlandsch Indie,* (2vols., Amsterdam 1920); R. Willamson, *Social and*

Political Systems of Central Polynesia (3vols., Cambridge 1924); Robert Montagne, *Les Berberes et le Mahzen* (Paris 1930); F. C. Cole, *The Peoples of Malaysia* (New York 1945); M. Perham, *The Government of Ethiopia* (London 1948)。

二〇世紀初頭からの論文と講演を集めた Otto Hintze, *Staat und Verfassung* (Leipzig 1941) は、基本的文献であるが、本書の草稿が完成する間際になってようやく接することができ、二、三の問題点を明らかにすることが可能になるにとどまった。

最後に、以下の文献を付け加える必要がある。

Franz Altheim, *Weltgeschichte Asiens im Griechischen Zeitalter* (2vols., Halle 1948), *Niedergang der alten Welt* (2vols., Frankfurt am Main 1952); B. Spuler, *Iran in Fruehislamischen Zeit* (Wiesbaden 1952); E. Bikerman, *Les Institutions Seleucides* (Paris 1938)。

文献目録　注

（1）本書の執筆後ブトールの論考『戦争』（*Les Guerres*）が発表された。これは戦争の原因についてこれまで書かれたものの間で、最もすぐれたものである。

新造語一覧

一般徴兵型軍事組織（Neferic Military Organization）
　高い軍事参与率、高い服従性及び高い凝集性によって特徴づけられる軍事組織。
階層間移動（Interstratic Mobility）
　個人及び集団の社会階層の間の移動。
希求対象物（Ophelimity）
　一般に人間が欲望の対象とするもの。
騎士型軍事組織（Ritterian Military Organization）
　低い軍事参与率、低い凝集性及び低い服従性によって特徴づけられる軍事組織。
軍事参与率（Military Participation Ratio）
　壮丁全体中で軍人として徴集される者が占める割合。原著中ではＭＰＲと略されることが多い。
時間的距離（Pheric Distance）
　そこへ行くために必要な時間で計った距離。
職業戦士型軍事組織（Mortazic Military Organization）
　低い軍事参与率、高い服従性及び高い凝集性によって特徴づけられる軍事組織。
親衛隊支配（Pretorianism）
　反乱を起こした軍人による非憲法的支配。
スパルタ型軍事組織（Homoic Military Organization）
　低い軍事参与率、低い服従性及び高い凝集性によって特徴づけられる軍事組織。
多階統構造的社会（Polyhierarchic Society）

複数の独立した階統構造が併存する社会。

タレンシ型軍事組織（Tallenic Military Organization）

高い軍事参与率、低い服従性及び低い凝集性によって特徴づけられた軍事組織。

単一階統構造的社会（Monohierarchic Society）

すべて階層区分の仕方が一つの原則に統合されている社会。

複合社会（Plural Society）

異なる民族集団から構成されている社会。

武家（Bookay）

社会を支配する戦士階層。

武家社会（Bookayan Society）

武家によって支配される社会。

文化変容（Transculuration）

他文化からの衝撃によって引き起こされる急劇的な民族文化の変化。

暴力支配性（Biataxy）

社会において希求対象物の分配が、暴力ないし暴力の威嚇によって決定される度合。

マサイ型軍事組織（Masaic Military Organization）

高い軍事参与率、低い服従性及び高い凝集性によって特徴づけられる軍事組織。

余剰の寄生的搾取（Parasitic Appropriation of Surplus）

何らかの資格によって行われる、生産に参加しなかった個人による余剰生産物の搾取。余剰とは生産物の内、生産者の単なる生存のための必要物を超過する部分をいう。

臨戦性（Polemity）

一社会が持つ使用可能な全エネルギーの内、戦争に投入される部分の割合。

訳者注

緒　言

（一）Claude Bernard

フランスの生理学者（一八一三〜一八七八）。パリ大学教授。生理学に実験的方法を導入した。訳文は三浦岱栄訳『実験医学序説』（一九三八）岩波文庫、によった。主著としては、本文に引用されたものの外に、*Leçons sur la physiologie et la pathogie du Système nerveux*, 2vols 1858 がある。

（二）William Whewell

イギリスの哲学者、科学史家（一七九四〜一八八六）。ケンブリッジ大学教授、学長。ベーコンの帰納法を当時の科学の水準に応じて発展させることを試みた。主著は、*History of the Inductive Sciences*, 1840. 及び *Of the Plurality of Worlds*, 1854.

自　序

（一）James Geoge Frazer（一八五四〜一九四一）の主著。*The Golden Bough; a study in magic and religion*, 2vols., 1890, 13vols., 1911-36, abr. ed., 1922. 神成利男訳『金枝篇』二〇〇四年〜。

（二）マルクスがプルードンを批判して書いた有名な論文『哲学の貧困』（一八四七）を意識した表現であろう。

第1章

（一）Ibn Khaldun

アラブ族出身の理論的史家（一三三二〜一四〇六）。あまりにも優れた才能の持ち主であったために、同僚の嫉妬を買うことが多く、アラブ世界各地を転々とした。主著である『省察すべき実例の書、アラブ人、ペルシャ人、ベルベル人および彼らと同時代の偉大な支配者たちの初期と後期の歴史に関する集成』（部分訳、森本公誠訳『歴史序説』二〇〇一年）は、遊牧民と定住民との関係から文化国家の本質と宿命とを論じている。

（二）Ludwig Gumplowicz
ポーランド生まれのユダヤ人の社会学者（一八三八〜一九〇九）。グラーツ大学教授。主として人種問題および闘争をテーマとして、ドイツ語圏で社会学という名称を付した最初の書物を出版した。主著に*Rassenkampf*, 1883; *Die soziologische Staatsidee*, 1892 がある。

（三）Pueblo Indians
アリゾナ州北東部及びニューメキシコ州北西部の幾つかの地域に、密度の高い集団を形成して定住した先史時代のアナサジ族の子孫と考えられるアメリカ原住民族の諸部族。ホピ、ズニなど、文化的、言語的に幾つかに分類される。元来はそれぞれが独立して宗教的首長に指揮された合議体制の下に、農業と狩猟とによって生活していた。美術的に価値の高い製陶で有名である。

（四）寺尾琢磨訳『マルサス 人口論　第六版』（一九四二）六四〇頁。なお、著者は引用を四〇〇頁としているだけで、使用した版は明らかにしていない。

（五）Nyars
原文の綴は Nyars であり、これに相当する民族・語族は明確にし難い。発音がこれに近いものとしては Nayar（ナーヤルもしくはナヤール）と Nuer（ヌアーもしくはヌエル）が考えられる。ナーヤルは南インドのケララ州に分布するカーストで、ドラヴィダ語系のマラヤーラム語を使う。イギリスによる植民地化以前には典型的な母系社会を形成していた。その後伝統的な社会構造は崩壊し、姓の継承に母系社会の痕跡を残すにとどまる。ヌエルはスーダン南部のナイル川流域のサバンナに住み、ナイル系言語を使用する牛の放牧を中心とした生活を営む民族。十個以上の部族（クニ）に分れ、各クニは複数の分節に分れている。非常に好戦的であり、年配の人で棍棒や槍の傷跡をもたない人はめったにいないと言われる。（エヴァンス＝

プリチャード著、向井元子訳『ヌアー族』二三四頁）ことから判断して、ヌアー族を指すものと考える。

（六）Plains Indians

アメリカ中部からカナダ中南部、ミシシッピー河からロッキー山脈の間に広がる大草原地帯（Great Plains）に住んでいた、シャイアン、コマンチ、クローなどのアメリカ原住民の諸部族。主として大型の野獣を対象とする狩猟によって生活していた。世襲的な階級制度を持たず、個人の社会的地位は戦闘における勇敢さ、弱者に対する施しなどによって決められる。例外なく呪術的医療行為者シャーマンを持つ。

（七）Jan Julius Lodewijk Duyvendak

オランダのシナ学者（一八八九～?）。北京オランダ公使館通訳、ライデン大学教授、コロンビア大学客員教授、『通報』共同編集者。主著は *The Diary of H.E.Ching-shan,being a Chinese Account of the Boxer Troubles*, 1924; *The Book of Lord Shang*, 1928.

（八）Ottoman Empire

十三世紀末、オスマン・ベイ（一二五八～一三二六）が小アジアを中心に建てたトルコ族のイスラム国家。一四五三年にコンスタンチノープルを陥して東ローマ帝国を滅ぼし、アッバス朝の子孫からカリフの称号を譲られ、十六世紀に国力は最盛期を迎えた。その後ロシア、オーストリアの侵略をうけて衰微。一九二二年ケマル＝アタテュルクが革命を起こし、スルタン制度を廃止、トルコ共和国が成立した。

（九）Ankole

Ankore, Nkole, Nkore, Nyankore, Nyankole とも呼ばれる。ウガンダの西南部、エドワード湖、ジョージ湖水およびタンザニア国境とに挟まれた地帯に居住する民族。バンツー語を話し、父系制的氏族に分かれ通常一夫多妻である。この民族は、文化的、言語的には同一であるが、性格の異なる二つの部族に分かれている。その一は全体の約一割にあたり、ヒマと呼ばれ、専ら遊牧を行う。他は人口の九割を占めるイルと呼ばれる農耕的な部族である。両者はムガベとよばれる専制君主を戴いており、ヒマはムカベに忠誠を誓い、イルからその首長を通じて貢納を徴集する。

（一〇）Kitara
Nyoro, Banyoro, Bunyoro とも呼ばれる。ウガンダ中部のアルバート湖の東、ヴィクトリアナイルの西に居住するバンツー語を話す民族。人種的には複数の民族が混合している。植民地時代以前は周辺で最も有力な王国であり、象などの獲物をねらう狩猟民族であったが、その後は黍、高粱、バナナ、ヤムイモ、木綿、たばこなどを栽培する、散在的で小規模農業をいとなむ農民に変わった。いくつかの父系的外婚的氏族からなっている。

（一一）Siam
インドシナ半島中央部の王国。現在のタイ。

（一二）Polybios
ギリシアの歴史家（前二〇一頃～一二〇頃）。ローマがギリシアを支配して以後は、人質としてローマに送られ、両国の調和に努めた。主著『歴史』は、歴史研究を政治生活の鑑と考える実用的史学の立場で書かれたローマの発達を機軸とした世界史であり、そこで政体の循環を説いた。

（一三）Shang Yang
中国戦国時代の刑名家（?～前三三八）。公孫鞅、衛鞅とも言う。秦の孝公に仕えて井田を廃止し徴税方法を改変した。恵王のために誅せられた。著書に『商子』五巻がある。

（一四）Armand Cuvilier
フランスの社会学者（一八八七～?）。ソルボンヌ大学名誉教授。マルクス主義が鼓吹する理論とデュルケム学派が主張している社会学とを融合しようとした。主著は *Manuel de sociologie, avec notices bibliographiques,* 1950. また同著者による *Introduction à la sociologie,* Paris, 1936. には和訳がある。清水義弘訳『社会学入門』（一九五三）。

A　理論的考察

（一）Delhi Sultanate

スルタンはイスラム世界の非宗教的統治権の所持者である専制君主。イスラム世界で政治的権力を持っていたのは、元来は選挙によって、後に世襲となったマホメットの後継者であるカリフ（教主）であったが、一〇世紀以降カリフが次第にその政治的勢力を失い、宗教的権威を持つにすぎなくなり、スルタンの称号を授けられた政治的権力者が出現した。インドに侵入したイスラム勢力は、ムガール帝国が成立するまで三〇〇年間にわたって、五王朝、三三人のスルタンがデリーを首都にして支配した。

（二）Slave dynasty（一二〇六～九〇）

デリーのスルタン支配の最初の王朝は創始者クトゥブッディーン・アイバクの出自が奴隷であり、その外にも同じ出自の王が多かったため、奴隷王朝と呼ばれた。

（三）Mamluks

中世エジプトの軍人集団。元来はトルコ系の奴隷がイスラムに改宗し、軍隊奴隷として使われたもの。エジプト社会で次第に権力を握り、一二五二年から一五一七年までの間スルタンの地位を掌握し、カイロを首都とし前後二つの王朝を開き、エジプト、シリヤを支配した。王朝はオスマントルコ帝国により亡ぼされ、その子孫は一八一一年、メヘメット・アリ（第2章B訳者注（一三）参照）により殲滅・追放された。

（四）Maori

ニュージーランド原住のポリネシア系の民族。

（五）Kazak

中央アジア、シベリア、西アジア、東ヨーロッパに住む遊牧民。タタール人とスラブ人の混血で武勇に優れ、たびたびの戦争で功績を立てた。ロシアに対しては半独立の立場を保っていたが、次第に服属的になっていった。

（六）Goajiro Indian
コロンビアとベネズエラの国境、南アメリカの北端グアヒラ半島に住む、アラワカン語族の言語を使う、南北アメリカを通じてもっとも人数の多い原住民。元来は蟹・海老の類を採取して生活していたが、スペイン人の入植者から馬と家畜を得て、牧畜を始め、成功した。母系出自の三〇の氏族集団に分属し、騎射に長ずることで定評がある。

（七）Semang
マレー半島に住み、オーストロ・アジア語を話し、伝統的には吹き矢による狩猟と、野生植物を採取する遊牧民族。年長の男子をリーダーとし、妻と息子および妻子が自治的な地域集団を形成する。多数の守護神を含む複雑な宗教をもち、シャーマンがいる。

（八）Kingdom of Dahomey
西アフリカのギニア湾に面した、もと仏領西アフリカの一部、現在のベナンにあった王国。十七世紀にド・アクリンがその基礎を築いた。初めは東方のオヨにある強力なヨルバ王国に隷属していたが、その後、奴隷貿易による富でヨーロッパから武器を購入して強大になり、領土を拡大、国名をダホメとし、十八、九世紀にはその繁栄の頂点に達した。国王を頂点とする官僚制的独裁国家で、国王の地位の独自性を確保するために、政治構造に王の一族を一切加えず、官僚組織はすべて平民で構成された。また男性の官僚にはすべて女性の目付がつけられた。奴隷を獲得するために強力な軍事組織をもち、徴兵制度のために十七世紀後半から定期的な人口調査も行なっている。十九世紀中葉イギリスが奴隷貿易を廃止したため、奴隷はヤシの栽培に使われ、輸出品をヤシ油に変更したが、経済力は衰え、十九世紀の末フランスに敗れ、その植民地になった。

（九）League of Iroquois
イロコワ族は北アメリカ東部の、イロコワ語を使う原住民の一。同系統の言語を用いる原住民は、他にヒューロン、チェロキーなどが知られている。五つ（後に六つ）の部族に分かれ、それらはイロコワ同盟として知られる、緩やかな連合を持っていた。季節により農耕（玉蜀黍、豆類、南瓜）と狩猟とを混合した経済活動を行なった。同盟はイロコワ族の最高の社会的単位であり、個々の部族を構成する氏族および村落の代表者五〇名から構成される不定期の集会をもち、主として部族間の紛争を解決した。同盟自身としては軍事力をもたなかったが、個々の部族は戦闘的であることで恐れられ、首狩りと捕虜の呪術的な食人の慣習があった。戦争のリーダーは戦士としての個人的な勇気と能力とによって選ばれたが、その権力は戦争の間にのみ限られた。アメリカ革命に際しては、同盟は各部族がそれぞれに味方を選ぶことを許し、大部分は英国側に加担した。この頃から戦争と病気のために勢力が衰えた。

（一〇）Jhering, Rudolfvon
ドイツの法学者（一八一八〜九二）。ベルリン、バーゼル、ヴィーン、ゲッチンゲン等の大学で教鞭をとる。ローマ法の中に、目的論的、法技術的、文化的発展を見る立場に立ち、法解釈に重点をおいた当時の法学を乗りこえた新しい研究分野を拓いた。主著『ローマ法の精神』四巻（一八五二〜六五）、『法における目的』二巻（一八七七〜八三）。

（一一）Stanislaw Andrezejewski, Are Ideals Social Forces ?
本書巻末の補論一。

（一二）著者イブン・ハルドゥーンについては、第1章の訳者注（一）を参照。引用された訳文は森本公誠訳『歴史序説』岩波文庫（二〇〇一）第二分冊四七四〜五頁によった。

（一三）Trobriand islanders
ニューギニアの東方、ソロモン海の島民。ここで人類学者マリノウスキーによる有名な学術調査が行なわれた。

（一四）Roman conquest of Gaul
前五八〜五二年、カエサルによって行われたガリア地方の討伐。

（一五）Sudan

アフリカ大陸北東部、エジプトの南に位置する。中央をナイル川が貫流する。十九世紀末イギリスとフランスの勢力が衝突しファショダ事件が起こり、ナイル川を挟んでそれぞれの勢力範囲とした。その後イギリスとエジプトの協定により共同統治領となったが、第二次大戦後、反英感情が高まり、共和国として独立した。

(一六) Ganda

ヴィクトリア湖北西部に住むバンツー語を使用する民族。ウガンダで最も多数を占める民族。父系制で外婚を行う五〇以上のトーテム集団に分かれる。十九世紀初頭には、カバカと呼ばれる神権的な国王の下に、軍事的性格の整った効率的な支配制度と精妙な政治組織を持っていた。この地域の民族の中でイギリスの影響を最初に受け容れた。

(一七) 第1章訳者注（九）参照。

(一八) Bantu

アフリカのナイジェリアの南東の隅の大西洋の海岸線から東へ、ヴィクトリア湖まで辿り、ついで南に折れてタンザニアに至り、さらに西北に曲がってケニアのインド洋の海岸に至る直線（バンツー線と呼ばれる）の南側の広範な領域で使用される、バンツー語と呼ばれる言語を使う民族を言う。バンツー語はより大きな言語群であるニジェール・コンゴ語を構成する一五の言語の一である。それぞれ独立的で、互いに通じ合わないが、歴史的には明瞭な関係がある。バンツー語を使う諸民族の間には、形質的、文化的に大きな差違があり、バンツー語族という概念は、言語学的分類としてのみ有効である。

(一九) the Sikh and Gurka Troops

シーク教は十五世紀のインドで、ヒンズー教とイスラム教との融合により成立した宗教であり、その信者はムガール帝国の下ではイスラム教徒から迫害されていたので武装化し、独立の王国を建設していたが、十九世紀中頃、イギリスの統治下にはいった。またグルカ人はネパール地方に住むアリアン種族と蒙古種族との混血の民族で、勇猛をもって知られた。イギリスはこの両者の戦闘能力を高く評価し、そこから多数の兵士を徴集した。

（二〇）Chandragupta
インドのマウルヤ王朝初代の王（前三二一？～二九七）。アレクサンドロス大王の遠征によって動揺したマガダ王朝を倒し、新王朝を樹立した。大王に征服されていた北西インドの諸地域を奪還し、大王の後継者の一人であるシリアのセレウコスと講和条約を結び、象五〇〇頭と交換にアフガニスタンのインド領を譲り受けた。

（二一）Hammurabi
バビロニア王国第一王朝第六代王（前一七二八～一六八六）。周辺の国々を征服、「世界の王」として、バビロニア王国の最盛期を現出した。法律を統一し「ハムラビ法典」を編纂し、アッカド語を公用語とした。

（二二）Ivan the Terrible
ロシア皇帝イワン四世（一五四〇～八五）。中央集権化を謀り、国土の拡大に努め、バルト海、黒海への侵出を企てたが失敗。ドン・コサックの族長イエルマクに命じてシベリア征服をさせた。初めて公式にツァーと称し、ロシア絶対王政の基礎を築いた。

（二三）Hai-ling Wang
中国金朝第四代の皇帝。在位二四九～六一年。クーデターにより熙宗を殺して即位し独裁権力の確立をはかり中央政府の権限の強化につとめたが、あまりに過酷な徴発を行なったため各地に反乱が起り、部下に殺された。

（二四）the Hiyksos
セム族系と推定される小アジアの遊牧民族。前一六三〇年、馬、戦車などの進んだ軍事技術をもって中王国末期のエジプトに侵入、第一五王朝を建設して、約一二〇年間支配した。

B　歴史的検証

（一）the Masai
東アフリカのケニアおよびタンザニアに住む遊牧民。四ないし八家族が群を作って周年遊牧を行う。老人の間では複婚が一般的である。幾つかの父系的な氏族を持ち、それらは二つの半族に分かれている。同時に成人になるための通過儀礼を受けた者が年齢階梯集団を構成し、それは終生継続する。これがマサイの社会的統合の基礎になる。階梯は、それぞれ十五年ずつ継続する四段階、若年戦士、老年戦士、若年指導者、老年指導者をへて上昇し、部族に関する決定権は、老年指導者のみが保持する。十四歳から三十歳までの若者は、モランと呼ばれ、この段階では伝統的に他の部族員から離れて灌木地帯で生活し、その間に部族の慣習を学び、マサイの戦士が世界に知られる特徴である、強靭さ、勇気、忍耐力を身につける。

（二）第1章訳者注（六）参照。

（三）Nupe
ニジェール共和国にすむ原住民。多くの部族に分かれているが、いずれも密接な関連のあるヌープ語を使用している。ヌープの王国はイダに首都を置いたツェードと呼ばれる人物によって建国されたと伝えられている。この国は十六、七世紀の間に強大になり、オヨ帝国と争って勝利を収めた。十九世紀初頭にフラニ・ジーアドは、国家の実際的な支配者となったマラム・デンドと呼ばれる人物と争って敗れ、マラム・デンドの子孫がヌープのエツ（首長）の称号を得て、この国を支配した。

（四）Ruanda
アフリカ中東部の、ザイール、タンザニア、ウガンダに接し、大部分が標高一五〇〇メートル以上の高原の国。明瞭に区別される三種類、ツチ、フツ、ツワの三民族からなる。伝統的にはツチ族は少数（全人口の一〇パーセント）の貴族的な土地所有者であり、人口の九〇パーセントをしめるフツ族は、それに隷従する農民であった。彼らはツチ族に隷属してその土地を耕作して粟やヤムイモを栽培し、その家畜を飼育していた。他方ツワ族はピグミーで、狩猟と壺の生産を行っている。ルワンダの元来の住民はツワ族であったが、その後フツ族が住むようになり、十四世紀の初めに遊牧民であるツチ族が到来し、優れた軍事的技術をもってフツ族を支配し、十五世紀にはツチ族の指導者が王国を建設し、フツ族の村を併合して次第にその領域を拡大していった結果、二十世紀初頭のルワンダは中央集権的な軍事組織を備えていた。その後この国をベルギーが占領し、一九二三年国際連盟はルワンダをベルギーの委任統治領とした。ベルギーは従来からの王政をみとめ、封建的な政治構造を維持したが、次第にフツ族の民主制への要求が強まり、一九五九年内乱に発展、国王は隣国へ亡命、一九六一年ルワンダは共和制を宣言し、翌年フツ族の新しい指導者の下で独立した。国外に避難したツチ族の侵攻はその後繰り返し試みられている。

（五）第1章訳者注（九）参照。

（六）the Zulu

南アフリカのナタール地方に住む、ングニ語を話す南バンツー族の一族。伝統的に農業を行ったが、同時に灌木地帯で多数の家畜を飼育し、周辺の草原地帯に住む民族の家畜をしばしば略奪した。その社会組織の単位は氏族で、氏族はそれぞれ数個の父系的な家族で構成されていた。父権的性格が強く、複婚とレヴィレート婚の慣習を持っていた。氏族内部では長老の男子が首長であり、戦時には指揮者であり平和時には裁判官を務めた。

もともとは一クランでしかなかったが、十九世紀前半に帝王シャカが出現して、独自の戦術と軍事組織を駆使して周辺の諸民族を征覇し、一大軍事王国を築いたが、シャカ王が暗殺されて以後勢力を弱め、一八八〇年イギリス軍と争って敗れ、以後白人の支配下に置かれた。同時に成人の儀礼をうけたものが年齢階梯集団を組織、それがズールー族の軍隊組織になり、家族から離れて兵営で暮らし国王の直接の指揮をうけた。伝統的な宗教は祖先崇拝であるが、同時に創造主である神、魔女、魔術師を崇拝した。王は国民全体にかわって魔術と降雨に責任を持ち、儀礼は国民全体にかわって遂行された。

（七）the Mbaye

南アメリカのアルゼンチン、パラグアイ、ブラジルにわたるチャコ地方に住む原住民。元来は狩猟と採取を行う遊牧民であったが、定住農耕を行うグアナ族を征服して、そこからの貢納を受け取るようになり、十七世紀中葉にはスペインの入植者との接触から、馬の使用を知り、乗馬に巧みで好戦的な恐るべき戦士に変身した。また馬の使用により行動範囲が拡大し、襲撃と狩猟がより効率的となり、獲物の種類と量が増えたために、階層分解が起きた。

(八) 前出訳者注（四）参照。

(九) **the Fulbe**
Fulani, Pullo, Peul, Fula, Fellata などとも呼ばれる。アフリカのスーダン以西の地域、セネガルから中央アフリカ共和国に分布する、主として遊牧を行う民族。言語的にはニジェール・コンゴ語族に属する。七世紀にセネガル川中流域に住んでいたツクロール人の子孫で、十一世紀にイスラム教に改宗した。十九世紀末にフランス人に征服されるまでは、セネガル渓谷東部およびその周辺を支配していた。

(一〇) **phalanx**
古代ギリシアの重装歩兵の戦術。騎兵の突撃に対して、円形の楯を持ち、革の鎧と金属の脛宛てを身につけ、投げ槍と両刃の剣で武装した歩兵が、肩を接して起立し、通常八列の緊密な隊形を組んで前進した。弓隊による攻撃に対しては脆弱性を示した。

(一一) **Sumer**
古代バビロニア南部の最古の住民。その出自は不明である。前四〇〇〇年頃から、ウルなどの都市国家を建設した。ウル第三王朝のとき、シュメール・アッカド地方の支配者になった。楔形文字を作ったことで有名である。

(一二) 第2章A訳者注（二四）参照。

(一三) **Mehmet Ali**
エジプト最後の王朝メヘメット・アリ朝の創始者（一七六九〜一八四九）。ナポレオン一世のエジプト遠征の時、アルバニア兵を率いてこれに対抗し、戦後はイギリスの干渉を排してよく混乱を鎮め、エジプトの太守に任命され、地方軍閥であるマムルークを一掃した。ギリシア独立戦争ではトルコを支援し、その代償としてキュプロス、クレタを獲得。その後小アジアに侵入、宗主国トルコを脅かし、いわゆる東方問題を起こしたが、一八四一年、エジプトの世襲支配を承認され王朝の基礎を築いた。教育、軍制、産業の近代化に努めた。

（一四）V. G. Childe, *What Happended in History*, London 1942.

（一五）Goltz, *La Cité Grecque*, Paris 1928.

（一六）Fustel de Coulanges, *La Cité Antique*, Paris 1923.
訳文は田辺貞之助訳『古代都市』（一九六一）によった。

（一七）アリストテレス『政治学』。原著は、Everyman's edition から引用している。訳文は山本光雄訳（『アリストテレス全集一五　政治学・経済学』（一九六九）を参考にしつつ、本書中の英文の引用によった。

（一八）Peloponnesian War（前四三一～四〇四）
民主政をしくアテネと貴族制のスパルタとの間で行なわれた、ギリシアの主権をめぐる争い。最終的にはスパルタの勝利に帰したが、この戦争の結果、ギリシアは衰退にむかい、マケドニアのフィリッポス二世に征服された。

（一九）Macedonia
ギリシアのテッサリアの北方に、前七世紀後半、ドーリア系の民族が起こした王国。長く質朴・野蛮な状態にあったが、前四〇〇年頃から、古代ギリシア文化を摂取、フィリッポス二世、アレキサンドロス大王の時、黄金時代を迎えた。ギリシア諸都市の反乱を弾圧、ペルシア、エジプトを征服、インド北部まで侵入した。前三二三年、大王が死ぬと、大帝国はその後継者によって、エジプト、マケドニア、トラキア・小アジア、シリアに四分割された。

（二〇）Achaemenid empire
古代ペルシア帝国。前五五〇年～三三〇年西アジアのカスピ海南方、イラン高原の西部に、アケメネスが起こした国家。紀元前五世紀、ダレイオス一世の時全オリエントを征服統一した。その後ギリシアに侵出し、ペルシア戦争を起こしたが、失敗。ダレイオス三世の時、マケドニアのアレキサンドロス大王に攻められ滅亡した。

（二一）Sassanid dynasty（二二五〜六五一）
中世ペルシアの王朝。先祖はマズダ教の司祭ササンという。セレウコス朝シリヤの衰微に乗じて国王となる。ゾロアスター教を国教とし、領土を広げて古代ローマ帝国と対立、六世紀に黄金時代を迎え、しばしば東ローマ帝国に侵入した。六四二年、サラセン帝国に敗れて崩壊した。

（二二）Seldjukid Turks
中央アジアのクヌクを故郷とするトルコ民族系のグズ族の一派。十世紀ころ族長セルジュックの下でボハラに移り、十一世紀中頃メルヴを中心に王朝を開いた。中央アジアから小アジアにかけて広大な領土を獲得、アッバス朝のカリフから、スルタンの称号を受け、文化的に黄金時代を迎えたが、ホラズム、カラ・キタイ等の攻撃をうけて、帝国は一一五七年に滅びた。

（二三）Mongols
中国の北辺、蒙古高原に分布する民族。十三世紀チンギス汗が出て、東は満州から西はロシアにいたる大帝国を建てた。チンギス汗はその四子に領土を分与したが、宗家の五代目のフビライ汗は元と称し、一二七一年南宋を滅ぼし中国を統一した。

（二四）Timur（一三三六〜一四〇五）
チンギス汗の子孫と伝えられる。一三七〇年頃、チャガタイ、キプチャク、イル諸汗国の衰退を機会に、その領土を奪い、サマルカンドを首都にして強大なティムール帝国を創立し、サマルカンドはペルシアのイスラム文化の中心として繁栄した。一四〇二年にはオスマン・トルコの皇帝バジャジッド一世を捕虜にし、明代の中国を討とうと出撃したが、途中で倒れた。その帝国はそれ以後政権闘争が激しく、ウズベク族の侵入により崩壊し、領土はサファヴィ朝ペルシアに併合された。

(二五) Safevid dynasty（一五〇二〜一七三六）
オスマン・トルコの勢力下から脱したペルシア人の王朝。ペルシア全土の統一に成功しイスラム教シーア派を国教とした。その支配を脱したアフガン人のために滅ぼされた。

(二六) reflex bow
後出訳者注（五四）長弓の項参照。

(二七) H. G. Creel, *The Birth of China*, London 1936.

(二八) Shih Huang-Ti（前二五九〜二一〇）
中国の封建時代末期、十二歳で秦王となり、全土を統一。万里の長城を築いて匈奴を討ち、版図を拡大して中国を統一した。封建制度を廃止し中央集権的郡県制度を採用し、貨幣、度量衡、暦、文字を統一した。また思想の統制を謀り、焚書坑儒などを行ったが、彼の死後まもなく、その国は滅びた。

(二九) 前出訳者注（二〇）参照。

(三〇) the guptas
チャンドラグプタ十一世の即位（三二〇頃）に始まり、五五〇年まで続いた、インド北部の古代王朝。インド史上でもっとも創造力にあふれた時代の一つで、ヒンズー文化が栄えた。

(三一) the Pallavas
四世紀初頭から九世紀後半までインド南部に君臨した王朝。出自はデカン高原。マドラスの西方に位置するカーンティーに首都を置いた。

(三二) the Cholas
南インドのタミール地方を支配した古代王朝。土着のドラビダ文化を持ち、北部からの文化の流入に対抗した。起源は不明であるが紀元後二〇〇年より以前と考えられる。パッラヴァ朝の封臣が独立したもの。十一世紀前半に最盛期を迎え、南インド全域を支配し、ガンジス川流域のベンガルやマレーシアおよびインドネシアにも遠征軍を送って成功を収めた。一二七九年、北部勢力の侵入により崩壊した。

（三三）the Vijaynagar
インド南部にあった都市国家。一三三六年から一六一四年までの間存続し、北部からイスラム教の勢力が侵入するのを防いだが後にペヌコンダに移った。イスラム教徒との接触により、ヒンズー教徒の側も刺激を受け、サンスクリット文化が華開いた。今日廃墟が残る。

（三四）the Rashtrakutas
七五七年から九七五年頃まで、インド南部のデカン地方を支配した王朝。著しく戦闘的な性格の国家組織を持ち、しばしば南北の隣国と争って勝利した。その攻撃により、特に北方のイスラム勢力の侵入に直面していた諸国は、弱体化された。

（三五）the kingdom of Harsha
ハラシャ＝ヴァルダーナとも呼ばれる(六〇七～六四七)。古代から中世への転換期のインドにハルシャ王朝を創立した。その勢力は南インドには及ばなかったが、北部に大領土を保った。サンスクリット文学の保護者で自らもすぐれた戯曲の作者であった。仏教に対して好意的で、玄奘三蔵がインドを訪れたのは、その治世であった。

（三六）the Sakas
中央アジアの遊牧民。スキタイ人の一種族で紀元前二世紀後半に月氏に追われて南下し、アフガニスタン南部に移住、インドに侵入した。徐々にヒンズー化して、サカ王朝を建て、四世紀末まで続いたが、グプタ王朝に滅ぼされた。

（三七）the Mughuls Empire
ムガールは蒙古の意味。チンギス汗の子孫といわれるチムール（訳者注（二四）を参照）の子孫は、インドに移り一五二六年、デリーに王朝を開いた。十七、八世紀の交に最盛期を迎えたが、その後ヒンズー教徒の強い抵抗と諸侯の自立のために弱体化し、英国の保護によって命脈を保ったが、一八七七年崩壊した。

（三八）Radjput states

アラブ人によるインド支配が成立する以前、八世紀以降インド西部にラジプート人が建設した王国。グジャラ・プラティーハ朝は特に有名である。いずれもイスラム勢力の侵入に対抗したが十分な抵抗はできなかった。

(三九) **the Etruscans**
古代北イタリアに住んだ民族。その出自は未詳。前七世紀ころ最盛期を迎えたが、前三世紀にローマ人に滅ぼされた。

(四〇) **the Servian reform**
ローマ第六代の王セルヴィウス・トウリウス(前五七八〜三五)が行なった政革。市民の財産に応じて、兵役義務と兵員会における投票権とを定めるように改めた。貴族政治に財産政治の要素を組み入れたと評価されているが、この改革は紀元前五世紀半ば以降のものであるとする解釈もある。

(四一) **Romulus**
古代ローマの伝説的な建設者。

(四二) **Camillus**
古代ローマの軍人(?〜前三六五)。エトルリアの町ヴェイイを攻めて陥落させたが、戦後政争によりローマを追放された。前三八七年、ガリヤ人のローマ占領に際して呼び戻され独裁官となり祖国を救った。ローマの第二の建設者と称された。

(四三) Leon Homo, *Roman Political Institutions*, London 1929.

(四四) Latifundia
古代ローマの奴隷制大農経営。前二世紀ころからローマ全土、とくに北アフリカの属州で発達した。有力者への土地集中を生み出し、中小自営農民の没落を招いた。

(四五) **the reform of Marius**
古代ローマの軍人で政治家の **Gaius Marius** (前一五七〜八六)が行なった改革。たびたびコンスルに就任し平民党の領袖として閥族党のスラと争った。

（四六）**the Gracchi**
兄チベリウス（前一六二～一三二）、弟ガイウス（前一五三～一二一）の兄弟。ともに古代ローマの護民官。大土地所有制の発展にともなう貧民の増大を憂慮し、土地の再分配を実行しようとしたが、ともに貴族層の反対にあい、不慮の死を遂げた。

（四七）**Emperor Heraclius**
東ローマ帝国の皇帝ヘラクリウス一世（五七五～六四一）。ヘラクレイオス朝の創始者。ササン朝ペルシアと争って、シリア、エジプトを回復したが、サラセン帝国と戦ってメソポタミア、エジプトを失った。

（四八）**the Berber**
北アフリカの原住民。部族に分かれてモロッコ、アルジェリア、テュニジア、リビア、エジプトに広く分散し、ベルベル語を話す。古代ローマがこの地方を植民地化した時代にも、また七世紀にアラブ人が侵入した時代にも農耕民として自治を保持したが、十二世紀にベドウィン族の侵略により、多くが遊牧に転換した。

（四九）**Charlemagne**
西ローマ帝国の皇帝カール一世（大帝）（七四二～八一四）。ピピンの子。はじめ兄カールマンと分治したが、兄の死後七七一年、全フランクの王となり、周辺の各国を討伐、現在のドイツ、イタリア、フランスにまたがる大帝国を築いた。八〇〇年西ローマ帝国皇帝の帝冠を授けられた。キリスト教文化を奨励、カロリング・ルネサンスを現出した。中央集権の実をあげ、ヨーロッパ世界を成立させた。フランス名はシャルマーニュ、英語ではチャールズ。

（五〇）**druzjina**
初期のルス族の諸公の従者で、諸公からの給与によって生活したが、去就の自由を保持していた。その地域の軍隊の中核を形成し、比較的高齢の者は諸公の相談役となり、若年者は直接の親衛隊となった。次第に世襲的な領土をあたえられるようになり、土地貴族になっていった。

（五一）grünewald
ポーランドの村名。一四一〇年、ここでポーランド・リトアニア・ルーシの連合軍とドイツ騎士団軍との間で決戦が行われ、ポーランド側が決定的な勝利を得た。

（五二）Gustav Vasa
スウェーデン国王グスタフ一世（一四九五～一五六〇）。ヴァーサ王朝の祖。デンマークと戦って敗れ、捕らえられたが、逃れて帰国し、王となった。財政上の理由から教会財産を没収して、ルター派の教義を採用した。

（五三）Stenka Razin
一六六〇年代の後半のロシアで反乱を起こした農民の指導者（?～一六七一）で、一時はカスピ海北西部を占領したが、七一年に鎮圧された。

（五四）long bow
中世のヨーロッパ、特に百年戦争の際に盛んに用いられた強力な弓。五ないし六フィートの長さの丸木（主としてイチイ）を、中央を太く両端を細く、かつ中央部分の断面がD字型になるように、射手側を丸木の木心部まで、的側は丸木の白木部まで削って弦を張った弓。それ以前から使われていた普通の木製の弓が、この頃進化発達した結果と考えられている。これに対して、この当時short bowと呼ばれた弓は、中央と両端部分として、それぞれ独特の曲線を描く三本の木を組合わせたもので、この彎曲した木を芯にして、その上に、射手側になる側面には骨を、的側になる側面には腱を、膠で貼り付け、その上で全体を逆方向に彎曲させて弦を張ったもので、彎弓（reflex bow）とも呼ばれる。使用する時の形状は、伝統的な絵画に描かれたキューピットが持っている弓のように、中央部分が射手に向かって凸型に、両端部分は凹型に彎曲する。この弓は、その複雑な形状のために、丈が短いにもかかわらず、大きな威力を発揮した。起源は中国で、ヨーロッパには十字軍の遠征を通じて導入され、韃靼弓（tartar bow）とも呼ばれた。Bradbury,

J., *The Medieval Archer.* The Boydell Press, 1985. 及び Creel, H. G.; *The Birth of China.*

（五五）**the Great Peasant Rebellion**
一三八一年に起きたタイラーの一揆。ケント・ウェセックスの農民を率いて、ロンドンに進軍、数日間市内を支配し、リチャード二世と会見、農奴制の廃止、労働と取引の自由を承認させたが、暗殺され、反乱は鎮圧された。

（五六）**Illyria**
バルカン半島の北西部、アドリア海に沿った地域に、前十世紀から定住していたイルリア語を使うインド・ヨーロッパ系の民族。幾つかの部族に分かれ、その内の最強のものが王国を建設したが、前一六七年にローマに滅ぼされ、その一属州となった。六世紀になるとスラブ人が南下を始め、七世紀にはクロアチア、セルビア、ダルメティア、ボスニア、モンテネグロなどの各地では、イルリア語は使用されなくなった。古代イルリアの末裔としては、アルバニアだけが残った。

（五七）**Dacia**
現在のルーマニアの中北部および西部、カルパチア山中の地名。

（五八）**Avars**
その起源も使用していた言語も不明であるが、六世紀から九世紀にかけて、東ヨーロッパの歴史に重要な役割を果たした民族。アドリア海、バルト海、ドニエプル河、エルベ河に囲まれた地域で活躍、ゲルマン人の部族同士の抗争に参入して、ロンバルト族に味方した。六世紀半頃にはドナウ河とチサ川の間のハンガリー平原に建国し、六二六年にはビザンチン帝国を攻略してコンスタンチノープルを陥落寸前にまで追いつめたが、その後七世紀後半には内乱のために衰え、八〇五年、カール一世に滅ぼされた。

（五九）**the Madyars**
現在のハンガリーの主要民族。スラブ系と蒙古系との混血民族。九世紀にウラル川ボルガ河の中間地帯から移動し、スラヴ、ゲルマン、アヴァール人と混ざって王国を建設したが、東フランク王国の国境を侵して、ハインリッヒ一世、オットー一世に敗れた。

（六〇）**the Pechnegs**

トルコ系の遊牧民で、もともとはヴォルガ河とウラル河の間に住んでいたが、六世紀にカザール人、オグス人に追われて、ハンガリー人をカルパチヤ盆地に追い出して、黒海の北のステップ地帯、ドナウ河とドン河に挟まれた地帯に移住した。しきりに西方に移動を試み、特にビザンチン帝国が十一世紀初頭ブルガリアを征服した以後は、直接の脅威となり、一〇九一年にはコンスタンチノープルの城門にまで迫ったがアレクシウス一世に敗れて壊滅した。

（六一）**aromuns**

バルカン半島の山岳地帯に住む少数民族。羊飼いを生業としていたが十八世紀ころから商人として活躍するようになる。独自の言語ヴラフ語を持ち、ヴラフ人とも呼ばれる。

（六二）**Metternich, Klemens Wenzel Lothar, Fürst von**

オーストリアの政治家（一七七三〜一八五九）。保守的でフランス革命の思想や自由主義に反対し、ドイツおよびイタリアの国民的統一を恐れ、巧みな外交政策を駆使して、ナポレオン一世にあたったことで知られる。

（六三）Crimean War（一八五三〜五六）

南下政策をとるロシアはパレスチナ聖地管理権問題にことを寄せてトルコと開戦。ナポレオン三世は国威発揚をめざして、イギリス、サルディニアとともにトルコを支援した。戦争はセヴァストポリ要塞の攻防に終始したが、パリ条約でトルコの保全が約された。

（六四）**Franz Joseph of Austria**

オーストリア皇帝（一八三〇〜一九一六）。ドイツと結んで汎ゲルマン主義を強行し、一九〇八年ボスニア・ヘルツェゴビナを併合。一九一四年皇太子フェルディナンドがサラエボで暗殺され、第一次世界大戦に突入した。

（六五）The July Monarchy
フランスで七月革命の結果成立した、オルレアン家のルイ・フィリップの王政（一八三〇〜四八）。議会主義をとったが、制限選挙制で上層ブルジョアジーの利益を代表した。二月革命の結果崩壊した。

（六六）Bonapartist regime
ナポレオン三世の治下に見られる、市民階級と労働者階級との外見上の勢力の均衡状態に依存する政治形態。議会主義の形態をとった独裁権力で、小土地所有農民の保守性に依存し、労働者階級を抑圧し、産業ブルジョアジーの利益を代弁した。

（六七）The Third Republic
普仏戦争の結果、ナポレオン三世が退位して成立した、議会主義に立つブルジョア共和制（一八七一〜一九四〇）。第二次世界大戦の敗北によるヴィシー政府の成立により解体。

（六八）Stein, Karl
ドイツ（プロイセン）の政治家（一七五七〜一八三一）。有能な行政官として諸官職を歴任。固陋な官房政治を改革しようとして、一旦は罷免されたが後に召還されて首相として内政改革にあたった。農民解放、都市の整備、近代的内閣制度樹立などプロイセンの近代国家化のために諸改革を行なった。外交的にはナポレオン一世に対抗し、普露同盟の成立に尽力、自由戦争中は中央行政政府を指導、戦後は講和処理にあたった。ドイツ帝国の建設を画策したが、成功しなかった。

（六九）Bismarck, Otto Eduard Leopod, Furst von
ドイツ（プロイセン）の政治家（一八一五〜九八）。ドイツ帝国初代の宰相。ドイツの問題は鉄と血とで解決するという方針の下に、デンマーク、オーストリア、フランスなどとの戦いに勝利して、ドイツの統一を達成し、ヨーロッパ外交をリードした。内政では社会主義的政策を推し進め保護関税主義をとり、ドイツの重工業化を図った。

（七〇）Alexander II

ロシア皇帝（一八一八〜八一）。農奴解放など自由主義的改革を行なったが、ポーランドの反乱を機に反動化した。中央アジアに進出、ロシア・トルコ戦争を起こした。虚無党員に暗殺された。

（七一）H. D. Lasswell

アメリカの心理学者（一九〇二〜七八）。フロイトの精神分析学を政治学に導入した先駆者。新シカゴ学派の代表者。

（七二）Frederick II Hohenstaufen

プロイセンの皇帝（一七一二〜八六）。代表的な啓蒙専制君主。オーストリア継承戦争、七年戦争を戦い、ポーランド分割を行なって領土を拡張すると共に、内政の改革を行ない、プロイセンの強国化を実現した。ヴォルテールなどの文人や学者と交わるなど、軍人、政治家であると同時に、すぐれた文化人でもあり、大王と呼ばれる。

（七三）Akbar, Jalau'd-Din Muhammad

インドムガール帝国の第三代の皇帝（一五四二〜一六〇五）。同帝国最大の人物。近隣諸国を攻撃し版図拡大につとめ、ベンガル湾からアラビア海をのぞむ広大な領土に君臨した。人種の平等と宗教の自由とを認め、法律、税制、貨幣制度を改革し、文学、美術にも関心が深く、絢爛たるムガール王朝文化の基礎を築いた。大帝と呼ばれる。

（七四）the Ptolemies

ヘレニズム時代のエジプトの王朝（前三三二〜三〇）。アレキサンドロス大王の将軍でエジプト知事であったプトレマイオス一世が、大王の後継者（ディアドコイ）の一人として建設。ヘレニズム時代の文明の中心として繁栄したが、クレオパトラの死をもって断絶した。

（七五）the Medicis

ルネサンス時代のフィレンツェの大商人。十三世紀末から東方貿易と金融業とで巨富を積み、同市の政権を握り、ロレンツオ（一四四九〜九二）の時独裁的地位を獲得した。文芸を愛好し、学者・文人を集めて、ルネサンスの中心となった。十八世紀に家系は断絶した。

（七六）al Mamun, 'Abul-'Abbas 'abdullah Harun
アラビアのアッバース朝第七代のカリフ（七八九〜八三三）。父の歿後、異母兄と争ってこれを倒して即位。各地に反乱するアラブ人との争乱に終始したが、文化の保護に力を入れ、アッバース朝学芸の全盛期を迎えた。当時の自由思想派であるムウタズィラ派に属し、同派の学説を国教にした。

第3章

（一）Assyrian Empire
前一一〇〇頃〜六一二。セム族がティグリス川中流域に建てた統一国家。発達した軍事的官僚組織を持った。バビロニアから文化をうけつぎ、ヒッタイト人から鉄器の使用を学んで盛強となり、史上空前の世界帝国を形成した。アッシュルバニパル（前六六九〜六二六）の時ニネヴェに都をおき壮麗な王宮を営み、世界最古の図書館を建てたが、新バビロニア、メディア、リディア、エジプトの四王国に分立し、新バビロニア、メディアの連合軍のためにニネヴェが陥落して亡びた。

（二）Philip of Macedon
マケドニアの王（前三八二〜三三六）。古代ギリシアの文化を受容し、軍事的才能に長け、前三三八年、アテネ・テーベの連合軍を破り、全ギリシアを統一した。ついでペルシアを討伐しようとして暗殺され、事業をその子アレクサンドロス大王に残した。

（三）the Saxon Kings
九一九年、サクソニー公爵であったヘンリー一世がドイツ帝国の皇帝に選ばれて以後、一〇二四年、ヘンリー二世が世継者を得ずに死亡してサクソン家の皇統が絶えるまで、五代のドイツ皇帝。オットー一世以後は、古代ローマ帝国の延長とみなされ、ローマ・カトリック教会から、神聖ローマ帝国皇帝の帝冠を得ていた。

（四）Gustaf Adolf

スウェーデン王グスタフ二世（一五九四〜一六三二）。父カール九世の遺志を継ぎバルト海制覇に精進した。ドイツ、ロシア、ポーランド、デンマークと戦い、三〇年戦争中に陣没。用兵の妙と人徳の故に、大王と称された。

（五）第2章A訳者注（二四）参照。

（六）the Inca empire

十二世紀頃、南米インディアンのインカ族が、今日のペルー、ボリビア、チリの地域に建設した国。十五世紀初めから著しく勢力を拡大したが、一五三三年スペインのピサロに滅ぼされた。土木技術に優れていた。

（七）第2章B訳者注（六）参照。

（八）king Chaka

ズールー王国初代の王（一七八七?〜一八二八）。ヨーロッパの植民者の侵略に対抗して、それまで数世紀にわたって存続していた、首長を中心とした小規模で自治的な氏族の連合を基礎にして、国家を建設し国王となる。部族の支配権を握り、青年を集め、統一した武装による軍隊を編成して、一八一八年中央集権的独裁王国の建設を開始したが、一八二八年、身内により暗殺された。

（九）第2章A訳者注（五）参照。

（一〇）the Spahis of the Ottoman Empire

オスマン帝国の騎兵。その社会的地位は中世西ヨーロッパの騎士に似ている。スルタンから直接に封土をあたえられ、そこから上がるすべての収益を占有して軍役にしたがった。十六世紀中葉まではオスマン軍の中核であったが、火器の使用の増大に伴って、それ以後は次第に歩兵であるジャニサリー（第4章訳者注（九））にその地位を奪われていき、十九世紀前半のギリシア独立戦争時には全く無用のものとなり、一八三一年、スルタン・マームード二世の、軍隊の近代化政策により消滅した。

（一一）robber barons
中世ヨーロッパの下級貴族で、領内で法外な通行税を徴収するなど、盗賊的行為をしたもの。

（一二）Parthia Kingdom
ペルシア人アルサケスがセレウコス朝シリアの衰微に乗じてカスピ海東海岸地方に紀元前二五〇年ころに建国。広大な領土を支配したが、紀元後二二六年ササン朝ペルシアのアルダシール一世により滅ぼされた。

第4章

（一）Kavirondo Bantu
ルオ族とも呼ばれる。ケニア西部およびウガンダ北部のヴィクトリア湖周辺の平坦部に住む原住民。定住して農耕に従事し、同時に多数の家畜を飼育する。ケニヤではキクユ族に次いで二番目に人口が大きく、政治勢力を分け合っている。

（二）the Natches
かつてミシシッピー河下流域に住み、今は絶滅してしまったムスコギ族に属していたアメリカインディアン。

（三）第2章A訳者注（一八）参照。

（四）第2章B訳者注（一）参照。

（五）N.S. Timasheff, *Introduction to the Sociology of Law.* Cambridge, Mass., 1939.
訳文は川島武宜・早川武夫・石村善助訳『ティマーシェフ　法社会学』（一九六二）によった。

（六）第2章B訳者注（一三）参照。

（七）第2章A訳者注（三）参照。

（八）Mahmud II
オスマントルコ帝国のスルタン（一七八四〜一八三九）。剛毅果断にトルコの近代化を行なった。バルカン問題でロシアと争い、メヘメット・アリをエジプトのパシャに起用し、マムルーク勢力を一掃し、新式の軍隊を編成した。しかしギリシア革命が勃発、その独立を認めざるを得なくなり、またメヘメット・アリが背反するなど、改革事業は多難であった。

（九）Janissary

オスマン帝国の常備軍のエリート軍団。十四世紀に創設。その優れた戦闘能力のゆえに高く評価されたが、次第に国内で政治的勢力を発揮するようになった。元来はバルカン地方のキリスト教徒の子弟を徴集してイスラム教に改宗させて、厳しい訓練を施し、妻帯を禁止するなど厳格な統制に従わせたものであった。しかし十六世紀後半になると統制は次第に弛緩し、十八世紀初頭にはその伝統的な補充方法も行われなくなった。また十七、八世紀には、しばしば宮廷を舞台にした一揆を企て、十九世紀初頭には、ヨーロッパ式の軍制の採用に抵抗を示したため、サルタン・ムハマード二世により殲滅、追放された。

（一〇）Peter I

ロマノフ朝のロシア皇帝（一六八二～一七二五）。オランダ、イギリスを旅行、帰国後西欧化政策を採用した。スウェーデン、オスマン・トルコと戦って、バルト海、黒海への侵出をはかり、軍隊の近代化、中央集権化を推進し、マニュファクチュアの育成と農奴制の強化を企てた。ロシアの強国化に成功、大帝と呼ばれた。

（一一）Streltzy

十六世紀中葉に設立されたロシアの軍隊の部隊で、ツァーの親衛隊を構成し、ロシア陸軍の中核になった。元来は平民から組織されたが、十七世紀中葉には、他とは隔絶した地域に住む世襲的軍人カーストになり、大きな政治的影響力を持つにいたった。モスクワの治安と警察の責任を負い、辺境諸都市に警備隊として派遣された。ルス族の王侯の随行者として王侯の統治を補佐し、軍事力の中心となった。

（一二）the Habsburg

十三世紀に神聖ローマ帝国の皇帝（ルドルフ一世）に選ばれていらい、ドイツ、オーストリア、スペインなどの国王を輩出したヨーロッパの名族。スペイン王を兼ねたカール五世（一五〇〇〜五八）の時に最盛期を迎えたが、スペイン系は一七〇〇年に消滅、ドイツ＝オーストリア系も、第一次世界大戦後オーストリアが共和国となり、滅びた。

（一三）**Ramses**
古代エジプト第一九王朝の王（前一二九〇〜一二二三）。エジプト隆盛期の最後の王。長くシリア方面でヒッタイトと戦った。

（一四）第2章B訳者注（四九）参照。

（一五）第1章訳者注（一）参照。

（一六）**Robert Heinrich Lowie**
アメリカの人類学者（一八八三〜一九五七）。ウィーンに生れ、十歳の時渡米。コロンビア大学でボアスの指導をうけた。ロッキー山脈の東西に住むアメリカ・インディアン諸族の調査とモルガンの氏族偏重説に対する反証で功績をあげた。

（一七）**Ontong Java**
ソロモン群島内の島。南緯五度、東経一六〇度、ブーゲンヴィル島の東方に位置する。

（一八）**Ancient Japan**
五世紀以降の大和朝廷において、服属して九州から畿内に移住させられた隼人が、天皇の忠実な従者として、直属の軍事力の一部を担ったことを指すのであろう。

（一九）**Nupe Kingdom in Nigeria**
第2章B訳者注（三）参照。

（二〇）**Peron, Juan Domingo**
アルゼンチンの軍人（一八九五?〜?）。一九四六年クーデターを起こして政権を奪取し、外国資本の排除、初等教育の拡充、高等教育の抑圧、経済的自立など国家社会主義的独裁政治を行ったが、一九五五年カトリックの抑圧を機会に起った海軍のクーデターで失脚、亡命した。

（二一）第2章A訳者注（二二）参照。

（二二）前出訳者注（九）参照。

（二三）前出訳者注（一一）参照。

（二四）Nubian Troops
ヌビア人はエジプトとアビシニアとの間の地域の民族。古代からエジプト人の奴隷となり、皇帝の親衛隊の供給源となっていた。

（二五）Pilsudski, J.
ポーランドの政治家、軍人（一八六七〜一九三五）。リトアニアの貴族の出身。大学在学中から独立運動に参加、アレキサンドル三世の暗殺陰謀に連座してシベリアへ追放されたが、帰国後ポーランド社会党を組織。日露戦争中、同志と挙兵問題を商議するため訪日したこともあった。第一次世界大戦にはポーランド軍を組織し、ドイツ・オーストリア側に参戦。戦後独立ポーランド初代大統領に就任。ウクライナに侵入して反ボルシェヴィキ的軍事活動を行ない、一時下野したが、一九二六年クーデターにより陸相、ついで首相となり独裁権力をふるった。

（二六）Mosca, Gaetano
イタリアの政治学者（一八五八〜一九四一）。トリノ、ローマ両大学教授。上院議員。現実の政治過程の観察に基づく政治学の科学化を主張し、民主主義と社会主義の双方が理想とする平等を実現不可能な神話として退け、社会的現実はつねに少数の有力な階級の支配であり、この階級の形成と支配の形態を明らかにすることが政治学の課題であるとした。ほぼ同時代のイタリアで活躍した、パレート、ミヘルスとともにエリート理論の先駆者となった。

第5章

（一）Wang Mang
前漢の元帝の皇后の一族（前四五〜後二三）。平帝のとき大司馬となり善政を施して人望を集め、宰相となったが、平帝を弑して孺子嬰を立てて仮皇帝とし、摂政となり、その後自ら帝位につき、国号を新と改めた。『周礼』の制度にならって新法を行なったが、苛政のために民心を失い、各地に反乱が起こり、後漢の光武帝に敗れて死んだ。

（二）原文は "the military developments of the last century" であるが、ここでは意味をとって「十九世紀の」と訳した。

（三）Monnerot, J., *Sociologie du Communisme: Psychologie des Religions Seculieres*. Paris 1949.

（四）Stanislaw Andrezejewski, Are Ideals Social Forces ?
本書巻末の補論一。

（五）第2章B訳者注（七四）参照。

（六）the Seleucids
アレキサンドロス大王の武将で、バビロニア、シリヤなどを征服し、四人のディアドコイ（後継者）の一人となったセレウコス一世が開いたシリア王国の王朝。前三一二〜六四年の間、小アジア、ペルシア、シリアの大部分を支配した。

（七）Byzantium
古代ローマ帝国の分割により東方部にできた国家。東ローマ帝国ともいう。西ローマ帝国がゲルマン人の侵入により疲弊していた間、正統のローマ帝国であると誇った。三世紀にはササン朝ペルシア、六世紀にはスラヴ人の膨張に悩まされたが、ユスティニアヌス一世（四八三〜五六五）のころ盛期に達し、一〇五四年ローマ教会と絶縁し、ギリシア正教会を設立したがアラビア人、トルコ人、十字軍との戦いに衰退し、帝位争いや傭兵の反乱に疲弊し、一四五三年オスマン・トルコに首都コンスタンティノープルを占領されて滅亡した。

（八）第1章訳者注（八）参照。

（九）第2章A訳者注（一）参照。

（一〇）Arabian Caliphate

サラセン帝国では、マホメットの死後しばらくはその子孫がカリフとなっていたが、六六一年、ムアウイヤがカリフとなり、ダマスカスでウマイヤ朝を建て、中央アジアからスペインにいたる広大な領域を支配したが、その後八世紀中頃、バクダッドのアッバス朝東カリフ帝国と、コルドバの西カリフ帝国とに分裂し、前者は一二五八年蒙古帝国軍に滅ぼされた。

（一一）第4章訳者注（九）参照。

（一二）第2章B訳者注（三七）参照。

（一三）第3章訳者注（六）参照。

（一四）Ch'in Kingdom（前二二一～二〇七）

周代の侯国で戦国七雄の一。のち政王（始皇帝）のとき天下を統一し、王朝を開き、郡県制度を確立したが、その死後崩壊し、漢の高祖にとって代わられた。

（一五）第1章訳者注（一三）参照。

（一六）第1章訳者注（七）参照。

（一七）第2章B訳者注（二八）参照。

（一八）T'ang

中国の統一王朝（六一八～九〇七）。長安に都を置き、中央集権を確立、外征を起こして大領土を開き、制度文物を整え、広く世界の文化を摂取同化した。

（一九）Han

秦の滅亡後、中国を統一した王朝（前二〇二～後八、二五～二二一）。王莽が位を奪って新王朝を建てていた時代を挟んで前後に分けられる。中国文明が大いに発展し、中華思想が確立した時代。

（二〇）**Sung**

五代の後をうけて中国を統一した王朝（九六〇～一二七六）。開封に都を置いていた時代（北宋）と、金の侵入をうけて浙江に移って以後（南宋）に二分される。儒学、文学、史学が発達し、優秀な作品を多く残した。遊牧民の元に滅ぼされる。

（二一）前出訳者注（一）参照。

（二二）**Wang An-Shih**

北宋の政治家（一〇二一～八六）。地方官を経て神宗の時宰相に進み一〇年間在任。異民族との戦争に疲弊した国家財政の立て直しをはかり、農民、中小商工業者の保護、兵農一致、民軍の創設などの「新法」をおこなって財政的に国家の危機を救ったが、政商や保守派の旧法党から痛烈な批判を受け、後世にも不当な悪評を受けた。

（二三）**Calvin**

フランスの宗教改革者（一五〇九～六四）。スイスのジュネーブで新教義に基づく神裁的な共和政治を行い、成功した。預定説を唱え節倹と労働を重視した思想は、新興市民社会の指導理念としてイギリス、オランダ、フランスに大きな影響を及ぼした。

第6章

（一）the Boer

オランダ人系の南アフリカ移民。ブール人という。十六世紀中頃から南アフリカに移住し、ケープ植民地を建設、ウィーン会議でこれが英領になると北方へのがれナタル・オレンジ自由国、トランスヴァール共和国を建設したが、ボーア戦争の結果イギリスの支配に入った。

（二）**H. H. Kitchener**

帝国主義時代のイギリスを象徴する軍人、政治家（一八五〇～一九一六）。スーダンの征服者、南アフリカ戦争の総司令官、インド軍司令官、エジプト総督などを歴任。第一次世界大戦開戦時における国防相として戦争の長期化を予測して、大動員計画を立案した。使節としてロシア訪問の途上、触雷により死亡。

（三）the battle of Fontenoy
オーストリア継承戦争の最中、一七四五年五月、イギリス・オーストリア・オランダの連合軍とフランス軍の間で戦われ、フランス軍が勝利を収めた。

第7章

（一）第2章A訳者注（五）参照。

（二）第2章B訳者注（一）参照。

（三）the Tallensi
ガーナ北部に住み、ニジェール・コンゴ語系の言語を用いる原住民。主として粟とコーリャンを作る農耕と、牛、羊、山羊を育てる小規模の牧畜により生計を立てる。通常の生活単位は、複婚的合同家族で、父親と未婚の子供および既婚の男子はその家族と共に、共同で生活する。娘は結婚すると、その夫とともに暮らす。通婚圏は狭い。

（四）disintegration of the Carolingian Empire
五世紀の末、メロヴィング家のクロヴィスは、ゲルマン人と古代ローマ人の大部分を含むフランク王国を建て王位に就いたが、王朝は八世紀中頃、カロリンガ朝に取って代わられ、カール一世（大帝）のとき西ローマ帝国皇帝の帝冠を授けられ、最盛期を迎えた。しかし大帝の死後遺領は、ヴェルダン条約（八四三年）およびメルセン条約（八七〇年）の二回にわたって分割され、東・西・中部フランク王国の三国に分かれた。

（五）Raublitter

十四、五世紀のドイツにおいて、自然経済に替わる都市的な貨幣経済の発展、傭兵に替わる王立の大学を卒業した市民層の台頭などに示される、経済的軍事的文化的変動の結果、貧困化した貴族層の一部が、自分の社会的地位を保持するために、非合法の戦闘を起こして強奪と脅迫を行なったもの。この当時、合法的な戦闘においては、強奪は正当な行為と考えられていた。

(六) 第5章訳者注(一〇)参照。

(七) 第2章B訳者注(六八)参照。

(八) **Justinian I**

東ローマ帝国の皇帝(四八三〜五六五)。国内の反乱を鎮圧、アフリカ、イタリア、ペルシアなどを討伐し、ローマの旧領土を再現した。『ローマ法大全』を編纂させ、聖ソフィア寺院を建立。ローマ帝国中興の英主と呼ばれる。

(九) **Heraclean dynasty**

東ローマ帝国の王朝。皇帝ヘラクレイオス一世(五七一〜六四一)が創始。

第8章

(一) **Hong Mai**

南宋の名臣、学者(一一二三〜一二〇二)。紹興の進士。官は左司員外郎。学問は極めて精博であった。『史記法語』、『南朝史精語』、『経子法語』など多数の著作がある。

(二) **Suavians**

ブルグンド族、ヴァンダル族、ゴート族などと共に民族大移動期にイタリアに侵入したゲルマン人の一派。

(三) **Lipari Islands**

シシリー島の北・チレニア海に位置する群島。

(四) **the Antilles**

西インド、大西洋とカリブ海を分ける列島。

（五）Balkan Hajdaks

オスマン帝国の支配を嫌ったバルカン半島のスラブ系の民族が山間部に隠れて愛国的抵抗運動として山賊を働いたものを言う。商人の隊列を襲って物品を奪うことを生業とした。

（六）Montezuma

アステカ族の最後の首長（一四七〇～一五二〇）。コルテスの来寇に合い、首都への侵入を阻止しようとして、捕らえられ、人質となった。その後アステカ族のスペインへの反撃を鎮めようとして負傷し、まもなく死亡。子孫はモンテズマ伯爵となった。

（七）Seeley

イギリスの歴史家、ロンドン大学、ケンブリッジ大学教授（一八三四～九五）。その著作『英国発展史』は大英帝国の発展過程を因果的に論じ、帝国主義時代のイギリスの時流に沿って、大歓迎された。

（八）Ilya Ehrenburg

ユダヤ系のロシア人の作家、新聞記者、革命運動家（一八九一～一九六九）。十五歳の時からボルシェヴィキの地下運動に参加。ロシア革命後は、パリとモスクワの間を往復する生活を続け、スペイン内乱に参加、第二次大戦中は反ファシズムの作家としてフランスからソ連国民に働きかけた。スターリン没後は、ソ連文学界における雪解け派の長老として世界的に活躍した。

（九）Assurbanipal

アッシリア（第3章訳者注（一）参照）末期の王。ニネヴェに都を置き、壮大な宮殿と図書館を建設したことで有名。

（一〇）Patchakutek

インカの皇帝（在位一四二八～七一）。帝国の建設者。クスコの都市計画の立案者と推定される。ペルー南部、エクアドルなど周辺地域へ急速かつ広範囲の征服戦争を遂行して、マケドニアのフィリップ二世にたとえられる。

（一一）Ferrero, Guglielmo
イタリアの歴史家（一八七一〜一九四二）。自由主義的保守的世界観を代表し、広い知識と鋭い総合的な観察を兼備、人間社会の危機を洞察した。ファシズム期以降はスイスに移住し、ジュネーヴ大学教授。

第9章

（一）Sorokin, Pitirim Alexandrovich
一八八九年ロシアに生れアメリカで活躍した社会学者（一八八九〜一九六八）。ペテルブルグ大学、ハーバード大学教授。ロシア革命後ボリシェビキ政権を批判してアメリカに亡命した。知識社会学、政治社会学、社会成層論などの分野で活躍し、多くの門下を育てた。

（二）本書巻末の補論二「垂直的移動と技術進歩」を参照。

（三）ここでは、ベルベル人のアルモハッド王朝（第10章訳者注（一九））、古代エジプトのプトレマイオス王朝（第2章B訳者注（七四））などを指すと考えられる。

（四）T'opa conquest of North China
チベット西部の高原にいた部族。八世紀中頃、安史の乱に乗じて、唐と争い西域を手に入れ、さらに内地を侵略した。

（五）Norman conquest of England
北仏のノルマンディ公であったウイリアムが、一〇六六年、ハロルド二世の英国王即位に際して、王位継承権を主張してイギリスに侵入、ハロルドを破って王位につき、ウイリアム一世となった。英国に封建制度を移入し、司教任命権を掌握、全国的な土地台帳を作るなど、王権の強固な英国封建制の基礎を築いた。

（六）十八世紀後半以来、三回にわたる周辺の強国による分割で消滅していたポーランドは、一九一八年、第一次大戦によって独立したが、一九三九年、第二次世界大戦の初頭、ナチス・ドイツの侵略をうけ、独・ソ両国による四回目の分割をうけた。

（七）十一世紀におけるセルジュック・トルコ族、十四世紀におけるオスマン・トルコ族による征服を指す。

（八）アングロ・サクソン人によるブリテン島の征服

ゲルマン人の一派であるアングロ・サクソン人が五世紀に大陸から渡り先住のケルト人を制圧した。

（九）十九世紀末から二十世紀の初め、ヨーロッパ諸国によって行なわれた帝国主義的なアフリカ分割をさす。

（一〇）第2章B訳者注（五六）参照。

（一一）北アメリカ大陸の北東部、カナダのヴァンクーバー、ブリティッシュコロンビアに住む原住民。漁撈と狩猟を生業としていた。攻撃的な性格で、奴隷制度や秘密結社をふくむ高度に組織化された複雑な社会構造を持つ。個人財産と地位について、独自の態度を持ち、それがポトラッチの慣行を生み出している。精巧な木彫りの面を作り、また神秘的な祖先との繋がりを示すトーテムポールを建てることで有名である。

（一二）フィリピン、ミンダナオ島に住むオーストロネシア系の言語を話す民族。焼畑農業を営み、慣習法に基づき住民間の紛争を処理する神判が実施されることもある。

（一三）一五〇〇年、ポルトガルの航海者カブラルがインドへの航海の途中でブラジルを発見、以後ブラジルはポルトガルの植民地になり、一八八九年、革命により共和国になった。

（一四）前一一〇〇～一〇〇〇年頃、もとドリス地方に居住していて、古代ギリシア人の内、最後にペロポネソス半島に侵入した粗野で質朴な民族ドーリア人は、ラコニア、コリントスなどに定住した。スパルタ人がその代表。

（一五）アカイメネス朝下の古代ペルシア帝国とギリシアの戦、前五世紀に行なわれた四回にわたるペルシア戦争をさす。

（一六）古代ローマ人がケルト人の住んでいた地方を征服したことをさす。

（一七）ゲルマン人の一派である西ゴート族はスペインに西ゴート王国を建てていたが、七一一年、サラセン帝国のウマイヤ朝に滅ぼされた。

（一八）第二次世界大戦後にポーランド、チェコスロヴァキア、東ドイツなどで行なわれた社会主義国家の誕生を言う。
（一九）南米のインカ族が十二世紀に現地のペルー、ボリビア等にわたる地域に帝国を建てたことをさす。
（二〇）一八〇六年ナポレオン戦争中の戦。ナポレオン軍とプロイセン軍が中部ドイツのイエナで戦って、プロイセンが敗れた。その後七週間でプロイセン全土が占領された。
（二一）一四五五年〜八五年、英国のヨーク家とランカスター家の王位継承の争い。婚姻による両家の合体で終息し、ヘンリー七世が即位したチューダー王朝が始まったが、この内乱で多くの封建貴族が没落し、絶対王政成立の契機となった。
（二二）十一世紀末から十三世紀にかけて西ヨーロッパのキリスト教徒が起こした異教徒討伐軍。セルジュック・トルコ帝国に占領されたイェルサレムの回復を目的とした。結果として封建貴族の没落を生んだ。
（二三）一五八九年アンリ四世が、フランス国王に即位して始まったフランスの王家。ドイツのハプスブルク家に対抗して絶対王政の全盛期にヨーロッパに覇をとなえた。フランス革命の際、ルイ十六世の処刑で中断し、その後一八一四年、ルイ十八世の王政復古とともに再興したが、一八三〇年、七月革命で正統は絶えた。
（二四）ロシアの王家。一六一三年、ミハエル・ロマノフが皇帝に即位したことに始まり、一九一七年三月革命でニコライ二世が退位するまで続いた。
（二五）サラセン帝国の第三次カリフ制の王朝。七五〇年、マホメットのおじアッバスの子孫がウマイヤ朝を打倒して開いた。七六二年首都をクーファからバグダッドに移し、第五代のハルン・アル・ラシッド（七六三年頃〜八〇九年）の時代に最盛となり、イスラム文化の黄金時代を現出した。スペインに出来た後ウマイヤ王朝に対して、東カリフ帝国と呼ばれる。後に蒙古軍に滅ぼされた。
（二六）第2章B訳者注（三七）参照。
（二七）第2章A訳者注（八）参照。
（二八）Cromwell, Oliver

イギリスの軍人、政治家、清教徒革命の指導者（一五九九～一六五八）。議会派に属し、スチュアート家の絶対王政に反対し、鉄騎隊を率いて王党派を破った。一六四九年、チャールズ一世を捕らえて処刑し、共和制のもとにアイルランド、スコットランドの反乱を平定し、一六五三年、護国卿として独裁政治を行なった。オランダ、スペインと対抗してイギリスの海上権の確保に努めた。死後息子のリチャードが護国卿に推されたが、無能であったためすぐに辞職、一六六〇年共和制は終わった。

（二九）プロイセンの王家。もとはシュワーベン地方の小貴族であったが、十五世紀にブランデンブルグ選挙侯になり、十七世紀にプロイセン公国を併合した。十八世紀プロイセン王として認められ、以後フリードリヒ二世などの時強国となった。一八七一年、宰相ビスマルクの力によりドイツを統一しドイツ皇帝となり、第一次世界大戦に負けるまで存続した。

（三〇）第1章訳者注（八）参照。

（三一）古代ローマの共和政の最高政務官。兵員会より二名も選出、任期一年。政治、裁判、軍事権を与えられていた。

（三二）第4章訳者注（一一）参照。

（三三）第4章訳者注（九）参照。

（三四）第2章A訳者注（三）参照。

第10章

（一）第7章訳者注（三）参照。

（二）第2章B訳者注（一）参照。

（三）第2章A訳者注（五）参照。

（四）第2章A訳者注（一八）参照。

（五）第1章訳者注（一〇）参照。

（六）イタリア・ルネサンス時代のミラノの名家。傭兵隊長であったフランチェスコ・スフォルツァが一四五〇年ミラノの城主となって以後、約一世紀にわたってイタリアの強国の君主として威勢をふるった。

（七）第5章訳者注（一〇）参照。

（八）第1章訳者注（八）参照。

（九）第4章訳者注（一三）参照。

（一〇）第2章B訳者注（三七）参照。

（一一）前一一〇〇から一〇〇〇年ころ、古典ギリシア人としては最後にギリシアに入った。またクレタ島、小アジアにも移住した。粗野で質朴な民族で、スパルタ人がその代表。

（一二）**the free knights**
ドイツ中世の上級貴族の下層に属する。その身分は Weltliche Fuerten（世俗諸侯）に次ぐ。従士階級の出自で、長年の慣行を通じて、皇帝もしくは領主から自由の身分を獲得したもの。その一部は皇帝直属の貴族として旧ドイツ帝国騎士団領中に所領を許され、他は時の経過と共に、西ヨーロッパの他の地方で勢力を拡大した。

（一三）第2章B訳者注（三八）参照。

（一四）インドシナ半島の中央部、今日のタイの地。十四世紀から十八世紀の間アユティア王朝が続いた。

（一五）イタリアの王家。十八世紀以降サルディニア王と称したが、イタリア統一運動の中心となり、一八六一年、統一とともにイタリア王となり、第二次大戦後、共和制の成立まで存続した。

（一六）**Boulanger, Georges**
フランスの軍人、政治家（一八三七～九一）。国防相。普仏戦争後のフランスで、プロイセンへの復讐を叫ぶ右翼・王党派と結んで、軍備拡大運動のリーダーとなり、軍事独裁制による第三共和国転覆の危機が発生したが、決定的瞬間に立たず、クーデターは起こらなかった。国外に亡命し、その後自殺。

（一七）蒙古帝国の第五代の世祖（フビライ汗）が中国に侵入、一二七一年、国号を元とした。その領土は中国全土と蒙古、満州、チベットに及んだ。文化的には中央アジア的なものと中国的なものとの抗争・妥協の上に建てられたが、約一世紀の後には、南部から起こった明により駆逐され、元の子孫は蒙古本土に逃れた。

（一八）第2章B訳者注（六）参照。

（一九）十二世紀から十三世紀にかけて、モロッコのベルベル族、ムハマッド・イブン・チュマール（一〇七八～一一三〇）が起こしたイスラム教の宗教改革運動は、アルモラヴィッド王朝に対する政治的批判に発展し、チュマールはアトラス山中に小規模な国家を建設し、アルモハド王朝を開いた。その後継者はアルモラヴィッド王朝のすべての領土を収め、さらにアルジェリア、チュニジア、スペインにも及んだ。これはベルベル人が自ら生み出した政権のもとに統一された最初にして最後の機会であった。その後、後継者には有能な人物が続き領土を確固たるものにした。特に一一九五年、カスティラのアルフォンソ八世に大勝した時がこの国の最盛期であり、その後内部から崩壊を始め、一二六九年に崩壊した。

（二〇）第2章B訳者注（四八）参照。

（二一）第2章A訳者注（一八）参照。

（二二）シベリアの北東部およびベーリング海峡を挟んでアラスカにも住む、古アジア語を話す原住民。海岸地帯にすむものは漁業、海獣の狩猟により、内陸のツンドラ地帯に住むものはトナカイを育てて遊牧を行なう。伝統的宗教はアニミズム。

（二三）第2章A訳者注（三）参照。

（二四）第9章訳者注（一五）参照。

（二五）第9章訳者注（一九）参照。

（二六）ナイジェリアの一州。チャド湖の南と西にわたる地方。イスラム教教主領があった。馬の産地として知られる。

（二七）モン・クメル族系の人種。メコン川下流域に国を建てた。十二世紀以降しだいに衰えた。

（二八）第1章訳者注（一三）参照。

（二九）第2章B訳者注（一三）参照。
（三〇）第2章A訳者注（二〇）参照。
（三一）スパルタ王クレオメネス三世（前二三五〜二二二）の改革。スパルタの往年の栄光を取り戻そうとして行なわれた社会改革。前二二七年、マジスレイトを追放して独裁体制を敷き、負債の棒引き、土地の再分配、外国人への市民権の付与、かつての厳しい軍事訓練の再開などを柱とする新政策を施行、その上で前二二四年、外征に乗り出したが、マケドニアの将軍アンチゴヌスとセラシアで戦って敗れ、エジプトに逃れたが、その地で自殺した。

第11章

（一）第1章訳者注（一〇）参照。
（二）**Liao Empire**
十世紀初め、内蒙古に起こった契丹族の国家。東は渤海を合わせ、南は河北、山西両省の北部を取り、西は内外蒙古を包含し、一時は西域にまで及んだ。十一世紀、宋と同盟して国内の平和を保ち、一世紀余り最盛期を迎えた。十二世紀前半に、女真族の金に滅ぼされた。
（三）一七八九年のフランス革命、一八三〇年の七月革命、一八四八年の二月革命を指すか。
（四）蒙古帝国第五代の世祖が中国に建てた国家元が、一三六八年漢族の復興を強調した明の太祖により倒されたことをさす。
（五）第2章A訳者注（二）参照。
（六）第2章A訳者注（三）参照。
（七）**Jagellon dynasty**
ポーランドの王朝（一三八六〜一五七二）。リトアニア公ヤゲロが開く。ポーランド女王と結婚し、ヴラディスラフ二世としてポーランド王となり、ポーランドの黄金時代を築いた。

第13章

（一）一六一八年から四八年まで続いた戦争。ドイツの新旧両教徒の争いに、デンマーク、スウェーデン、フランス、スペイン各国が干渉して起こり、末期にはハプスブルク、ブルボンその他王朝の勢力争いとなった。ドイツの国土を荒廃させ、その近代化を妨げた。

（二）五カ年計画と呼ばれたソ連の経済発展計画。一九二八年から五次にわたって行なわれ、ソ連を農業国から工業国に転換させ、資本主義国からの経済的独立を達成させた。

（三）シリアは十六世紀初頭以降オスマン帝国領となっていたが、第一次世界大戦後、一九二〇年フランスの委任統治領となり、一九四四年シリア共和国として独立した。しかしそれ以後クーデターがあいつぎ、本書が執筆された当時は不安定な政局が続いていた。

（四）第1章訳者注（八）参照。

（五）小アジアのポントゥスの王ミトリダテス六世（前一二〇～六三）は、三回にわたってローマ領を侵した。前二回はスラによって、三回目はポンペイウスに撃退され、部下の反乱にあい自殺。

（六）四世紀末、古代ローマ帝国が分割されて生まれたビザンチン帝国（東ローマ帝国）は、六世紀中葉最盛期に達し、ペルシア、アフリカ、スペインにわたり広げたが、アラビア人、トルコ人の侵攻に悩まされ、しばしばこれを撃退したが、十五世紀中頃、トルコ人に首都を占領されて滅亡した。

（七）十七世紀前半、清朝が満州から起こり、明に替わって中国を統一したことを指す。十七、八世紀、康熙・乾隆時代にはその領土は漢・唐の盛時をしのいだ。

（八）MacArthur, Douglas
アメリカの軍人（一八八〇～一九六四）。第二次世界大戦の西南太平洋方面連合軍最高司令官として対日反攻を指揮、戦後は連合国軍最高司令官として日本占領政策を行なった。朝鮮戦争の戦略をめぐってトルーマン大統領と意見が対立し、一九五一年解任された。

（九）Huxley, Aldous

アメリカ在住のイギリス人小説家（一八九四〜一九六三）。生物学者で進化論の支持者トーマス・ハクスリーの孫。*The Brave New World* (1932)（松村達雄訳『すばらしい新世界』一九七四年）はその代表作の一つである。

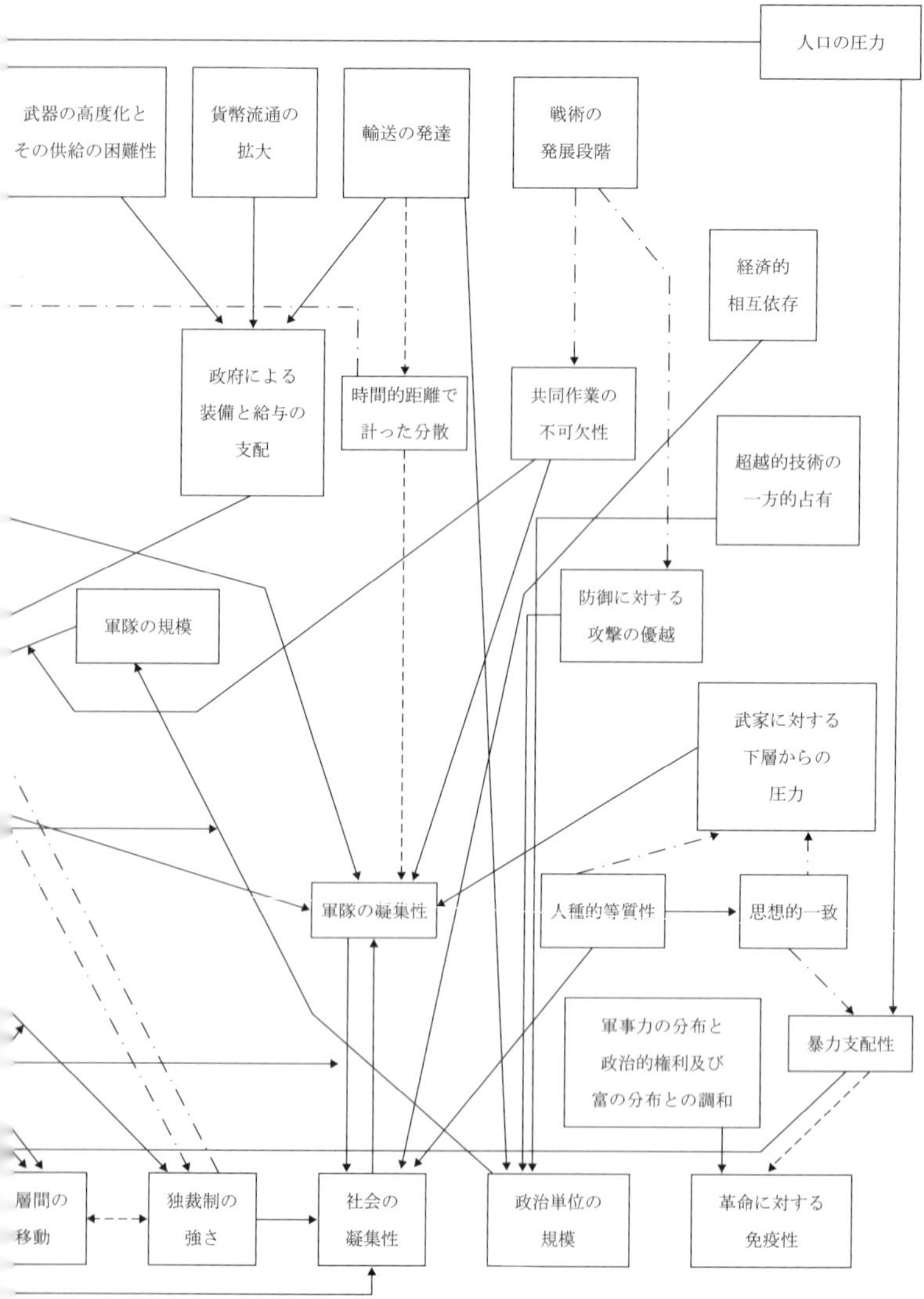
人口の圧力
武器の高度化とその供給の困難性
貨幣流通の拡大
輸送の発達
戦術の発展段階
経済的相互依存
政府による装備と給与の支配
時間的距離で計った分散
共同作業の不可欠性
超越的技術の一方的占有
防御に対する攻撃の優越
軍隊の規模
武家に対する下層からの圧力
軍隊の凝集性
人種的等質性
思想的一致
軍事力の分布と政治的権利及び富の分布との調和
暴力支配性
層間の移動
独裁制の強さ
社会の凝集性
政治単位の規模
革命に対する免疫性

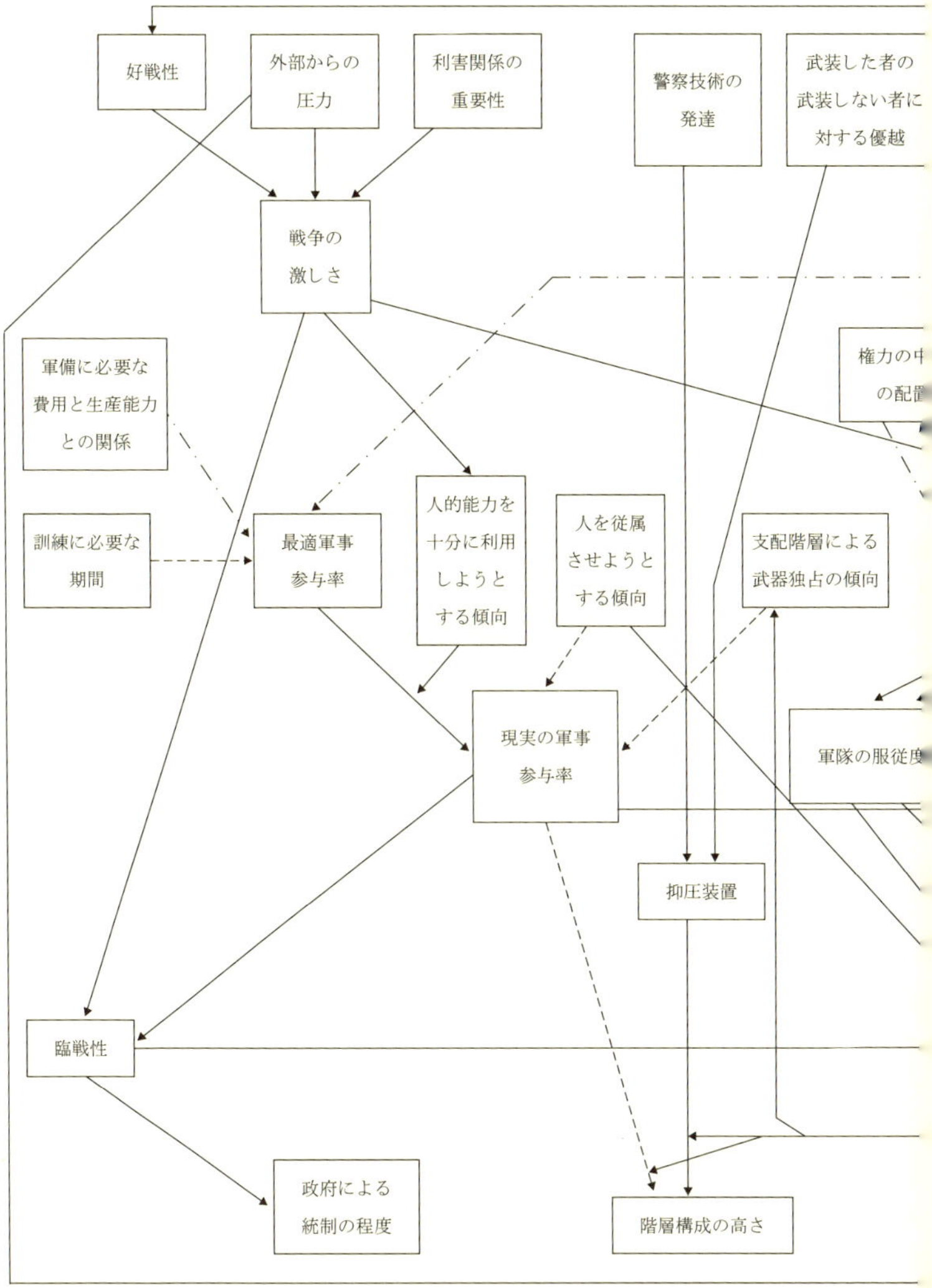
好戦性
外部からの圧力
利害関係の重要性
警察技術の発達
武装した者の武装しない者に対する優越
戦争の激しさ
権力の中
の配置
軍備に必要な費用と生産能力との関係
訓練に必要な期間
最適軍事参与率
人的能力を十分に利用しようとする傾向
人を従属させようとする傾向
支配階層による武器独占の傾向
現実の軍事参与率
軍隊の服従度
抑圧装置
臨戦性
政府による統制の程度
階層構成の高さ

補論一　思想は社会的力であるか

思想は社会情勢の副産物と考えるべきか、それとも自律的な社会的力と考えるべきか。これは社会学にとって最も重要な課題の一つである。社会学を学んだ者で、純粋にマルクシズムや「パレート主義」に心酔しているひとは多くはないと思われるが、歴史を経済的に解釈することによって、この問題に近づくのはしばしば目撃されるところである。もちろん社会構造が思想に対して強い影響力を及ぼすことについては、疑問の余地はなく、思想の存在と変容とを説明しようとする時、この点を考慮に入れなければ、十全のものたりえないことは明らかである。筆者が本論で明らかにしようとするのは、思想は相当の程度の自立性を保持する要素として問題にされる必要があるということである。

通常行なわれる歴史の経済的解釈の方法は、生産技術の変化が経済構造の変化を生み、それが政治組織、宗教、芸術などからなる、社会の上部構造の変化を生み出すと説明する。多くの場合この解釈は、様々な社会変動について、満足のいく説明を与える。技術の変化が社会に与える結果を跡づけることは、非常に有効でありまた重要であるが、それですべての事柄が説明し尽くされると考えることはできない。何故なら、それはさらに新しい疑問、すなわち技術の変化を引き起こしたものは何か、という問題を生み出すからである。

技術の発達を生み出す社会的条件が何であるかを十分に解明した研究は、これまで行われていない。しかし技術的および科学的革新が、無から生まれるものではないことは疑問の余地がない。文化遅滞に関する理論の多くが、この問題を単に無視してきたにすぎない。それは非物質的文化が、進歩しつつある技術に自己を適合させることを前提にしており、そのために社会的条件によって技術的進歩が阻止される可能性があることに気づかせないのである。技術的革新のすべてが実用化されるものではないことを理解するためには、中世において多くの紡織機械が発明され破壊された事実、あるいはアレキサンダー時代のギリシア人が考えた蒸気機関が、その存在をすら忘れられていることを想起するだけで十分である。さらに科学的研究の消長、とくにその衰退および明白な技術的退歩（例えば十四世紀のメソポタミアにおける）の事例を説明するものは、社会的条件以外には存在しない。これを説明しようとするものは、信仰を問題にせざるを得ない。したがって、イデオロギー一般を技術の従属変数の位置に押し下げようとする理論は、堂々めぐりに陥らざるを得ないのである。

さらに、新しい生産方法の導入は、必然的に他の社会的文化的生活の側面に影響を及ぼすのであるが、イデオロギーの世界に深刻な変動が起こり、あるいは政治的また経済的組織までが変容する場合でも、さしたる技術的変化を伴わない事例は数多く存在している。例えば古代ギリシアにおける商業の大発展、古典古代における資本主義の盛衰は、近代に比較した場合、生産方法における何らの画期的な発達をも伴うものではなかった。工房の数が増大し、その製品に対する市場が質量ともに発達し、製造業の規模が拡大した割には、技術過程に進歩はなかった。それと同時に進行したのは、ローマ帝国の興亡であり、キリスト教の普及であった。インドにおける仏教の盛衰、仏教の中国への伝播、あるいはイスラム人による征服などの重大な事件に照応して、何らかの生産方法の発達が存在したわけではなかった。ポリネシアの諸社会は、生産方法という点では非常に似通っているが、政治的経済的組織に関しては大きな差違を見せている。アメリカ合衆国とソヴィエト・ロシアは、技術に関する限り大差はないが、その類似性は経済組織には反映していない。

思想が独立変数であることを説明する方法としては、技術的決定主義の否定以外にも、さらに有力なものが存在する。思想は利己主義的利害の追求を隠蔽する単なる正当化、「合理化」に過ぎないということも可能であるが、諸々の利害の相互関係は、技術と政治的ならびに経済的組織との関係を示す前掲の事例から明らかなように、単に技術によってのみ決定されるものではないことを銘記する必要がある。

利害関係の発生と、それを隠蔽するために有効に働くある種のイデオロギーの波及との間に、奇妙な一致が見られることは、よく経験されるところである。そのような一致の例としては、資本主義とカルヴァン主義、帝国主義的侵略と「白人の義務」という観念、企業活動の自由と実業人の利害、社会主義と労働者階級の不満、などを挙げることができる。このような一致が明白であるとしても、なお残るのは、その解釈が正当であるかという問題である。例えばある人間が何か崇高な目的のために営為してると主張し、その活動が奇妙にも本人の利益を増大していることが明白である場合、彼が表明している目的への熱情は、単なるはったりと判断して良いであろうか。多くの場合、意識的な欺瞞を立証するか、少なくとも推定することは可能であるが、すべての証拠が当人の誠実性を立証している場合も少なくない。例えば僧侶の能力は、ヴォルテールが言うような、純真な民の目を眩ませる手腕によるものではないことは明らかである。この解釈の難しさは、ある程度までは精神分析学によって克服されるであろう。

臨床的観察の結果は、多くの信念が患者が全く気づいていない欲求（利害）のために機能していることを明らかにしている。したがって何らかの、漠然とした無意識の論理の存在は立証される。しかし「利害関係による」思想の解釈は、幾つかの理由から、なお完全な説明を示すことはできない。

まず第一に、ひとにその利己主義的な利害関係とは全く相反する信念を教え込むことが可能であることは、明らかである。国家はほとんどあらゆる場合に、祖国を防衛するためには生命を捧げなければならないことを、国民に教え込むことに成功している。また抽象的な理念、例えば理念の力を否定するマルクシズムの如き、のために死に着く人間が存在することを想起すべきである。また、ひとは己が犯した罪の故に永劫の呵責に遭うと信ずることによって、一体どのような利益があるのだろうか。

次に、理念はたんに利害を正当化するにすぎないということが真実だとすれば、観念の体系が利害の対立する集団の中に広がることがありうるのは、なぜであろうか。一例を挙げれば、中世のキリスト教は誰の利害のために尽くしたのだろうか。農奴の利害だろうか、それとも領主のそれだろうか。都市の市民あるいは聖職者の利害だろうか。多くの教派が様々な集団の利害を表明していることは疑いを容れない。しかしそれが教会を構成し、あらゆる階層の人民に何らかの倫理的規範を与えるようになると、利害と理念との多様性が再び表面化する。盗みを禁ずることは金持ちの利害にはピッタリ当てはまるが、貧乏人がそれを支持する理由は、同じやり方では説明できない。

人間の欲望を禁圧する道徳や理念が何故存在するのかは、観念を「利害関係から」解釈するという原則では説明できない。もちろん心理学は、条件付けの過程による超自我（自意識）の形成などによって、ひとがどのようにしてそれぞれの道徳規範を持つに至るかを説明することを可能にする。しかしそのような考えは、利益の追求を解放するのではなく、むしろそれを封じ込めるものであるという事実は解決されないままに残る。さらに、そのような規範を遵守することは、必ずしもそれを我々の意識に植え込んだ人々の利害に副うものでないことは明らかである。親たちは、息子になりふり構わぬ出世第一主義者にならない様に教えることによって、利己主義的な関心に関する限り、何か得るものがあるのだろうか。したがって、我々の善悪の観念を決定するものは、ある程度までは利害関心の作用から独立した、倫理的規範の惰性であると言えるのである。

今日、法律や道徳は契約から生まれると説いたルソーの説を、そのままに受け容れるひとはあるまい。学者の内のある者は、倫理的規範はすべてある種の意識的、無意識的な互酬性に起因すると考えるであろう。この説を補強するマリノウスキーの研究は、傾聴に値する。それは多くの真理を含んでいるが、限界がないわけではない。例えば殺人や窃盗の禁止の起源や機能を説明するのには有効であろう。しかし自慰行為の禁止にはどのような互酬性がありうるのか。

近年行われている思想の研究の多くは、タイラー、フレーザーあるいはホブハウスなどのような精神的要素を強調した、ある意味では強調しすぎた、古い世代の研究者を正当に評価していない。最近の研究は、信念の選択に影響を与える利害関係やその他の欲望を探求する際に、観念は、単にそれが正しいと考えられた結果、それが確信を与えるために受容される場合もあれば、また拒絶される場合もあることを忘れている。宇宙の構造に関する多くの信仰は、利害から決定されたとは考えられない。パスツールの理論とそれに基づいて医療が変化したのは、ひとが以前より強く健康を希求するようになったからではない。それに対する抵抗は、人間に深く根づいた先入観と、染みついて離れない慣習とから生まれたものであり、医業を専門にする者の利害から生まれたものではない。純粋に個人的な利己心を追求するのであれば、永劫の呵責を信じている人は、その信仰を持たない人とは全く異なる道を歩むはずである。この種の観念は、それが本当に起こりそうになるか、起こりそうでなくなるかに従って、つまり説得性の増大と減少とに応じて、広く受け容れられたり、姿を消したりするのである。

ある理念が人々にとって説得的であるかどうかは、多くの条件によって決定される。社会生活や技術の状況、言語や教育の特徴、基本的なパーソナリティの構造、地理的環境などである。新しい思想の運命を決定するこれらの条件の中に加えられなければならない一事は、すでにその社会にある既存の思想である。したがってイデオロギーの世界には、ある種の固有の変動過程があると言うことができる。それはクールノが思想連鎖と呼んだ一種の内在的論理である。発達に関するこの論理は、科学的、技術的知識の分野で特に顕著に現れる。社会的条件は発明的活動を促進する場合もあればそれを阻害する場合もある。またそれを完全に停止させてしまうこともある。しかし何が発明もしくは発見されるのかを決定するものは、既に知られているものに他ならない。進歩のあらゆる段階は、その前段階を前提にしている。ホブハウスが立証を試みたように、宗教的、倫理的あるいは哲学的思想の場合であっても、これと同様の内在的論理が存在する。わかりやすい観念が形成され理解された後に、より複雑で難解な思想がおもむろに現れる。責任という概念の発達は、そのような発達のよい例である。したがって思想の拡散と衰退とは、社会的環境から独立したものではないが、単なるその副産物であるとも考えられないのである。

どのような社会にあっても、それが持つ文化の非常に僅かな部分のみが、その社会の内部で生まれたものであり、文化の大部分は外部から借用される。何が借用されうるかは、当然他の文化との接触によって規定される。そうして社会の内部構造に関する限り、そのような接触は偶然的なものとして扱われる必要がある。中国がそこから仏教を借用したインドの隣に位置し、そこからキリスト教を借用したかもしれないヨーロッパの隣に接してはいないという事実は、中国の社会と文化との結果であるとは考えられない。借用は疑いもなく選択的であり、どのような文化的特徴であっても、それを受容するか排撃するかを決定するものは、その社会の内部に働いている諸力である。そうして、ある種の特徴を受容し、広く流布するためには非常に有利な条件であったとしても、それを独自に考案、発展させうるとは必ずしも言えない。北ヨーロッパがキリスト教を受容する準備が出来ていたことは明らかであるが、独力でこの信仰の体系を創り出すことは不可能であったことは確かである。

思想、服装、風習などは、その本質については大した顧慮を払うことなしに、集団から集団へ広まっていくことがあり得る。ある集団がそれを受容するのは、何か既存の欲求を満足させるからではなく、それが単により高い威信を享受している集団から渡来したためである場合もありうる。固いカラー、長ズボンあるいはチョッキなどが、熱帯の住民に着用されたのは、そのような衣装の固有の長所のためではない。アフリカの原住民の多くは、とくに教育を受けた者は、ヨーロッパ人の真似をするために複婚をやめた。栄誉、繁栄などの観念であるキリスト教は、これと同じ理由から信仰された。

アラブ人によるペルシアの征服の場合のように、外国の征服者によって導入された思想体系が、征服者がいなくなった後も持続する場合が多いことを指摘しておくことも必要であろう。

前段階に対応して発展した思想体系が、後の段階になって、もはやそれを創造することは不可能になってからも、持続し続けることがありうる。例えばキリスト教の信仰は、ユダヤ的、ヘレニズム的、シリア的な文化要素の融合から生まれた。モハメットによる征服以後は、ヘレニズム文化圏とシリア文化圏とは完全に切り離されてしまい、この種の融合は不可能になった。持続し続けることがあるのでなければ、暗黒時代、ローマの諸教派が一般に無視されるようになり、消滅してしまった後において、教父たちがあのように高度の領域に到達することは不可能であったはずである。キリスト教は、中世ヨーロッパからは生まれえなかったが、その社会にあまねく行き渡り、その生命のあらゆる局面を形成したのであった。

いわゆる近世初頭のヨーロッパにおいてローマ法が継受されたのは、主として当時発達しつつあった商業、銀行業および中央集権的君主制度の必要からであった。このような新しい需要が存在しなければ、ローマ法は単に文書館員の興味の対象にしかならなかったであろう。しかしだからと言って、これと同質の法律体系がルネサンス期のヨーロッパで、独自に創られたであろうとは考えられない。ローマ法は、古代ギリシア、エジプトおよびメソポタミアに起源を持つ、法学および哲学の伝統を基礎にして創造されたものであるが、ルネサンスの大家たちは、その存在にすら気づいてはいなかった。さらに当時においては十分な知的素養を持った法律家はごく僅かしかいなかった。いずれにしても、あのように複雑な法体系を独自に創り上げるとしたら、ローマにおいてそうであったように、何世紀もの時間を必要としたに相違ない。その結果、草創期の資本主義や専制君主制は、十分な法律的枠組みとしては、既成のものは何もないという状態に直面したであろう。そうした制度の発達の速度は、当然緩慢にならざるをえない。またその間に他の促進要因が消滅することでもあれば、その発達は永遠に止まってしまったかもしれない。文書館の片隅で埃にまみれていた文献の中にこめられていた一群の思想が、この時に潜在的能力となった。その能力が有効なものになるためには、ある種の促進条件が必要であった。しかしこの思想は、そうした条件の副産物であるとは考えられないのである。

上記の事例は、またそれに他の多くの事例を追加することも可能であるが、タイラーの残存という概念の基本的な正当性を明らかにしており、また機能主義者によってこれに加えられた批判の多くが、不当なものであったことを示している。たしかにこの概念は時として多用されすぎているとも言えるのであるが、現在残っている信仰や慣習の多くを理解するためには、かつては広範に行われていたものが、その後消滅してしまったという観点から考える必要があるという事実は、依然として残るのである。

信仰の複合体が一度教典に記載されると、ある種の硬直性がそれに加わる。それは全体として受け容れられるかあるいは排斥されるか、そのどちらかでなければならなくなる。この硬直性を決定するものが何かという問題はさておき、筆者がここで言えるのは、聖職者あるいはその他の代理人、例えば政党などのヒエラルキーの形成が、この文脈においてきわめて重要であると言うことである。この種の体系が一つの社会に受容されるのは、それが持つ性格の内のあるものが、当該社会の欲求を満足させるからである。しかしそれ以外の多くの性格は外来的で偶然的であり、つまりその内在的な本質とその社会に既に存在している条件との間には何の関係もないことがありうる。この点を明らかにするために、一つの例を挙げよう。例えばキリスト教は東ヨーロッパの支配者によって受容され、幾つかの理由から、彼らの配下の人民に強請された。キリスト教の僧侶たちが、ギリシア・ローマ文化の残存の担い手であり、文字を書くことができ、支配機構を正常に機能させるために有用性が高かったからである。またキリスト教は、高い文明を持つ国家の宗教であり、したがって威圧をあたえるものであった。この外にも、キリスト教の受容に有利に作用した条件を、幾つか挙げることができる。しかし、キリスト教が受容されたのは、その性的行動に関する規範が特に魅力的に見えたからではないことは明らかである。ひとがキリスト教の道徳に失望したことについては、多くの証拠がある。にもかかわらず、教会は一度確立するや、長い闘争の末ではあるが、複婚を追放し単婚の思想を強制することに成功した。そこで我々は以下のように言うことができる。すなわち、思想の体系が受容されるか否かを決定するものは、その社会の内在的な力である。しかし、一度受容された後は、思想はそれ自身で一つの力となるのであると。

ある思想が、ある種の社会的条件によって育成され、あるいは生み出されたと言う場合、通常はその思想はその条件を正当化するものである、あるいはその「合理化」であると考えられる。しかし常にその通りであるかどうかは、もちろん解ってはいない。社会的条件が、その利害関係に無関係に、それを非難する倫理的観念を生み出すということはあり得ることである。筆者の意見に従えば、それこそが現在の西洋文明の状況である。

我々は機会均等の思想に支配されている。この思想は我々の心に非常に深く染みこんでいるので、これこそが正義「そのもの」であり、「自然法」であると信じ込んでいる。しかし筆者は、自分もその持ち主の一人である、この態度を批判しようとしているのではない。また社会学は一つの科学であり、評価を行なうことはできないから、そのように価値判断することが正しいか否かを決めることはできない。それは生理学がヴァニラ・アイスクリームの方がチョコレート・アイスクリームよりもうまいと判断できないのと同様である。議論を進めるにあたって強調しておかなければならないことは、この論議が、その反対論よりも当然であるというわけではないことである。我々は王侯の馬鹿息子が、才能ある貧乏人の倅よりも有利な立場に置かれるのは不当であると考える。しかし賢く生まれるか魯鈍に生まれるか、美貌に生まれるか醜く生まれるかは、王侯の子に生まれるかジプシーの子として生まれるかと同じように、運の問題である。有能な人間は、たまたま貧しく生まれたのは不当な冷遇と考えるが、他人と正当に競争して勝てる才能を持たずに生まれてしまったハンディキャップは、我々の観念では、失敗という個人的な屈辱感を生み出す。これから解ることは、この問題に関する我々の観念は、カーストという社会制度の底にある観念と同様に、「当然である」とか「論理的である」とかいうことではないということである。両者ともに実際は、合理性を超越した感覚であり、非合理な感覚というわけではない。

ここに一つの疑問が生まれる。機会の均等が正義であるという信仰がなぜ流布したのであろうか。下層階級に属する野心家がそのような観念を持ち、十九世紀に起こった社会の上層と下層との間の均衡の移動を利用して、その野望を果たすというのは自然である。しかし競争に勝てそうもないと思っている人々、その大部分にとってこのことは本当は関係のないことであるはずにもかかわらず、彼らがこの考えをいだくに至ったのはなぜであろうか。特にこの観念と直接に対立的関係にある上流階級が、これを受け容れたのはなぜか。上流階級がそれを受け容れたことは確実である。イギリスや他のヨーロッパの貴族階級が、武力闘争をせずに譲歩したのは、自分たちが特権を享受する権利に対して疑問を持ち始めたからである。ついでに筆者はパレートの思想に内在する深刻な矛盾について、読者の注意を喚起したいと考える。パレートは一方では、自分が保持する支配権に関する信仰を喪失することが、支配階級が没落する原因であると論ずるのであるが、他方では、思想は利害関係の正当化以外の何物でもないと言う。政治的倫理に関する思想が利害関係の正当化にすぎないのであれば、ひとは自分の利害に反する思想を持つ場合があることを、どう説明するのであろうか。ヨーロッパの貴族階級の場合、あらゆる証拠は、貴族階級が、少なくともその多くが、機会の均等は「論理的である」と考えられるがゆえに、正義であると認識したことを示している。

たしかにこの信仰は、個人主義と呼ばれる一般的な人生観と同系列に属している。その主要な特徴は、個人をその所属集団に有機的に関係づけられたものとしてではなく、孤立した何物かとして扱うことにある。権利を持つのは、ひとの集団ではなく、個人としてのひとである。この見方からすれば、血の復讐とかカーストの結束とか言う慣習は、確かに荒唐無稽で退けられるべきものである。伝統的な階層構成を持つ社会において、一定の地位を持ち、権利と義務とを享受するのは、家族もしくは親族集団である。ひとが単に親がそうであったという理由から、判事もしくは靴屋になるべきであるという考えが、我々にとって馬鹿馬鹿しく思えるのは、そのひとを連続する家系の一環としてではなく、個人として考えるからである。なぜそう考えるのか。なぜひとをその集団に結びつけている絆は、ひとの個人としての特徴に比較して、重要性が低いと判断するのか。その解答は、ジンメルやブーグレが示したように、個人が所属する社会的単位の多様性、言い換えれば互いに交錯し合っている集団の多様性が、大きな社会移動と結びついた結果、家族の紐帯を含めた社会的紐帯を、ほとんど意味のないものにしたからである。

交錯し合う集団の多様性と高度の社会的移動とによって特徴づけられる社会構造は、主として中央集権的国家と資本主義として知られる経済制度の複合体、この二つを媒介として生まれた。それは小規模な社会的単位の機能と権威とを奪い去り、個人をその統制から解放し、集団間の移動を可能にし、その結果、機会の均等を要求する、平等主義思想をうみだした。資本主義と中央集権国家とは、権力と富との集中を促進し、その結果、社会的不平等を助長する傾向があった。ことに手放しの資本主義は、富の集積と私有財産権への固執との結果、財閥による支配の形成に繋がった。資本主義が生み出した現実の状況と資本主義が間接的に育てた理念との緊張は、現代社会の変容を生み出す最も重要な要因の一つである。平等主義的観念が支配的に行われることを、資本主義が生み出した下層階級の困窮から説明することはできないことは明らかである。逆に、主要な資本主義国家における大衆の状況は、平等主義思想が行われず、貧者が自己の運命に甘んじている（例えば伝統的なインドのような）国々におけるよりも、はるかに恵まれたものである。さらに下層階級の生活水準は、必ずしも社会的階梯の上昇の機会とは結びついていない。いかなる場合でも、その機会を利用できる者の数は非常に限られている。そこで我々はここに、複合した制度が自己を正当化する思想ではなく、自己に対して公然と敵対する思想を生み出している、一つの明白な事例を見出すことになる。

筆者の意見に従えば、上述の論理は、思想を社会学的に研究する場合には、思想史家が通常行うような、あたかもそれが社会的真空状態の中にあるかのように、「利害関係」だけから解釈し研究することは避けるべきであることを教えている。思想の社会的影響と、その社会的条件付け及びその内在的変動と、この両者はともに同等の注意をもって研究されなければならない。さらに言えば、問題はこの二つのうちどちらがより重要であるかということではない。それは解答不能な問題であり、また問題の提起の仕方そのものが誤っている。真に行うべきことは、異なる類型の社会過程と思想の領域における諸現象との相互関係を研究することである。過去においてこの方向を志向した最も顕著な業績は、マックス・ヴェーバーのそれである。それをひもとく糸口は、さらに詳しく検討される必要があり、また宗教以外の分野においても同様の方法を適用することが有効であることは、疑いをいれない。

参考文献

Georg Simmel, *Soziologie*. Leipzig, 1908.
　居安正訳『ジンメル　社会分化論／社会学』現代社会学大系1　一九七〇　第一、第三章の訳
　堀喜望・居安正訳『闘争の社会学』一九六六　第四章の訳
　堀喜望・居安正訳『集団の社会学』一九七二　第二、第六章の訳
　居安正訳『秘密の社会学』一九七九　第五章の訳
Célestin Bouglé, *Les Idées égalitaires*. 3rd ed. Paris, 1925.
L. T. Hobhouse, *Morals in Evolution*, London, 1925, 2nd rev. ed.
———, *Social Development*, 2nd ed. London, 1929.
E. B. Tylor, *Primitive Culture*, London, 1873.
　比屋根安定訳『原始文化』一九六二　部分訳
Max Weber, *Gesammelte Aufsaetze zur Religionssoziologie*. 3 vols. Tuebingen, 1923.
　大塚久雄・生松敬三訳『宗教社会学論選』一九七二　部分訳
　大塚久雄訳『プロテスタンティズムの倫理と資本主義の精神』一九八八　部分訳
　森岡弘道訳『儒教と道教』一九七〇　部分訳
　木全徳雄訳『儒教と道教』一九七一　部分訳

杉浦宏訳『世界宗教の経済倫理』一九五三　部分訳
深沢宏訳『ヒンドゥー教と仏教』一九八三　部分訳
内田芳明訳『古代ユダヤ教1、2』一九六二、六四　部分訳
——, *Wirtschaft und Gesellschaft: Religionssoziologie*. Tuebingen, 1922.
武藤一雄・薗田宗人・薗田担訳『宗教社会学』一九七六
B. Malinowski, *Crime and Custom in Savage Society*. London, 1932.
——, "Introduction" to Hogbin's *Law and Order in Polynesia*. London, 1934.
A. A. Cournot, *Traité de L'enchaînement des idées fondamentales*. Paris, 1911.
American Sociological Review, volume 14, Issue 6 (Dec., 1949).

補論二　垂直的移動と技術進歩

1

ピティリム・ソローキンは、社会学の古典の一つに数えられるべき著書『社会移動』において、パレートの例にならって、垂直的移動の効果として、知的進歩と発見、発明の進歩とを挙げている。本論の目的は、この一般理論が単に部分的な真理に過ぎないことを示すことにある。

この論文に使用されている資料は、到底厳密なものとは言えない。不幸なことに、工業文明の域に達する以前の国家や時代に関しては、垂直的移動や技術的進歩に関する計量的な推計は存在しないのである。非常に不完全であるが、ある種の指標を計測することは可能であると考えるが、それは個人の研究者の力の限界を超えている。筆者は何時か誰かによって、それがなされることを希望する者であるが、それまでの間は、一般的叙述を行った研究から引き出される印象に依存しなければならない。しかしそれは、とくに比較の対象との対比が際立っている場合には、理論形成の論拠としては、十分確実なものたりうると筆者は考える。なかんずく、厳密を期するために、重要な問題点を解明するのに役立つものがあれば、使用可能な資料のすべてを活用することを怠ってはならないことは言うまでもない。

一般には垂直的移動性が高いのは西洋文明だけであると考えられているが、それは誤解である。それよりも多少の正当性はあるが、科学技術的進歩は西洋文明の独占物であるとも考えられているから、この二つを論拠として、垂直的移動と科学技術的進歩とは必然的に関連するという観念が流布したものと理解できる。そこで本論において筆者は、まず第一に、技術的進歩があまり急速でない幾つかの東洋社会が、にもかかわらず、一般的かつ集中的な垂直的移動によって特徴づけられることを示そうとする。その最も衝撃的な事例はオスマン帝国である。

地球上でかつて行われた最も大規模かつ果敢な実験は、恐らくオスマン帝国の制度であろう。……オスマンの制度は慎重に奴隷を捕獲し、それを国家の宰相にしたのである。羊飼いや農夫の子供を王女の恋人や配偶者に仕立てたのであった。両親から子供を取り上げ、国民には家族がその最も活動的な時期に子供を世話することを止めさせ、確実な資産を持つことを許さず、その息子や娘の成功と犠牲とによって利益が得られるという約束を与えず、先祖や過去に全く無関係に子供の地位の昇降を行い、子供には、その頭上に掛かっている剣がいつその栄光の生涯に終止符を打つかわからないことを不断に意識させた。皇帝スレイマンの帝国を比類ない栄光の座に導いた者は、例外なく、農民や羊飼い、虐げられた惨めな隷属民、文盲で半ば未開の男女の子弟であった(1)。

中世のエジプトのマムルーク体制は、オスマン帝国ほど強大な権力は持たなかったため西洋の観察者を驚かせはしなかったが、同様に注目に値する。マムルークは、外国を支配する、さまざまな出自の奴隷による軍事的独裁制度である。もともとはエジプトのアユブ・スルタンの奴隷軍を構成していたのであるが、その指導者の一人が王座を簒奪したのであった。しかし彼は安定的な王朝の創設に成功せず、多くの場合、スルタンの息子ではなく奴隷が後継者になった。多くのスルタンは暴力的な死を迎え、その地位は軍隊の支持を得た階層の出身者によって奪われた。重要なのは、この階層が南ロシアやコーカサスの奴隷市場で購入されて補充されたことである。

東洋社会の階層構造は閉鎖的であると信じるのは全くの誤謬である。もちろん東洋社会は一つ一つが非常に異なっており、またその長い歴史過程を通じて、時代による変化も激しい。しかし二十世紀以前においては、その垂直的な移動性は、ヨーロッパと比較して、概して小さくはなく、むしろ大きかったように見える。フランス革命とロシア革命はヨーロッパ史における支配者集団の、ほぼ完全な置き換えの事例として人目を引きやすい。しかしこの種の革命は至る所で起こっている。中国における最初の統一者は封建的貴族を、より下の階層から採用した官僚に置き換えた。その後秦王朝を転覆させた革命の結果、反乱農民の指導者である劉邦が即位して漢王朝が始まった。最高の地位と栄誉は当然彼の部下に与えられた。漢王朝が崩壊した際の混乱時には、権力者の興亡が激しく行われたが、その多くは未開人から採られた傭兵であった。あいつぐ反乱の結果、支配者の顔ぶれは多くの場合完全に変わり、その最後のものが新しい王朝の創設者になる。それに類似した事実は日本の歴史にも、イスラム諸国の歴史にも見出される。相違するのは、反乱を起こすのが武士であり、農民ではなかったことである。大切なことは、劉邦のように農民から、あるいはレザ・シャーのように厩番から、またデリーのスルタンであったイルツミシュのように奴隷から、身を起こして王朝の建設者になった者は、中世以降のヨーロッパの歴史には見られないということである。

革命の際には垂直的移動が集団的に起こり、社会的ピラミッドの頂点を占めていた組織化された集団は、他の集団に取って変わられる。平和裡に行われる垂直的移動は、常にというわけではないが、通常個人的である。東洋社会においては、革命の場合以外に、多くの個人的、平和的な垂直的移動が行われた。すでにエジプトの古王朝においては、一兵卒から身を起こした最高指揮官が数多く見られた。ある金石文には、子供に「汗水たらして働く」農民や、「魚のような臭いのする」鉱夫でなく、人に尊敬される書記になるために、しっかり勉強するように諭している父親が描かれている。このような忠告は、ある程度の社会的上昇の機会がある社会においてのみ意味がある。中国における試験制度は、原則として学識に応じて官職に登庸することによって、上昇の機会を与えた。実際にはこうした機会は万人に対して平等であったわけではなく、当然官吏の子弟には、合法的に制度化された様々な特権があたえられていた。しかし、この制度によって社会的階梯を底辺から最上層まではい上がった者が、常に何人か存在したことは確実である。独裁政治が垂直的移動を促進した衝撃的な事例は、バグダッドのカリフであったハルン・アルラシッドである。彼はある時お忍びで旅をしていて、途中で出会った乞食をその地方の知事に任命したのであった。この問題については稿を改めて詳論する予定である。この事例の重みを十分理解するためには、フランス革命以前のヨーロッパでは、軍事上、行政上の要職に就くことができたのは貴族のみであり、このような任命は想像もできなかったことを考えるべきである。

2

初期の段階のローマ帝国の皇帝は、自分自身が貴族であったユリウス・カエサルの子孫であったことを記憶する必要がある。将軍や高官は、元老院議官である貴族から選ばれた。彼らの内ごく少数のものは、共和制時代の元老院議官の父系的な子孫であったことは確かであるが、社会的階梯の上昇は僅かに数世代の内になされている。この点では三世紀が転換点であったと考えられる。それ以降、元老院議官の貴族は、軍隊からは閉め出された。将校はすべて兵卒の中から抜擢され、ディオクレティアヌスやコンスタンチヌスのように、農民出身の一兵卒から皇帝の座に就く者が出てくると同時に、軍隊以外の上昇の回路は閉ざされてしまう。なぜならディオクレティアヌスの改革によって、ひとはすべて父親の職業に就くことを強制されたからである。それまで主要な上昇の道であった商工業による富の蓄積も、社会の混乱と財政的収奪との結果、不可能になった。一般的に言って垂直的移動が拡大したか縮小したかは、明言しがたい。確実なのはその形態が変化したということである。いまや主要な上昇の道は、商工業ではなく軍隊になった。記憶されるべきは、これが技術的停滞期であり、明確な経済的後退期であったことである。したがって、経済的技術的進歩に結びつくのは、垂直的移動の形態であり、単なるその量ではないことである。これについてはさらに説明を要する。

この点からみてビザンティウムと西ヨーロッパとの比較は非常に示唆的である。政治的地位に関する限り、垂直的移動は前者における方がはるかに大きかったことは疑いを容れない。原則として官職への任命は、特に法学にかんする学識のみによっていた。身内贔屓と学識により資格を入手する機会の不平等とが、中国の場合と同様に、半ば世襲的な官吏階層を生み出した。しかし乞食学生として首都にやってきて、最高の名誉の地位に上り詰めた貧しい田舎者について多くの記録が残されている。そのような生涯は中世の西ヨーロッパにはあり得なかった。そこでは官職はすべて貴族によって占有されていた。

この二つの文明の軍務に関する対比はさらに衝撃的である。西ヨーロッパでは貴族だけが十全の意味での戦士であり、指揮官は男爵に限られた。ビザンティウムでは兵士は農民や周辺の蛮族から徴集された。将軍は兵士から身を起こし、その内のあるものは、その出自の卑しさにもかかわらず、皇帝の位にまで昇った。このような例は西ヨーロッパには存在しない。

コンスタンチノープルの壮麗さは、西から来た旅人にとって常に賛嘆の的であり、オスマン・トルコに征服されたビザンティウムの工芸に匹敵するものは、ヨーロッパには存在しなかった。しかし西ヨーロッパでは新しい形態の経済組織と、新しい生産方法とが発達したにもかかわらず、ビザンティウムの手工業者および商人は、伝統的な方法に固執していたのは事実である。西方では新しい形態の経済活動が、「新しいひと」、つまり先駆的努力によって富を獲得し地位を上昇させたひと、によって創造されつつあった。それに対してビザンティウムの強度に統制された経済の中には、先駆者や革新者が存在する余地はなかった。中世の西ヨーロッパでは上昇は緩慢であり、それはビザンティウムにおける軍事的官僚的経路をたどった上昇よりも、さらに緩慢であった。各地を放浪する行商人の子孫が尊敬される商人になるためには、何百年かの歳月を要したが、技術的および経済的進歩をもたらしたものは、この種類の垂直的移動であり、ビザンティウムに存在した類の迅速な移動ではなかった。

我々がすでに見たように、大きな垂直的移動は技術的進歩のために十分な条件ではないが、ある形態の垂直的移動は、それに必然的に伴うものであると考えられる。技術的発展には、発明のみならず、新しい方法を適用すべき、新しい生産単位を組織することが含まれる。発明者の動機はさまざまにありうる。物質的報酬への期待よりも、利害に囚われない好奇心の方がより大切であるのは、十分あり得ることである。しかし実業に従事する者にとって、その営為活動の動機が富と権力とへの希求であることは、自明であるといってよい。それを獲得することは、社会的階梯を上昇することを意味する。したがって、新しい生産方法が導入されるのは、その革新的活動が、地位の上昇によって報われる場合に限られる。ここで得られた結論は多くの事実によって立証されるのであるが、それはソローキンの前掲書にあるから、ここでそれを再現することは差し控え、二、三の追加的観察を行うに止める。

地位や富が自分の努力とは無関係に保証されている貴族が、製造業や商業において先駆者になることはない。歴史上新しい形態の経済活動を創ってきたのは、つねに「新しい」、「自分の力で地位を築き上げた」人間であった。すでに紀元前七世紀のギリシアには、貴族と商業や製造業の発達によって富を蓄積した新興の金持ちとの葛藤が存在していた。ローマ時代の資本主義的発展を担ったのは解放奴隷であった。中世のヨーロッパで都市の製造業の担い手であったのは、貴族ではなく各地を放浪する行商人であった。

……すでに十五世紀の前半には……フランダース、フランス、イングランドおよびヴェネツィアと交易関係のある南ドイツの諸都市の各地に……資本家という新しい階級が出現する。それを構成したのは新しい人であり、どのような意味でも、古い都市貴族ではなかった。彼らは経済変動期には何時でも出現する、冒険的な「成り上がり者」の集団であった。彼らは古くから蓄積されてきた資本をもって営業したのではなかった。彼らがそれを手に入れるのはずっと後になってからである。十二世紀の「冒険商人(メルカトール)」や十八、九世紀末の発明家や企業家のように、これらの先駆者が投下した資本は、その精

力と知識と狡猾さだけであった。……[2]

この理論を補強する多くの事例を追加することが可能である。逆に、経済的、技術的な進歩がある程度の垂直的移動を伴わなかった社会は、どこにも存在しないと言うこともできよう。十七、八世紀のヨーロッパでは、工業発展の担い手であったフランス、イングランドおよびオランダは、経済が停滞的であったポーランド、ハンガリーおよびスペインと比較すると、より大きな垂直的移動によって特徴づけられる。スペインとイタリアの場合、その経済的繁栄の時代であった十五、六世紀には、その後の二世紀間に比較して、垂直的移動がより大きかったと信じるに足る根拠がある。この時代にこの二国民によってなされた発明は、他国に比較して、相対的にも絶対的にも後退したのであった。[3]よく言われるポーランドの科学的経済的後退は、これと時を同じくして起こり、上昇的運動が停止した時期と符合する。

垂直的移動の道を確立しておくことの重要性は、スペインをのぞく近代の西ヨーロッパと、垂直的移動性は高いが技術的には停滞的な諸社会とを比較することによって認識される。すでに見たように、オスマン帝国では、とくに十七世紀末までは、垂直的移動は例外的に高かった。ヨーロッパのどの社会と比較しても、はるかに高かったことは明らかであり、革命の時期を除けば、世界で最も高かったであろう。西ヨーロッパとオスマン帝国との重要な差違は、社会的階梯を登りつめる者が、前者にあっては、少なくともその内のある者は、生産と交換の新方式を試みることによってそれを達成したのであり、後者においては、中国と同様に、強固に組織化された官僚機構によって、引き上げられたことである。彼らの昇進は技術革新に成功したからではなく、古い組織への適応に成功した結果である。西ヨーロッパでは、平民が職業として政治活動を行うことは困難であり、職業としての軍務となると、全く不可能であった。このような領域における毛細管のような細い道が、富と権力とを志向する野心家の精力を抑圧せず、それを実業に振り向けることによって、経済的、技術的発達を決定的に促進したと言える。中世においてはカトリック教会が最も有力な上昇の道であった。プロテスタント諸教団は、聖職者の独身制を廃棄することによって、この機能を遂行することを止めた。にもかかわらず、産業と技術の分野で最も成功したのは、プロテスタント諸国家であった。この関係は確かに複雑であるが、上昇者の精力の方向づけをやり直したことが、この成功に関係すると考えることが、理にかなっていると筆者は考える。

以上に展開した論議の結論は、技術的革新に通じるのは、垂直的移動一般ではなく、その特殊な形態であるということである。言い換えれば、新しい発見や発明が行われるためには、産業の新たな発展が、富、権力および高い地位に通じる必要があると言うことである。本論文ではそのような状況が生まれるために、何が必要であるのかと言う問題を取り上げることはできなかったので、その点については稿を改めて論ずるつもりである。

注

（1） A. H. Lybyer, *The Government of the Ottoman Empire in the Time of Suleiman the Magnificent* (Harvard, 1913), pp. 45-6, 196.

（2） Henri Pirenne, *A History of Europe* (London, 1930); p.516.

この論はその後、*Périodes de l'histoire sociale du capitalisme* (Bulletin de l'Academie Royale Belge, 1914). において、さらに拡大、展開された。

（3） P. A. Sorokin, *Social and Cultural Dynamics*, vol.2, p.150.

（4） 本論の論旨を補強する適当な文献をここに掲げることは不可能であるが、関連する文献は筆者の近著『軍事組織と社会構造』の附録に挙げておいた。本論の準備のために使われた、社会学の立場からの興味深い歴史学の最近の業績で、西欧の社会学者に馴染みの薄い国々を対象としているものは、以下の通りである。Hellmut Wilhelm, *Gesellschaft und Staat in China* (Peking, 1944); Wolfram Eberhard, *China's Geschichte* (Bern, 1948); K. A. Wittfogel & Feng Chia-Sheng, *History of Chinese Society-Liao* (New York, 1949); G. Ostrogorsky, *Geschichte des byzantinischen Staates* (Munich, 1940); Louis Brëhier, *Les Institutions de l'Empire Byzantin* (Paris, 1949); R.C. Majumdar and others, *An Advanced History of India* (London, 1946).

Social Forces, vol.29, Issue 1 (1950).

補論三

読者諸君。民族誌学上疑いもなく不朽の業績を挙げられたエヴァンス・プリチャード教授が、イギリスの諸大学、ことにオックスフォードにおいて一般的に見られる、社会に関する科学的研究に対する残念な偏見を共有しておられるように見受けられることは遺憾である。あらゆる科学は発達途上の段階において、その分野では確実な普遍化は可能ではないという批判に曝されてきた。もしこの段階で怖じ気づいていたら、物理学も、化学も、生物学も、否、あらゆる科学が今日存在しなかったであろう。例えば社会という生き物に規則性が今日まで発見されていないとしても、それは今後それを求めることが徒労であることを立証するものではない。どのような科学にも揺籃期はあるのである。しかしその時代の状態がこれほど悪いものは外にはない。社会学においても、数は多くはないが、幾つかの一般理論が確立されている。例えば、権力の形態は複合する傾向があることが知られている。つまり政治的権力を持つ者は、経済的権力をも掌握する傾向があり、その逆もまた真である。また複婚制度が拡大する場合には、それと並行して経済的不平等が拡大すること、戦争が独裁政治を生むこと、また過剰人口が戦争を生みやすいことなどである。この何倍もの事例をここに列挙することは不可能であるが、人類学が伝統的に取り組んできた親族組織の研究においては、ラドクリッフ゠ブラウン、レヴィ゠ストロース、あるいはG・

P・マードックなどの研究によって、これまでに多くの規則性が発見されている。

純粋な記述に没頭する人、あるいは歴史主義に立つ歴史家に対しては、筆者は記述は一般的な意味をもつ言語の助けを借りて初めて可能になるということを言いたい。したがって、あらゆる記述は、それを構成する要素が繰り返し起こることを前提としている。したがって完全な意味で一回的である事象を記述することはできないのである。さらに記述することは、無限の現実の中からデーターを選択することを意味している。またこの選択は、何が大切か、すなわち何が何の原因であるか、という観念を前提としている。人類学の研究書に国王のつま先の形状ではなく、その憲法上の権利に関する詳細な記述がある場合には、その著者が、理論的に国王のつま先の形状よりも、むしろ憲法上の権利が原因となって独裁政治上の問題が起こると考えていることを意味している。結論を言えば、我々が一般論を全く持ち合わせない場合には、あらゆる記述的知識は無用になるということである。有用であるということは、非常に広い意味での予言を意味している。記述的情報をどれだけ積み重ねても、一般化的方法の助けを借りなければ、推論は可能にならない。さまざまな社会という生き物に規則性がなければ、エヴァンス・プリチャード教授は、セヌーシ人と交際しなければならなくなった人に忠告を与えることができない。それは文盲でその名前すらも聞いたことがない筆者の使用人が、忠告できないのと同じである。その場合には、なにが起こるかわからないからである。明日には彼らの全員がイエズス会の修行僧になり、ムッソリーニの最近親者に修道院長になることを求めるかもしれない。もちろん我々は、こんなことが起こるはずがないことを知っている。しかし我々は何故それを知っているのか。明日からは水が上に向かって流れ始めはしないことを知っているように、そのようなことは未だかつて起こったためしがないからである。我々は目前の問題について思案をめぐらせる時、他の場合からえた知識を基礎にしている。社会という生き物に規則性を求めることが徒労であると考える人は、民族誌学や歴史学は品のよい趣味にすぎないと認めたとしても、自己矛盾を避けるためには、トランプのカナスタゲームで勝つ方法が解らないのと同様に、社会は複雑すぎて、それを理解するのに自分たちは役に立たないと認めなければならないはずである。

現実には、歴史家、民族誌家、社会改良家、政治家は誰でも、自覚していないまでも、経験的で大雑把な社会学的な一般理論をもっているはずである。そうでなければ彼らは行動を起こすことができないのである。社会科学の任務は、この種の一般論を、より顕在的なものにし、それを試し、それを選り分け、新しいものを発見することである。

あらゆる行為の底には理論的な仮説が潜んでいることは、ユネスコによって行われた人種に関する宣言の例に見ることができる。ここでの仮説は、「人種」間の葛藤は、生物学的な不平等を信じる、知的誤謬に起因するというものである。真理から出たものは何もない。この信仰は富、権力、威信への欲求の、単なる正当化にすぎない。それらは集団間の闘争の付帯現象であり、その闘争の場における集団の接点は、人種的特性の分布に照応する。したがって、前提とされた人種の生物的平等性についての宣伝は、人種間の葛藤を払拭するためには、普遍的宗教の教説と比較しても、効果的ではなかった。このような葛藤について何かをするためには、我々はその原因を知ることが必要である。

規則性を求める研究に対する反感が、今日ではすでに確立している社会人類学の発達を脅かすとは考えられない。しかしそれは英国における社会学の発達を押しとどめた。未開社会を科学的に研究することが可能であることは、最終的には受け容れられた。しかし複雑な社会に関しては、相変わらずタブーとなっている。その結果、二十世紀における社会学の分野での英国人の貢献は、ヨーロッパのどの国民に較べても、最小の国民をのぞいて、最も小さなものであると言うことができる。二度の戦争の間に刊行された社会学の書物に関して言えば、英国はポーランドやチェコスロヴァキアの様な、非常な打撃を蒙った国と較べても、その後塵を拝している。フランス、ドイツ、アメリカ（その質はその量に釣り合ってはいないが）に比較すると、英国は信じがたいほどに遅れをとっている。英国よりも遅れているのはロシアだけである。したがって英国の大学の目先の利かない保守主義と、「それは不可能である」と言う反啓蒙主義的信念とが、ソヴィエト帝国におけるスターリン警察と同じように、この国の社会学の息の根をほとんど止めてしまったのである。

ローズ大学社会学部　S・アンジェイエフスキー
グラハムスタウン、南アフリカ

Correspondence, No.120. *Man*, vol.51 (May,1951).

補論四〈書評〉暴力に関する考察

E・A・ゲルナー

著者アンジェイエフスキー氏は、科学としての社会学の将来を信じ、またマックス・ヴェーバーからの影響を自認している。ヴェーバーの影響と社会学の将来というこの二つの問題を自由に組み合わせて、空虚な論議が大量に繰り返されている今日、著者による明解で興味深い本書が、かくも優雅に簡潔に、無駄な繰り返しを一切含まず、まとめられたことは、大きな喜びである。

著者は「はじめに」の中で、自分の方法的立場を誤って説明し、自己を過小評価している。彼はそれを「比較的方法」と述べ、その意味するところを簡単に説明している。しかし実際に用いている方法はそれではない。本書の中心課題は、諸社会を比較し、分類的枠組みを用いて、限定された暫定的な一般理論を構築するというよりも、その中で議論が行なわれている分類的枠組みを、演繹的に発展させることにあると言える。社会学は一般理論の体系として発展するであろうという、著者の楽観的な見通しが正しいかどうか、また本書が軍事組織と社会組織との関連という分野で、この目的のために貢献するかどうかは、時がたたなければ結論の出ない問題であるが、筆者の考えによれば、その将来はどうであれ、本書は興味深くまた価値が高いと判断される。

著者が提起する問題の限界に関して意味論的な論議が、本書につけ加えられていたならば、理解はより容易であったかも知れない。著者は意味論的明確さが必要であることにしばしば論究するのであるが、自分自身はこれを行なってはいない。問題はここにある。著者のテーマは表面的には軍事組織と社会構造との関係である。しかし著者は時として、暴力の社会的役割について論議していることを示唆する。読者は時として、著者がこの二つのものを同一視しているのではないかという印象を受ける。

筆者はこのことは二つの理由で誤解を招くと考える。その一つは、軍隊が持つ唯一の社会的機能は、暴力のための装置であると考えるのは早計であるからである。ある場合にはそれは軍隊の主要な機能でないことすらもある。(筆者はかつて、フランスの外人部隊に所属し、他の軍隊にも傭兵として勤務した経験をもち、ブルンチュリーにも例えられるべきジュネーブ人のある士官の興味深い書簡を読んだことがある。彼は言う、軍事訓練と軍事組織に関連するあらゆる事柄は、ただ一つの目的と価値基準とを持っているという真理を理解しているのは、ヨーロッパではスイス人だけである。それは武力闘争における勝利に資するか否かということであると)。スイス人は別として、力を行使し闘争の結果を左右するということ以外の軍隊の役割と影響とについては、社会学の問題として深く研究する価値がある。「軍隊」を暴力装置と同一のものと考える誤った理解が、未開社会よりは我々に近い社会で起こりやすいことを主張してみてもはじまらない。未開社会の「軍隊」は、何が実際になされるかによって確認される。我々に近い社会では、慣習的な称呼や関連物によって誤解を生ずる場合がある。ヴァチカンのスイス人衛士は軍隊であるか。制服は着ていないが、要求されれば何時でも組織的、直接的に暴力をふるう用意がある戦闘的な政党は軍隊といえるのか。

軍事組織がもつ影響と暴力の役割とが同じものではないという、もう一つの理由は、「暴力」という概念のとらえ所のなさと多義性とが生み出したものである。著者は近代の哲学の成果に通じており、言葉が持つ情緒的な意味と記述的な意味とをしばしば弁別し、また別な意味が込められている言葉を、より中立的で意味の明白な言葉に置き換えている。しかし「暴力」という言葉が非常に否定的な意味を持つことは、彼にあまり大きな影響を与えなかったようである。大雑把に言って、「社会において暴力はどのような役割をはたすか」という問題については、二つの極端な解釈が可能になる。その一は、社会において殺人、もしくは物理的力の行使、あるいはそれらの直接的脅威が持つ役割は何かという問題であり、他の一は、社会はどの程度まで既成事実ではなく、正義によって支配されているか、どの程度まで正しいことが、正しい理由で起こっているかと言う問題である。(この解釈が成立するのは、普通は「暴力」と言う言葉自体が、あらゆる非道徳的な社会的力を、非難を込めて指していることによる)。著者がこの第二の問題を問うているのでないことは明らかであり、また第一の問題を追求しているのでもない。それは余りに狭い問題である。彼が両者の境界にある問題を考えていることは、前後関係から判明するが、著者はそのことをもっと明確に示してもよかったのではないだろうか。なぜなら、「暴力」という言葉が多義的である理由は、それが記述的であると同時に価値評価的であり、その記述的意味の境界が曖昧であるからだけではなく、それが「状況的」概念であるからである。すなわち、「暴力」が存在するのは、何か実際に起こることによって生まれた状況の中であると言うよりは、むしろ、実際には実現されなかったある条件が、もし実現されていれば行なわれたであろう事柄の結果として存在したであろう状況の中においてであるからである。

一例をあげれば、ある軍隊が敵を粉砕するのは、敵兵を十分殺戮することによる場合もあれば、相手の糧道を絶って降伏させることによる場合もある。後者も前者と同様に暴力である。そうなると、互いに相手に対して経済的圧力を加えあっている市民の集団も暴力を振るっていることになる。もしそうであれば、「暴力」と他の圧力とを区別することは非常に困難になる。著者は経済的な力は、軍事的な力あるいは魔術や宗教に基礎をおいた力とは違って、常に派生的なものであるという一般的な信念を持っている。(この経済的力が派生的であるという主張は、マルクシズムに反論する場合の常套的手法である)。他人が対抗できない力を持つ者があったとすれば、彼はそれを欲しいままに行使できるはずである。定義によってそうであるはずである。しかし、例えそうであったとしても、彼が何らの社会的禁忌または心に染みついた思考様式や行動様式、あるいは自分自身の経済的利害をも犯すことなく、それを行なうことが出来るということにはならない。また思考様式や行動様式、あるいは経済的利害などへの配慮が、効果的に働かないと信ずることもできない。逆に言えば、経済的条件などによって規定されているのである。しかし特に「暴力」という概念の曖昧さ、影のような移ろい易さがひとたび理解されるや、ある種の力が派生的であるかどうかという問題とそれへの解答は、さして重要なものでも、また興味のあるものでもなくなる。

さらに、暴力の役割を主題とするのであれば、社会の中に共存する、暴力の行使をこととする多くの独立的集団の特徴的性格を、著者はなぜ十分に取り上げなかったのかを、読者は残念に思うかもしれない。

著者が出発点としているのは、ホッブスとマルサスの理論であり、心理学が説く人間の自己中心主義や不安の観念ではなく、人口の圧力が第一の前提になっている。「希求対象物」――つまり一般に欲求されるもの――をめぐる闘争は、社会生活のあらゆる局面に認められる（著者はそれが局面によって偏在することを認めており、そこから理論的枠組みが発展していく）。

著者は、葛藤に満ちたこの世界を描くにあたって、人間に固有なあるいは一般的な、闘争性という心理学的前提を否定する。その点では筆者は正しいであろう。しかし奇妙なことには、我々が社会的条件の反映に過ぎないと考えているものや、恐らくはそれによって規定されているものを、根元的な何物かであるように取り扱っている。著者は武器をもって戦われる人と人との間の闘争を非難する。「しかし拳による殴り合いは……常にその一方が逃げ出すことで終わり、……殺し合いにはならないから、……勝った方は……復讐される恐れをいだかないですむ」という。しかし筆者の考えでは、未開人の間での武器をもたない闘争が当然負けた方の死に終わらず、復讐を恐れる必要がないというのは全くの誤りである。むしろ逆で「殴り合い」は、殺人はゆゆしい一大事であるが、殴り倒すことはそうではないと一般に理解されている社会的条件の下での、なかば儀礼化された闘争の一形態であり、勝った方は、次の戦いも「公正に」――儀礼的な規則に則って――行なわれ、後ろから頭を石で殴られるようなことはないことを保証する、その地方の良識を信ずることができる場合には、復讐を恐れる必要はない（恐らくは彼がまた勝つであろうから）。確かに現代の、洗練され限定的な酒場での殴り合いの儀礼を、武器が発達する以前の過去に投影して考えてはならない。

著者の論証過程の長所と欠陥とは、両方ともにある種の一般的前提から生まれる二者択一に従うという、演繹的方法に起因している。そこでは文化的要因については、典型的事例がそれについて何も説明していない場合には、個別的な事例についてのみ問題とされており、著者の思想全体に行きわたってはいない。(文化的脈絡での行動だけが意味があると強調され、それが空虚な理論化を生み出してはいるが、それが目につくのはすべて社会学的な部分であることは救いである。人類学にとって興味があるのは人類誌学的事実であり、空虚な理論化は有害である)。著者の理論図式は読者にホッブスの図式を連想させるが、それほど粗野なものではない。ホッブスとは違って、闘争の一般的な遍在性を強調するのではなく、それを分類し、それが緩和される可能性があること、それが行なわれる文化的条件の重要性は認められているが、それを説明することはされていない。とは言っても筆者は著者に対してそれを要求しているのではない。またそれを要求すべきでもない。著者は単に闘争はつねに存在すると述べるに止まっており、その原因を常に説明することができると言っているのではない。

闘争がつねに存在することを説明する第1章において、著者は戦争は「つねに幻影を求めて戦われる」という幻影を批判している。(すなわち、戦争を説明する原理として、あの非合理的な「心理学的」説明が求められるべきであるという幻影である)。またそれに関連する、「人種やエスニシティに関する反感はすべて病理現象である」という幻影である。(多くの人々がフロイドをルソーのように読み、利害関係の自然的調和という原理の中にどっぷりと浸って、人間の中には善性が潜んでおり、非合理性の鎖の呪縛から解放されるのを待っているという結論に達しているのは、論理学の課題というよりはむしろ知識社会学の課題である。しかし戦争が時として、あるいはしばしば、合理的である（勝利がそれに参画した者に希求対象物を保証すると言う意味で）ことを正当に評価すれば、この合理性はすでに社会学的に十分説明されているとは言えない。戦争が起こされる領域が、一人一人の個人としての場を遥かに超えている複雑な社会については、まず第一に人間が闘争の合理性を自分に納得される仕組みを明らかにすることが必要であり、次に人間をそれに反応させ、それを受容させる情緒的気質の原因を考えなければならない。単純な社会についても、その説明には少なくとも、後者の要素だけは含まれる必要がある。なぜなら人間はしばしば合理的に計られた利害のために戦うとしても、そのために戦わないことの方がより多いからである。(例えば「ドイツ人の男性のエディプス・コンプレックス」から戦争を説明しようとする「心理学的」説明は、その反応がおこる仕組みだけを説明するのであれば、より簡単であったはずである。しかし実際には、この説明は、その反応が文字通り客観的状況から完全に独立しても起こりうるとは考えていなかったために、二つの課題を持つことになった)。

著者の論点のすべてについて論評することは不可能である。そこで著者が正当にも中心的課題と考えていた問題に限定して述べることにする。著者の軍事組織の分類は、三つの指標にしたがって行われる。その一は「軍事参与率」であり、第二は凝集性であり第三は服従性である。著者も気づいているように、この第二、第三の次元は、論理的に独立してはいない。なぜなら高い服従性と低い凝集性の組み合わせは、あり得ないからである。結論として八ではなく六の軍事組織の純粋な類型が存在することになる。

ここで使用される概念について、もっとも興味深く、特徴的であるのは「軍事参与率」である。著者はこれをさらに最適軍事参与率と現実の軍事参与率とに二分する。読者は著者が理論的実際的に圧倒的に解決困難な問題である、最適軍事参与率という問題に取り組んでいると考える必要はない。その困難さは最適人口を考える難しさに匹敵する。(何の目的にとって最適であるのか、どの位の時間幅で最適であるのか、などの問題が出てくる)。

現実の軍事参与率の決定が論じられる際には、さらに奇妙な問題が起こる。現実の軍事参与率を決定する要因の一つは最適軍事参与率であると説明されるのである。しかし理想的なものが現実のものに、あたかも神意のように影響をあたえる仕組みについては何も説明されていない。合理的な認識によるのか、それとも自然の選択によるのか、そのいずれもが説得的ではない。

六種類の類型と一般的社会構造との関係に関して、また類型間の移動の種類に関して、様々な興味深い観察と例示がなされている。著者の主要な結論は巻末に納められた一枚の図表に示されている。(附言すれば、図表中の線分に関して印刷の手違いがあったらしく、影響の方向を示す図上のある指標は、本文中の説明とは逆向きである)。この図表は社会的軍事的組織に関する様々な局面の間の機能的連関を示すことを意図して描かれている。(しかしそれを量的に表現することは意図されていない)。もう一度方法論的考察に立ち戻れば、この図表に関して読者は二つのことを感じる。その一は、それぞれ小さな四角で囲まれた、異常なまでに論理的に異質な項目が、頁をまたがって引かれた、影響を与えることを示す線分で結ばれていることである。(その項目の幾つかを例示すれば、「最適軍事参与率」、「現実の軍事参与率」、「暴力支配性」――即ち社会における暴力の重要性――、「階層間の移動」、「人口の圧力」、「防御に対する攻撃の優越」、「人種的等質性」などなどである)。その二は、使われている言葉の論理的な意味から考えて、その全部ではないとしても、どれ程かは、相互依存関係が明白でないのではないかということである。この二つの指摘は、著者の理論的枠組みの問題提起が、分析的であろうとするあまり、それを構築するための努力やその価値を損なっているという批判としてなされたものではない。(本書に示された蓋然律が説得力に富んでいるのは、本書の理論的な枠組みの長所の結果であり、そのために整然とした叙述と適用とが可能になったからである。）それは筆者が本論の冒頭で指摘したように、アンジェイエフスキー氏が行なったことは、基本的には分類的枠組みの発展であるということを示すものであるにすぎない。それが精密な実証的な比較研究を行うために応用され、実際に驚くべき成果を生むかどうかは、今後の問題である。そのことが実現するか否かは別にしても、この理論が非常に興味深いことには変わりはないのである。

The British Journal of Sociology, vol.5, Issue 3 (Sep.,1954).

訳者あとがき

一

本書はポーランドに生まれ、南アフリカで教鞭をとった社会学者、Stanislaw Andrezejewski が残した、おそらくは唯一の著作であり、出版されてからすでに半世紀以上を経た今日もなお生命を保ち続けている古典的業績、*Military Organization and Society* の翻訳である。原著は一九五四年、International Library of Sociology and Social Reconstruction 叢書の一冊として Routledge & Kegan Paul 社から刊行された。

本書にはそれに加えて、たまたま訳者の目に止まったアンジェイエフスキーの論文三点、すなわち、Are Ideals Social Forces ? (*American Sociological Review* Vol.14, Issue 6 Dec. 1949), Vertical Mobility and Technical Progress (*Social Forces* Vol.29 Issue 1 1950) および Correspondence; Social Anthropology: Past and Present (*Man* May, 1951) と、*The British Journal of Sociology* Vol.5, Issue 3 に発表された、E. A. Gellner による書評論文 Reflection on Violence の訳を、補論として併せて収録した。アンジェイエフスキーの論文はいずれも、本書で展開される論理の準備として、あるいは自己の方法的立場を明らかにするために執筆されたものと判断される。またゲルナーの書評は刊行された当時、本書がどのように評価されたかを示すものであると言えよう。

また本書に言及された世界各地の民族に関する史実には、一般の読者になじみの薄いものも少なくないと考えたので、とくに第2章を中心にして、相当量の訳者注を加えた。民族誌学に関する訳者の無知に加えて時間的制約もあり、必ずしも的確な説明を行なえなかったことは残念であるが、読者の理解の一助にと考えたからである。

本書に込められたものは、第二次世界大戦の最中、ポーランド人兵士としてヨーロッパ各地を転戦して青春時代を過ごし、終戦後は東西冷戦の厳しい時代を、おそらくは迫害を逃れて南アフリカに学究生活を送るという、数奇な生涯を送ったと想像されるこの碩学が残した全著作を網羅して日本の読者に紹介することにより、その業績に報いたいという訳者のささやかな願望である。

二

本書の付せられた叢書の編者であるラドクリッフ－ブラウンの「緒言」にもあるように、本書の特徴は「モンテスキューに始まり、ハーバート・スペンサー、エミール・デュルケム、マックス・ヴェーバー等に続く、社会学の伝統の系譜に繋がっている」。それは「さまざまな社会を性格づけている社会生活の諸特徴の間」の「重要な相互依存の関係」を明らかにするために、「さまざまな類型の社会の比較研究」（本書ⅰ頁）を行なうことである。しかし「補論四」のゲルナーの書評が言うように、本書の特徴としては、「限定された暫定的な一般理論を構築するというよりも、その中で議論が行なわれている分類的枠組みを、演繹的に発展」（三三二頁）していると評する方が、むしろ適当ではないだろうか。ラドクリッフ－ブラウンはアンジェイエフスキーが本書を書く準備として行なったであろう作業をも含めて、その学風全体の特徴を言ったものであると考えられるからである。その意味でゲルナーがアンジェイエフスキー自身が自分の方法を「比較」とするのは「過小評価」であると判断していることは興味深い。

アンジェイエフスキーが具体的にとった手法は、事実に立脚した仮説を提起し、それを検証すること、ラドクリッフ－ブラウンの用語に従えば「観察」により立証することである。おそらくは当時入手しうる限りであったであろう、文字通り古今東西の文明に関する歴史学、民族誌学の文献を博捜し、そこから収集されたデータを駆使して仮説を立証する行文を読むとき、著者が参考文献で「驚異的かつ記念碑的な著作」と評価している、マックス・ヴェーバーの *Wirtschaft und Gesellschaft* を彷彿するのは、おそらく訳者だけではあるまい。「補論三」に明らかなように、アンジェイエフスキーの方法論的立場はヴェーバーのそれとは異なるが、用いられた手法はまさにヴェーバーのそれであった。

高橋三郎によれば、戦争に関する社会学的研究は、一九二〇年代にシュタインメッツの *Soziologie des Krieges* によって、戦争社会学の名称が定着し、また第二次世界大戦後、G・ブートゥールにより **polémologie** の命名も提起されたのであったが、これもまた命名のみに終わってしまった。我が国においては、二十世紀の初頭にはすでに建部遯吾の『戦争論』によって、戦争の社会学的研究と呼ばれるべきものが発表されているのであるが、「社会学の一研究分野としての地歩を占めるには至らなかった」（高橋三郎「戦争社会学」森岡清美ほか編『新社会学事典』）。その理由はアンジェイエフスキーも言うように、「今日学者の多くは平和主義者であり、むき出しの暴力は永遠に追放されたと考えがちである」（本書一頁）ためであろう。ことに第二次世界大戦の経験が生々しい我が国においては、軍事に関する事柄は今日においても尚一種のタブーであり、社会学のみならず、あらゆる科学がそれを積極的に対象とすることを避けてきたと言えるのではないだろうか。

そうしたなかで、本書はゲルナーによっても「興味深くまた価値が高い」と評価されているが、闘争に関する社会学や政治学の研究書には、しばしば参考文献として挙げられており、その意味では今日この分野における類例の少ない基本文献として、古典的な位置を持つと考えられる。最近訳者が目にしたものとしては、Barbara Ehrenreich, *Blood Rites*. Henry Holt and Company, LLC, 1997 もその一例である。

その意味で本書は疑いもなくすぐれた業績であるが、いくつかのミス・プリントを含んでおり、またそのほかにも読む者をして戸惑わせる箇所が散見されるのはなぜであろうか。

訳者がミス・プリントと判断した箇所を念のため挙げれば、次の通りである。

原書の頁	原文	訳者の判断
vii	flnd	find
11	decause	because
75	cencentration	concentration
82	l,ke	like
89	movement, in the past which	movement in the past, which
92	Social and Culture Dynamics	Social and Cultural Dynamics
125	subersive	subversive
129	military structure and the total	military structure of the total.....
167	sooner of later	sooner or later

このほか、本書には読む者の首を傾げさせる箇所が少なくない。たとえばゲルナーの書評に、「印刷の手違い」かとして言及されている（本書三三九頁）、付図中の線分に付けられた矢印で示された影響の向きと、本文中の説明とが逆であるという箇所は、訳者には発見できなかったが、原図では三種類に分けて示されている線分の形態の差異が必ずしも明瞭ではないのは甚だ疑問である。本書では訳者の理解と判断に従って、その責任において明確に区別して表記したことをお断りしておきたい。

三

著者について、個人的な経歴などはほとんど何もわかっていない。この点について在日ポーランド共和国大使館にも問い合わせたが、同館でも情報を持っていないようである。現在までのところ原書のカバーの裏に書かれた簡単な著者の紹介が、我々が持つ唯一の情報である。その記述を、キェニェーヴィッチ編、加藤一夫・水島孝生訳『ポーランド史』（恒文社　一九八六年）によって補えば、彼の生涯は以下のようになる。

生国はポーランド。生年は不明であり、世代から判断すれば存命中である可能性も十分であるが、後述する理由から、すでに亡くなっているものと考えられる。一九三九年九月、第二次世界大戦が勃発した時点では、ポーランド陸軍の馬匹牽引砲兵隊（Horse Artillery）に下士官（sergeant）として勤務していた。戦争はドイツ軍の侵入によって始まり、続いてソ連軍も侵入を始め、大統領以下の政府と軍との首脳部は国外に亡命し、十月にはポーランド正規軍の抵抗も終わっている。この時アンジェイエフスキーはソ連軍の捕虜となったが、その後脱走してソ連軍とドイツ軍の両占領地域で、初めは物乞い（beggar）をして、後には密輸を業として（smuggler）生きながらえ、やがてハンガリーに亡命、そこで官憲に逮捕・収監された。その後再び脱走し、偽造旅券でフランスに潜入、当時フランスにあったシコルスキ亡命政府軍に加わったが、一九四〇年ペタン政府がドイツに降伏したため、数ヶ月後の十月にはイギリスに逃れざるを得なくなり、一九四四年六月のノルマンディー上陸の日まで同国に止まった。イギリス滞在中、九ヶ月の病気休暇を得て、London School of Economics に学んでいるが、その時の勉学の内容は不明である。一九四五年六月、大戦が終了した時には、通訳として総司令部に勤務していた。戦後は一時期占領軍としてドイツで勤務した後、イギリスに帰り、一年後に南アフリカに移民した。一九四七年以降は、一年間の中断を含み、南アフリカのローズ大学で社会学の教鞭を執っている。

この経歴を読む時、強国に取り巻かれて苦悩する民族が二十世紀に経験した悲劇を象徴するかのような壮絶な生涯に、粛然とせざるを得ないのを感じるのは訳者のみではあるまい。また巻末に付せられた文献目録から察すると、著者は入隊以前にポーランドで大学教育を受けていた模様であり、その時の恩師 Czeslaw Znamierowski は形式社会学の立場に立った人であったと推察される。アンジェイエフスキーはこの恩師の著作の明断さと正確性とから大きな影響を受けた旨を述べているが、この人物についても、訳者は何の情報ももっていない。

本書の刊行後、筆者がどのような運命を辿ったかも、全くわかっていない。本書中には準備中の書物や論文についての言及が何カ所かある（本書二〇七、二三九、三二一、三二六頁）。その内のあるものは補論に収録した論文であるが、他は検索のための手がかりも掴めていない。とくに二〇七、二三九ページで言及されているものは、いずれも単行書であると判断され、その内前者は、その時すでに表題も決定されていたと思われるが、実際に刊行された形跡を把握できないでいる。

このような事実は、著者のその後の運命について、訳者の空想をさまざまに掻き立てるものがある。特に本書の校正が不十分であることは、その作業の最中に何かが起こったのではないかと考えさせる。ひょっとすると対立する東西の狭間で冷戦の犠牲になったのではないかなどと、あらぬ心配をしてみたりもするのである。とくに本書第13章に明らかなように、ソビエト体制に厳しい批判の目を向けていたアンジェイエフスキーであってみれば、なおさらのことである。

四

二〇〇二年、本書の古典的価値を指摘され、筆者にその翻訳を勧められ、同時に書肆新曜社の堀江洪氏を紹介されたのは、慶應義塾大学の内山秀夫名誉教授であった。お勧めに従って早速一読、その内容に惹かれ、訳してみようと決意したのであるが、その時あいにく期限のあるやっかいな仕事を引き受けていたため、しばらくの猶予を請い、それが一段落した二〇〇三年二月から本格的に訳業に取りかかった。

しかし作業の進捗状況は必ずしもはかばかしくなかった。その理由には、思いがけない怪我による入院とか、転職などの一身上の都合もあったが、最大のものは本書の難しさであった。ことに古代エジプトから第二次大戦後のヨーロッパまで、インカ帝国からアフリカ奥地の未開社会まで、人類の文明史の中から、文字通り時間と空間を越えて、博く収集された事例を駆使して展開される本書の論理を理解するのは浅学の訳者にとって容易ではなかった。ことにイスラム社会やスラヴ社会については知識が欠けており、理解を超えることが多かった。辛抱強くお待ち頂いた、堀江社長ならびに内山名誉教授にはこの場を借りてお詫びしなければならない。

また訳文の作成上で、慶應義塾大学の森岡敬一郎名誉教授、和泉雅人、清水祐司、坂本勉の各教授からは、ご教示を賜り、またご専門の立場から参考文献のご紹介を頂いた。改めて深謝申し上げたい。

最後に本書をお読み下さった方々にお願いがある。本書の訳文に関する御批判はもちろんのこと、著者アンジェイエフスキーや彼の恩師に関しても、何か情報をお持ちの方のあれば、ぜひご教授を頂きたい。不幸にして訳者の杞憂が正鵠を得ていた場合には、共にこの碩学を偲び冥福を祈りたいと考える。

訳者紹介

坂井達朗（さかい　たつろう）

1939年：東京に生まれる
1963年：慶應義塾大学経済学部卒業
1968年：同大学院社会学研究科博士課程単位取得退学
　　　　愛知大学助手、専任講師、助教授を経て
1981年：慶應義塾大学文学部助教授、以後同教授を経て
2004年：慶應義塾大学名誉教授、帝京大学文学部教授
論　文：「戸田家族理論の一つの理解の仕方」三田学会雑誌、中村勝巳教授退官記念論文集、1990年3月
　　　　「『巻封じ』と『巻封じ』と――福澤書簡を事例として」近代日本研究17、2001年3月　ほか
史料集編纂：『可睡斎史料集』1～5、思文閣、平成元～10年
（共同編纂）『福澤諭吉書簡集』1～9、岩波書店、2001～2003
　　　　　『福沢諭吉の手紙』岩波文庫、2004
　　　　　『江戸町触集成』1～19、塙書房、1994～2003
翻　訳：クック『ポストモダンと地方主義』日本経済評論社、1995

新曜社
軍事組織と社会

初版第1刷発行　2004年11月5日

著　者　S・アンジェイエフスキー
訳　者　坂井達朗
発行者　堀江　洪
発行所　株式会社　新曜社
〒101-0051　東京都千代田区神田神保町2-10
電話（03）3264-4973・FAX（03）3239-2958
e-mail info@shin-yo-sha.co.jp
URL http://www.shin-yo-sha.co.jp/

印刷　堀江制作
製本　イマキ製本
Printed in Japan
ISBN4-7885-0925-3　C3031

人名索引

事項索引

さ　行

た　行

な　行

は　行

ま 行

や 行

ら 行